ゼロからはじめる 【エクスペリア ワン マークシックス】

XPERIA 1 VI

【Xperia 1 VI SO-51E】

ドコモ完全対応版

スマートガイド

技術評論社編集部 著

技術評論社

CONTENTS

Chapter 1
Xperia 1 VI SO-51E のキホン

Section 01 Xperia 1 VI SO-51Eについて …… 8
Section 02 電源のオン・オフとロックの解除 …… 10
Section 03 基本操作を覚える …… 12
Section 04 ホーム画面の使い方を覚える …… 14
Section 05 通知を確認する …… 16
Section 06 アプリを利用する …… 18
Section 07 分割画面を利用する …… 20
Section 08 ポップアップウィンドウを利用する …… 22
Section 09 ウィジェットを利用する …… 24
Section 10 文字を入力する …… 26
Section 11 テキストをコピー&ペーストする …… 32
Section 12 Googleアカウントを設定する …… 34
Section 13 ドコモのID・パスワードを設定する …… 38

Chapter 2
電話機能を使う

Section 14 電話をかける・受ける …… 44
Section 15 発信や着信の履歴を確認する …… 46
Section 16 伝言メモを利用する …… 48
Section 17 電話帳を利用する …… 50
Section 18 着信拒否を設定する …… 56
Section 19 着信音やマナーモードを設定する …… 58

Chapter 3
メールやインターネットを利用する

Section 20 Webページを閲覧する ………… 62
Section 21 複数のWebページを同時に開く ………… 64
Section 22 ブックマークを利用する ………… 68
Section 23 利用できるメールの種類 ………… 70
Section 24 ドコモメールを設定する ………… 72
Section 25 ドコモメールを利用する ………… 76
Section 26 メールを自動振分けする ………… 80
Section 27 迷惑メールを防ぐ ………… 82
Section 28 +メッセージを利用する ………… 84
Section 29 Gmailを利用する ………… 88
Section 30 PCメールを設定する ………… 90

Chapter 4
Google のサービスを使いこなす

Section 31 Google Playでアプリを検索する ………… 94
Section 32 アプリをインストール・アンインストールする ………… 96
Section 33 有料アプリを購入する ………… 98
Section 34 Googleマップを使いこなす ………… 100
Section 35 Googleアシスタントを利用する ………… 104
Section 36 紛失したXperia 1 VIを探す ………… 106
Section 37 YouTubeで世界中の動画を楽しむ ………… 108

CONTENTS

Chapter 5 ドコモのサービスを使いこなす

Section 38 dメニューを利用する …… 112

Section 39 my daizを利用する …… 114

Section 40 My docomoを利用する …… 116

Section 41 d払いを利用する …… 120

Section 42 SmartNews for docomoでニュースを読む …… 122

Section 43 ドコモのアプリをアップデートする …… 124

Chapter 6 音楽や写真・動画を楽しむ

Section 44 パソコンから音楽・写真・動画を取り込む …… 126

Section 45 音楽を聴く …… 128

Section 46 ハイレゾ音源を再生する …… 130

Section 47 「カメラ」アプリで写真や動画を撮影する …… 132

Section 48 プロモードで写真や動画を撮影する …… 138

Section 49 「Video Creator」でショート動画を作成する …… 144

Section 50 写真や動画を閲覧・編集する …… 146

Chapter 7

Xperia 1 VIを使いこなす

Section 51 ホーム画面をカスタマイズする …… 154
Section 52 クイック設定ツールを利用する …… 158
Section 53 ロック画面に通知が表示されないようにする …… 160
Section 54 不要な通知が表示されないようにする …… 161
Section 55 画面ロックの解除に暗証番号を設定する …… 162
Section 56 画面ロックの解除に指紋認証を設定する …… 164
Section 57 スマートバックライトを設定する …… 166
Section 58 スリープモードになるまでの時間を変更する …… 167
Section 59 ブルーライトをカットする …… 168
Section 60 ダークモードを利用する …… 169
Section 61 片手で操作しやすくする …… 170
Section 62 スクリーンショットを撮る …… 171
Section 63 サイドセンスで操作を快適にする …… 172
Section 64 壁紙を変更する …… 174
Section 65 おサイフケータイを設定する …… 176
Section 66 Wi-Fiを設定する …… 178
Section 67 Wi-Fiテザリングを利用する …… 180
Section 68 Bluetooth機器を利用する …… 182
Section 69 いたわり充電を設定する …… 184
Section 70 おすそわけ充電を利用する …… 185
Section 71 STAMINAモードでバッテリーを長持ちさせる …… 186
Section 72 本体ソフトウェアをアップデートする …… 187

CONTENTS

Section 73 本体を再起動する …… 188

Section 74 本体を初期化する …… 189

ご注意：ご購入・ご利用の前に必ずお読みください

●本書に記載した内容は、情報の提供のみを目的としています。したがって、本書を用いた運用は、必ずお客様自身の責任と判断によって行ってください。これらの情報の運用の結果について、技術評論社および著者、アプリの開発者はいかなる責任も負いません。

●ソフトウェアに関する記述は、特に断りのない限り、2024年7月現在での最新バージョンをもとにしています。ソフトウェアはバージョンアップされる場合があり、本書での説明とは機能内容や画面図などが異なってしまうこともあり得ます。あらかじめご了承ください。

●本書は以下の環境で動作を確認しています。ご利用時には、一部内容が異なることがあります。あらかじめご了承ください。

端末 ： Xperia 1 VI SO-51E（Android 14）

パソコンのOS ： Windows 11

●インターネットの情報については、URLや画面などが変更されている可能性があります。ご注意ください。

以上の注意事項をご承諾いただいたうえで、本書をご利用願います。これらの注意事項をお読みいただかずに、お問い合わせいただいても、技術評論社は対処しかねます。あらかじめ、ご承知おきください。

Chapter 1

Xpeira 1 VI SO-51Eのキホン

Section 01 Xperia 1 VI SO-51Eについて
Section 02 電源のオン・オフとロックの解除
Section 03 基本操作を覚える
Section 04 ホーム画面の使い方を覚える
Section 05 通知を確認する
Section 06 アプリを利用する
Section 07 分割画面を利用する
Section 08 ポップアップウィンドウを利用する
Section 09 ウィジェットを利用する
Section 10 文字を入力する
Section 11 テキストをコピー&ペーストする
Section 12 Googleアカウントを設定する
Section 13 ドコモのID・パスワードを設定する

Section 01

Xperia 1 VI SO-51Eについて

Xperia 1 VI SO-51E（以降はXperia 1 VIと表記）は、NTTドコモのAndroidスマートフォンです。NTTドコモの5G通信規格に対応しており、優れたカメラやオーディオ機能を搭載しています。

各部名称を覚える

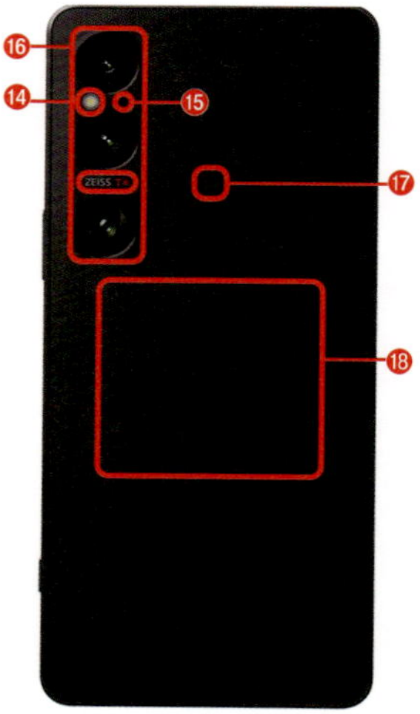

❶	ヘッドセット接続端子
❷	セカンドマイク
❸	フロントカメラ
❹	受話口／スピーカー
❺	近接／照度センサー
❻	ディスプレイ（タッチスクリーン）
❼	スピーカー
❽	nanoSIMカード／microSDカード挿入口
❾	送話口／マイク
❿	USB Type-C接続端子
⓫	音量キー／ズームキー
⓬	電源キー／指紋センサー
⓭	シャッターキー
⓮	フラッシュ／フォトライト
⓯	サードマイク
⓰	メインカメラ
⓱	Nマーク
⓲	ワイヤレス充電位置

Xperia 1 VIの特徴

●トリプルレンズカメラ

超広角レンズ
風景などをより広く撮影することができます。
16mm、約1200万画素／F値2.2。

広角レンズ
スナップショットや暗い場所でもきれいに撮影できます。
24mm、約1200万画素／F値1.9。

望遠レンズ
可変式レンズで遠くの被写体を鮮明に撮影できます。
85mm-170mm、約1200万画素／F値2.3-3.5。

●高画質なディスプレイ

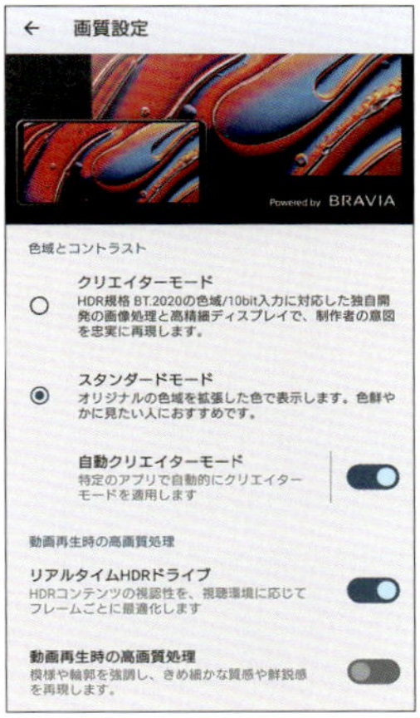

クリエイターモードやリアルタイムHDRドライブ機能などにより、コンテンツをはっきりとした映像で表示します。初期状態で有効になっています。

●「カメラ」アプリ

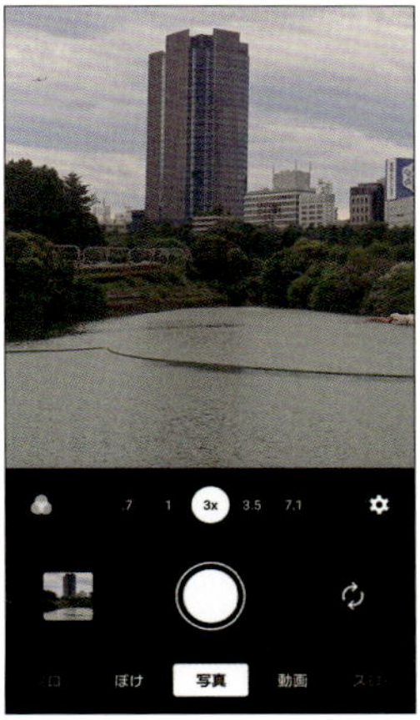

これまでの「Photo Pro」「Video Pro」などが「カメラ」アプリとして統合され、「α」ゆずりの機能がより使いやすくなりました。

Section 02

電源のオン・オフとロックの解除

電源の状態には、オン、オフ、スリープモードの3種類があります。また、一定時間操作しないでいると、自動でスリープモードに移行します。

ロックを解除する

1. スリープモードで電源キーを押します。

2. ロック画面が表示されるので、画面を上方向にスワイプ（P.13参照）します。

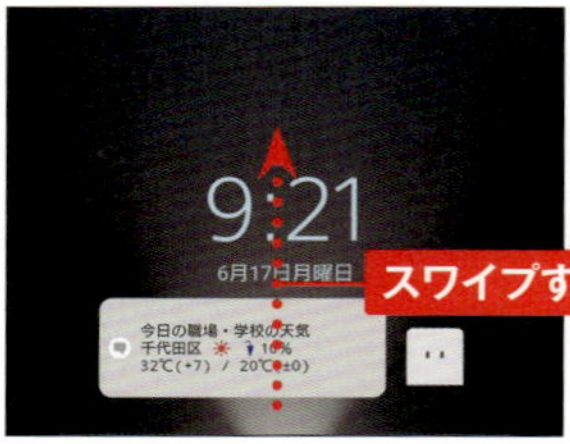

3. ロックが解除され、ホーム画面が表示されます。再度、電源キーを押すと、スリープモードになります。

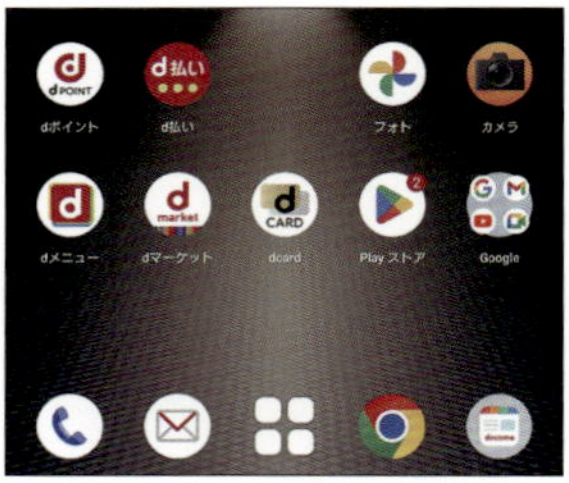

MEMO ロック画面とアンビエント表示

Xperia 1 VIには、スリープモードでの画面に時刻などの情報を表示する「アンビエント表示」機能があります。ロック画面と似ていますが、スリープモードのため手順2の操作を行ってもロックは解除されません。この場合は電源キーを押して、ロック画面を表示してから手順2の操作を行ってください。

電源を切る

① 電源が入っている状態で、電源キーと音量キーの上を同時に押します。

② ［電源を切る］をタップ（P.13参照）すると、完全に電源がオフになります。

③ 電源をオンにするには、電源キーをXperia 1 VIが振動するまで押します。

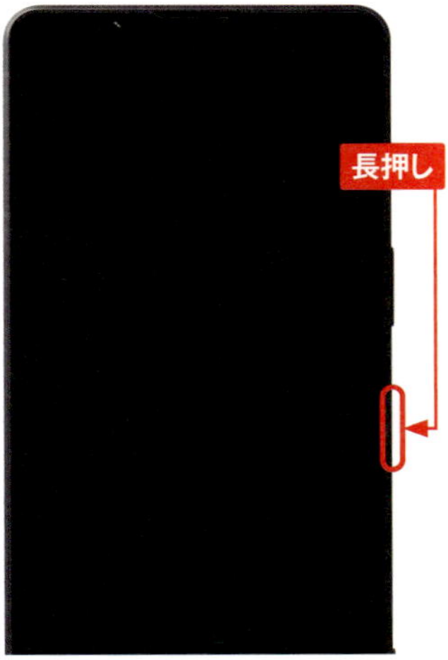

MEMO ロック画面からのカメラの起動

ロック画面から直接カメラを起動するには、ロック画面でをロングタッチ（P.13参照）します。

Section 03

基本操作を覚える

Xperia 1 VIのディスプレイはタッチスクリーンです。指でディスプレイをタッチすることで、いろいろな操作が行えます。また、本体下部にあるキーアイコンの使い方も覚えましょう。

キーアイコンの操作

MEMO キーアイコンとオプションメニューアイコン

本体下部にある3つのアイコンをキーアイコンといいます。キーアイコンは、基本的にすべてのアプリで共通する操作が行えます。また、一部の画面ではキーアイコンの右側か画面右上にオプションメニューアイコン⋮が表示されます。オプションメニューアイコンをタップすると、アプリごとに固有のメニューが表示されます。

キーアイコンとその主な機能		
◀	戻る	タップすると1つ前の画面に戻ります。メニューや通知パネルを閉じることもできます。
○	ホーム	タップするとホーム画面が表示されます。ロングタッチすると、Googleアシスタントが起動します。
□	履歴	ホーム画面やアプリ利用中にタップすると、最近使用したアプリの一覧がサムネイルで表示され、マルチウィンドウやスクリーンショットなどの機能を利用することができます。

タッチスクリーンの操作

タップ／ダブルタップ

タッチスクリーンに軽く触れてすぐに指を離すことを「タップ」、同操作を2回くり返すことを「ダブルタップ」といいます。

スライド（スクロール）

文字や画像を画面内に表示しきれない場合など、タッチスクリーンに軽く触れたまま特定の方向へなぞることを「スライド」または「スクロール」といいます。

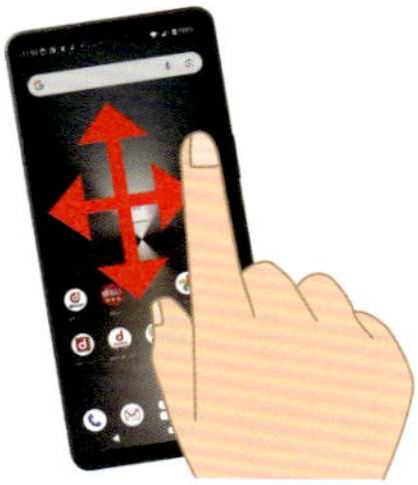

ロングタッチ

アイコンやメニューなどに長く触れた状態を保つことを「ロングタッチ」といいます。

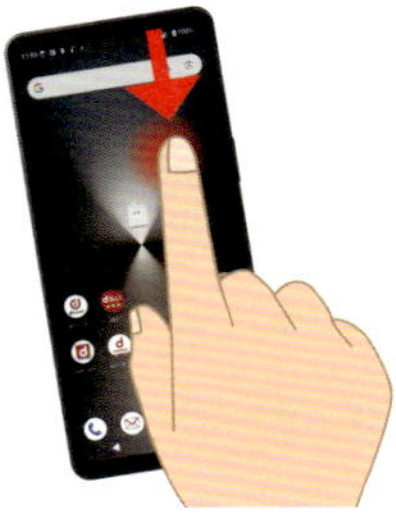

スワイプ（フリック）

タッチスクリーン上を指ではらうように操作することを「スワイプ」または「フリック」といいます。

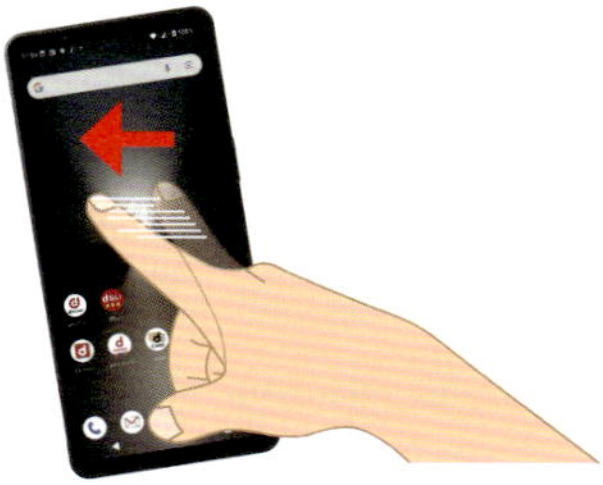

ピンチ

2本の指をタッチスクリーンに触れたまま指を開くことを「ピンチアウト」、閉じることを「ピンチイン」といいます。

ドラッグ

アイコンやバーに触れたまま、特定の位置までなぞって指を離すことを「ドラッグ」といいます。

Section 04

ホーム画面の使い方を覚える

タッチスクリーンの基本的な操作方法を理解したら、ホーム画面の見方や使い方を覚えましょう。本書ではホームアプリを「docomo LIVE UX」に設定した状態で解説を行っています。

ホーム画面の見方

ステータスバー
ステータスアイコンや通知アイコンが表示されます（P.16～17参照）。

ウィジェット
アプリが取得した情報を表示したり、設定のオン／オフを切り替えたりすることができます（P.24参照）。

マチキャラ
さまざまな問いかけに対話で答えてくれるサービスです。

アプリアイコン
「dメニュー」などのアプリのアイコンが表示されます。

アプリ一覧ボタン
インストールされているアプリの一覧が表示されます。

フォルダ
アプリアイコンを1箇所にまとめることができます。

インジケーター
現在見ているホーム画面の位置を示しています。ページ画面を切り替えるときに表示されます。

ドック
ホーム画面を切り替えても常に同じアプリアイコンが表示されます。

SmartNews for docomo
タップすると、ユーザーが好みのジャンルの記事を表示する「SmartNews for docomo」を利用できます。

ホーム画面のページを切り替える

1 ホーム画面のページは、左右にスワイプ（フリック）して、切り替えることができます。まずは、ホーム画面を左方向にスワイプ（フリック）します。

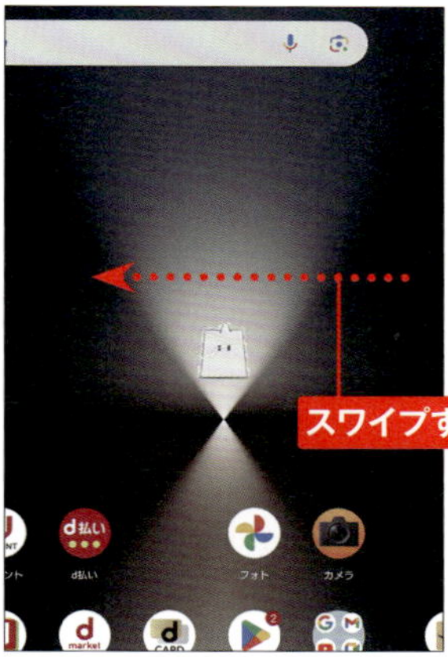

2 右のページに切り替わります。

3 右方向にスワイプ（フリック）すると、もとのページに戻ります。

MEMO SmartNews for docomoとmy daiz NOW

ホーム画面を上方向にスワイプすると、「SmartNews for docomo」を利用することができます。また、ホーム画面の一番左のページで右方向にスワイプすると、「my daiz NOW」が表示されます（P.114参照）。

Section 05

通知を確認する

画面上部に表示されるステータスバーから、さまざまな情報を確認することができます。ここでは、通知される表示の確認方法や、通知を消去する方法を紹介します。

1 ステータスバーの見方

通知アイコン

不在着信や新着メール、実行中の作業などを通知するアイコンです。

ステータスアイコン

電波状態やバッテリー残量など、主にXperia 1 VIの状態を表すアイコンです。

通知アイコン		ステータスアイコン	
	新着Gmailあり		マナーモード（バイブなし）設定中
	新着ドコモメールあり		マナーモード（バイブあり）設定中
	不在着信あり／留守番電話あり		Wi-Fi接続中
	伝言メモあり／留守番電話あり		電波の状態
	新着＋メッセージ／ SMSあり		バッテリー残量
	非表示の通知あり		Bluetooth接続中

通知を確認する

① メールや電話の通知、Xperia 1 VIの状態を確認したいときは、ステータスバーを下方向にドラッグします。

② 通知パネルが表示されます。各項目の中から不在着信やメッセージの通知をタップすると、対応するアプリが起動します。ここでは［すべて消去］をタップします。

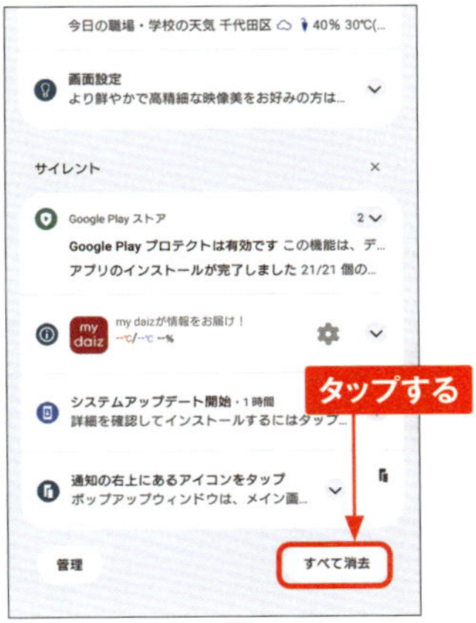

③ 通知パネルが閉じ、通知アイコンの表示も消えます（削除されない通知アイコンもあります）。なお、通知パネルを上方向にドラッグするか、◀をタップすることでも、通知パネルが閉じます。

MEMO ロック画面での通知表示

スリープモード時に通知が届いた場合、ロック画面に通知内容が表示されます。ロック画面に通知を表示させたくない場合は、Sec.53を参照してください。

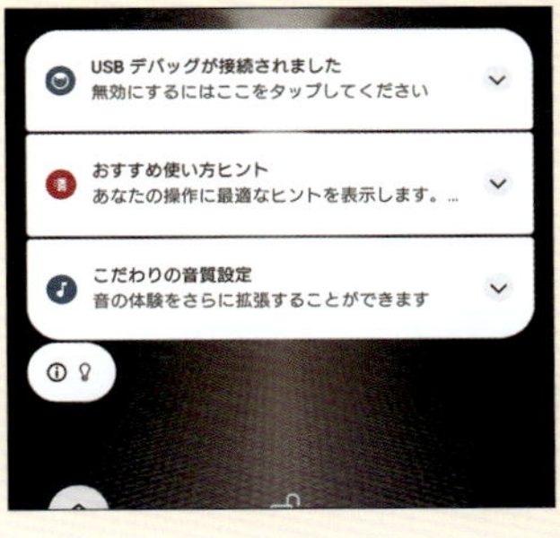

アプリを利用する

アプリ一覧画面には、さまざまなアプリのアイコンが表示されています。それぞれのアイコンをタップするとアプリが起動します。アプリの終了方法や切り替え方法もあわせて覚えましょう。

アプリを起動する

① ホーム画面を表示し、アプリ一覧ボタンをタップします。

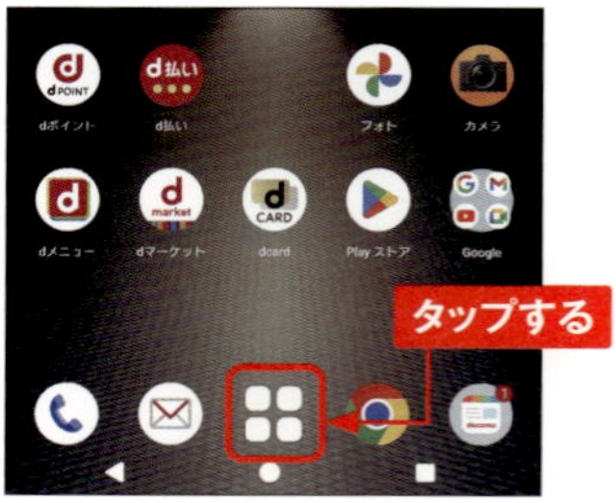

② アプリ一覧画面が表示されるので、画面を上下にスワイプし、任意のアプリを探してタップします。ここでは、[設定] をタップします。

③ 「設定」アプリが起動します。アプリの起動中に◀をタップすると、1つ前の画面(ここではアプリ一覧画面)に戻ります。

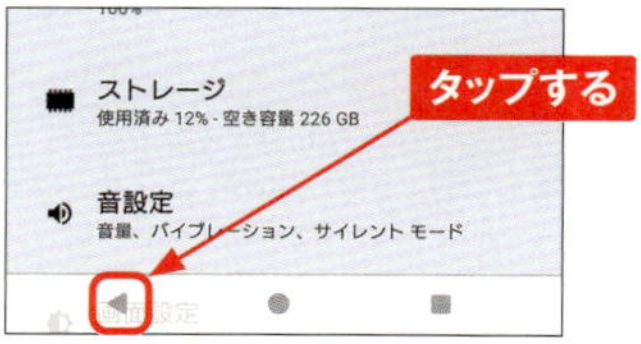

MEMO

アプリのアクセス許可

アプリの初回起動時に、アクセス許可を求める画面が表示されることがあります。その際は [許可] をタップして進みます。許可しない場合、アプリが正しく機能しないことがあります。

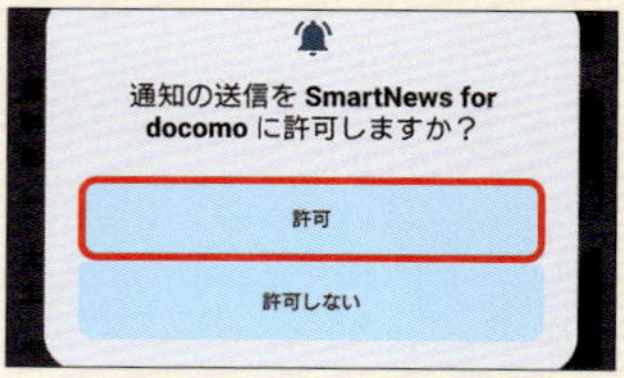

アプリを終了する

1 アプリの起動中やホーム画面で ■ をタップします。

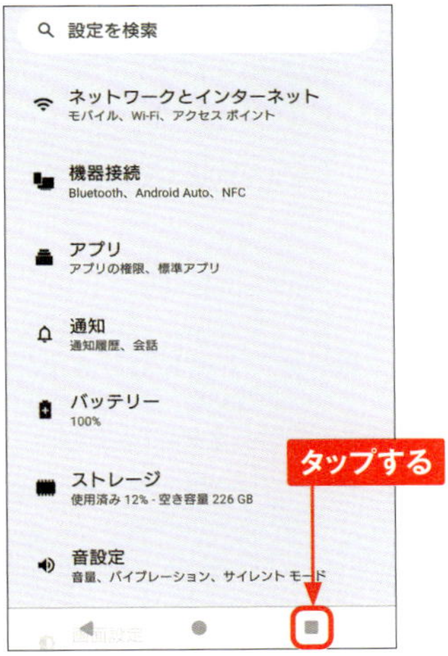

2 最近使用したアプリが一覧表示されるので、左右にスワイプして、終了したいアプリを上方向にスワイプします。

3 スワイプしたアプリが終了します。すべてのアプリを終了したい場合は、右方向にスワイプし、［すべてクリア］をタップします。

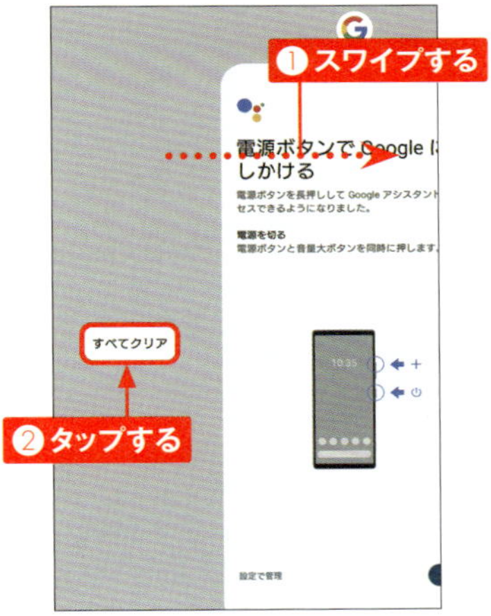

MEMO アプリの切り替え

手順②の画面で別のアプリをタップすると、画面がそのアプリに切り替わります。また、アプリのアイコンをタップすると、アプリ情報の表示やマルチウィンドウ表示への切り替えができます。

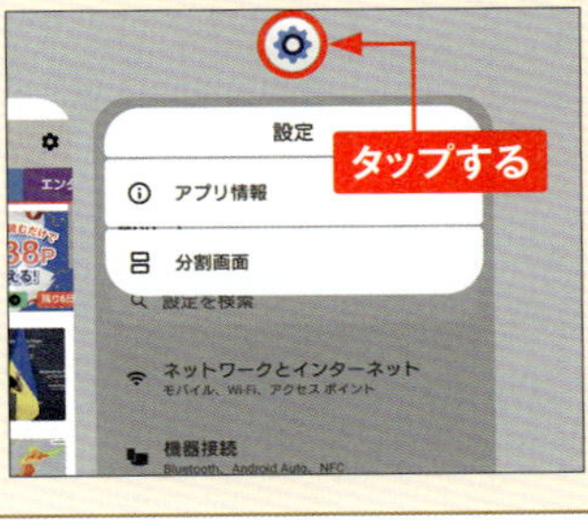

分割画面を利用する

Xperia 1 VIには、画面を上下に分割することができる「マルチウィンドウ」機能があります。なお、分割表示に対応していないアプリもあります。

画面を分割表示する

① P.19手順②の画面を表示します。

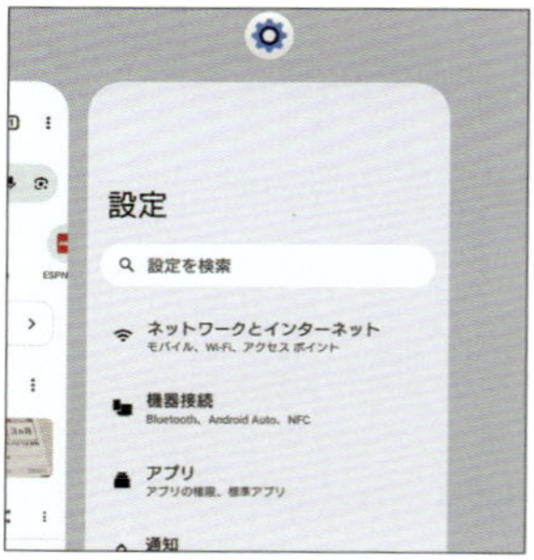

② 上側に表示させたいアプリのアイコン（ここでは［Chrome］）をタップし、［分割画面］をタップします。

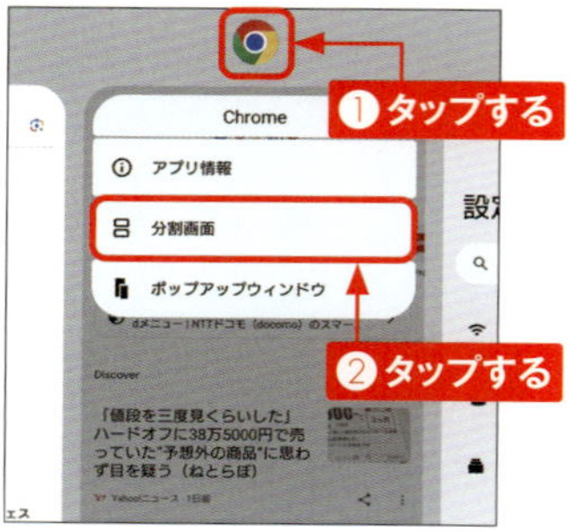

③ 続いて、下側に表示させたいアプリ（ここでは［設定］）のサムネイル部分をタップします。

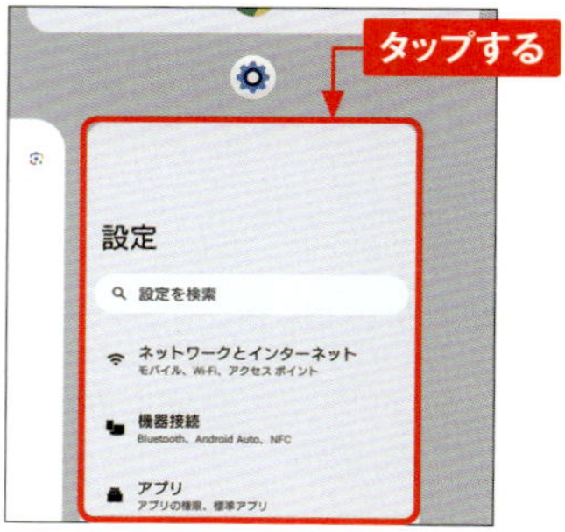

④ 選択した2つのアプリが分割表示されます。中央のをドラッグすると、表示範囲を変更できます。画面上部または下部までドラッグすると、分割表示を終了できます。

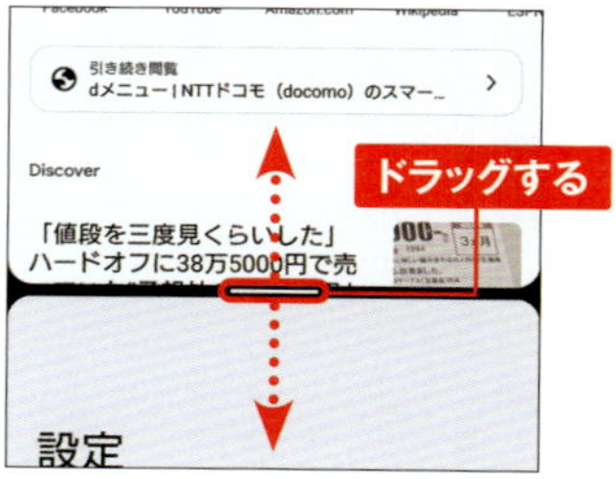

アプリを切り替える

1 分割表示したアプリを切り替えたい場合は、まずは画面下の■をタップします。

2 表示された［マルチウィンドウスイッチ］をタップします。

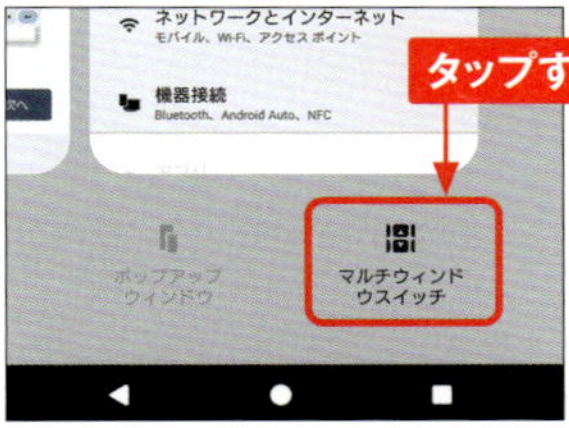

3 上下にアプリのサムネイルが表示されるので、左右にスワイプして切り替えたいアプリをタップします。

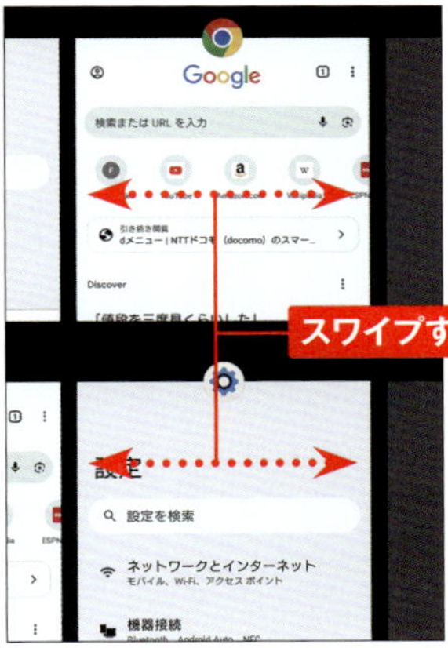

4 すべてのアプリから選択したい場合は、手順③の画面で右端もしくは左端までスワイプし、［すべてのアプリ］をタップします。

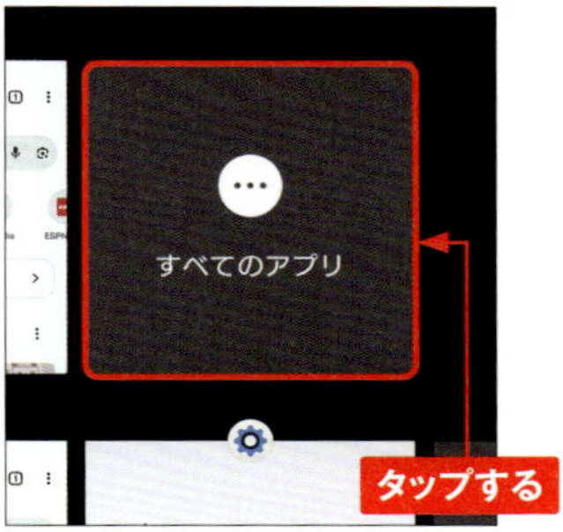

5 すべてのアプリが表示されるので、切り替えたいアプリをタップして選択します。

MEMO **分割表示の履歴**

手順③の画面下部には、これまで分割表示したアプリの組み合わせが表示されます。これをタップすると、以前のアプリの組み合わせを復元できます。

ポップアップウィンドウを利用する

ポップアップウィンドウでアプリを起動すると、通常の画面やアプリの上に小さく重ねて表示することができます。なお、アプリによってはポップアップウィンドウが使えない場合もあります。

ポップアップウィンドウでアプリを起動する

① P.19手順②の画面を開き、左右にスワイプしてポップアップウィンドウで開きたいアプリを選びます。［ポップアップウィンドウ］をタップします。

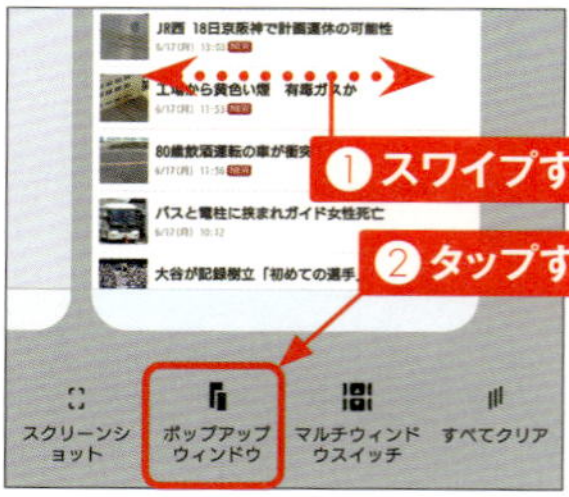

② アプリがポップアップウィンドウで起動します。ポップアップウィンドウは、他のアプリやホーム画面に重ねて表示されます。

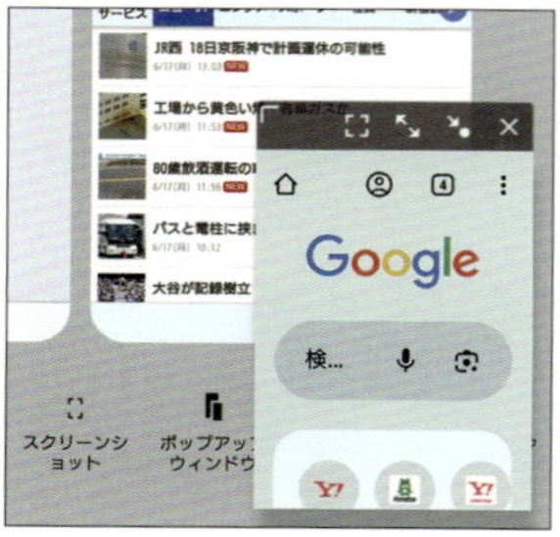

③ 上部の操作アイコン部分（P.23参照）をドラッグすると、ポップアップウィンドウを移動できます。

④ ✕をタップすると、ポップアップウィンドウが閉じます。

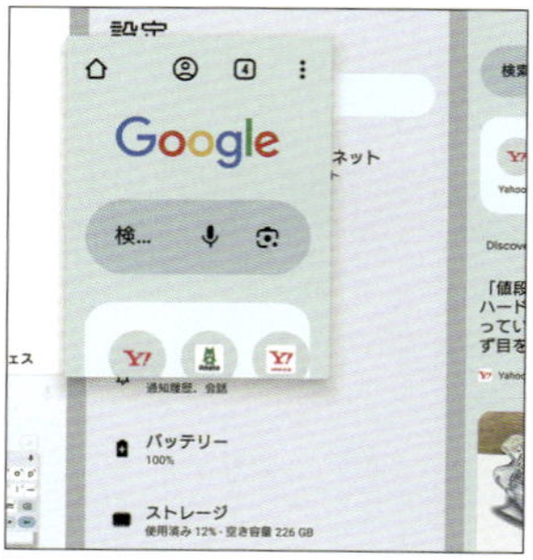

ポップアップウィンドウの操作アイコン

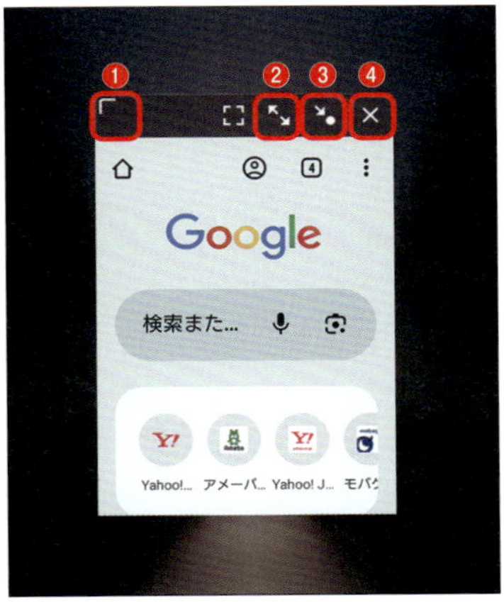

❶	サイズ変更	ドラッグするとポップアップウィンドウのサイズを変更できます。
❷	最大化	ポップアップウィンドウを最大化します。をタップすると、元のサイズに戻せます。
❸	アイコン化	ポップアップウィンドウで起動しているアプリがアイコン表示になります。アイコンをタップすると、元のサイズに戻ります。
❹	閉じる	ポップアップウィンドウを閉じます。

MEMO サイドセンスからポップアップウィンドウを起動する

サイドセンス（Sec.63参照）からもポップアップウィンドウを起動できます。サイドセンスメニューを開き、[メイン画面／ポップアップ] をタップして、メイン画面とポップアップとして表示させたいアプリのアイコンをタップします。

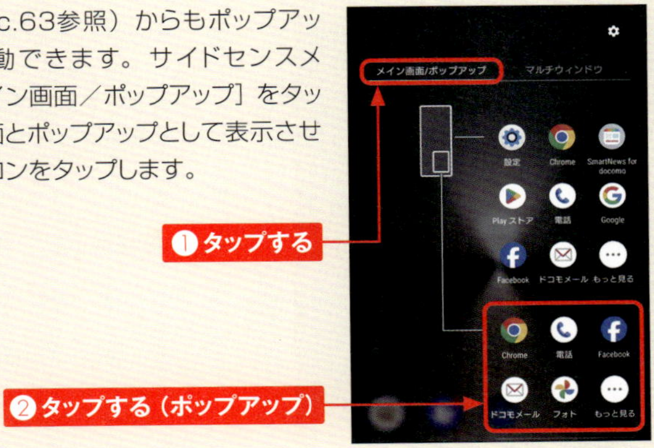

Section 09

ウィジェットを利用する

Xperia 1 VIのホーム画面にはウィジェットが表示されています。ウィジェットを使うことで、情報の閲覧やアプリへのアクセスをホーム画面上からかんたんに行えます。

ウィジェットとは

ウィジェットは、ホーム画面で動作する簡易的なアプリのことです。さまざまな情報を自動的に表示したり、タップすることでアプリにアクセスしたりできます。Xperia 1 VIに標準でインストールされているウィジェットは多数あり、Google Play（Sec.31 ～ 33参照）でダウンロードすると、さらに多くの種類のウィジェットを利用できます。また、ウィジェットを組み合わせることで、自分好みのホーム画面の作成が可能です。

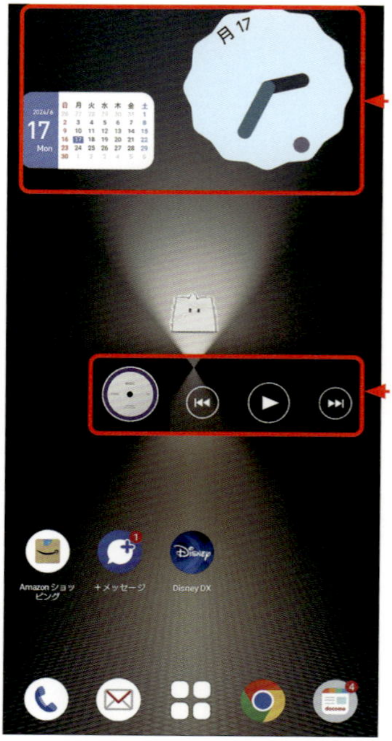

アプリの情報を簡易的に表示するウィジェットです。タップするとアプリが起動します。

アプリを操作できるウィジェットです。

ウィジェットを設置すると、ホーム画面でアプリの操作や設定の変更、ニュースやWebサービスの更新情報のチェックなどができます。

ウィジェットを追加する

1 ホーム画面の何もない箇所をロングタッチします。

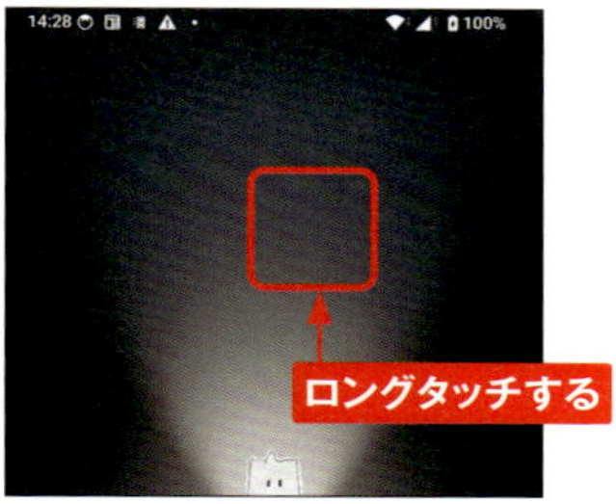

2 ［ウィジェット］をタップします。初回利用時は、［OK］をタップします。

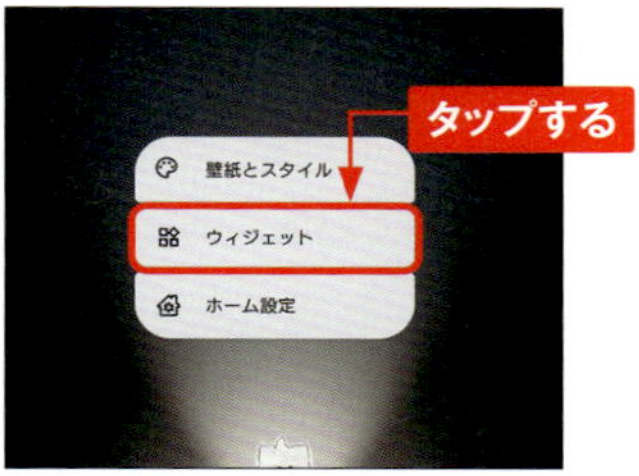

3 画面を上下にスライドし、∨をタップして、追加したいウィジェットをロングタッチします。

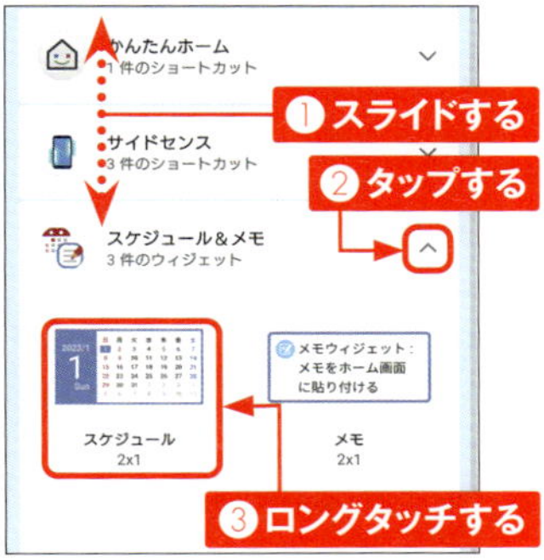

4 指を離すと、ホーム画面にウィジェットが追加されます。

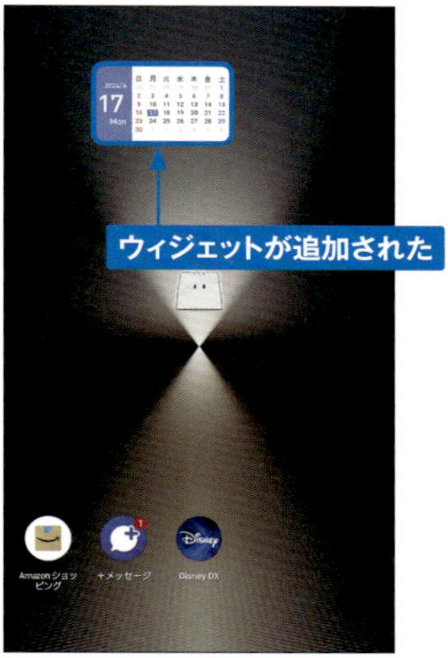

MEMO ウィジェットの削除

ウィジェットを削除するには、ウィジェットをロングタッチしたあと、［削除］までドラッグします。

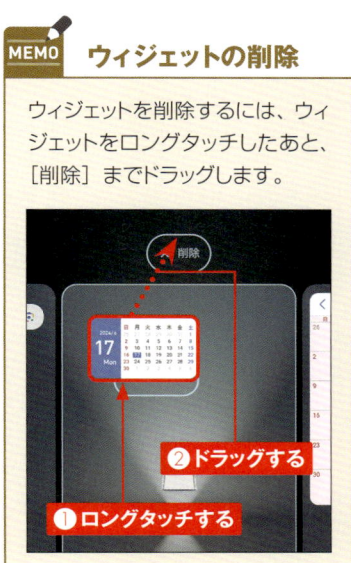

文字を入力する

Xperia 1 VIでは、ソフトウェアキーボードで文字を入力します。「12キー」（一般的な携帯電話の入力方法）や「QWERTY」（パソコンと同じキー配列）などを切り替えて使用できます。

文字入力方法

12キー

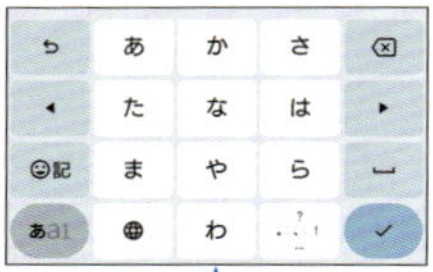

かな入力

QWERTY

ローマ字入力

五十音

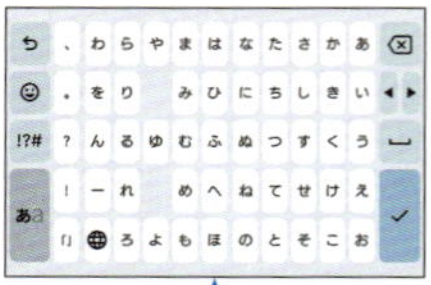

かな入力

手書き

手書き入力

GODAN

ローマ字入力

MEMO

5種類の入力方法

Xperia 1 VIには、携帯電話で一般的な「12キー」、パソコンと同じキー配列の「QWERTY」のほか、五十音配列の「五十音」、手書き入力の「手書き」、「12キー」や「QWERTY」とは異なるキー配置のローマ字入力の「GODAN」の5種類の入力方法があります。なお、本書では「五十音」、「手書き」、「GODAN」は解説しません。

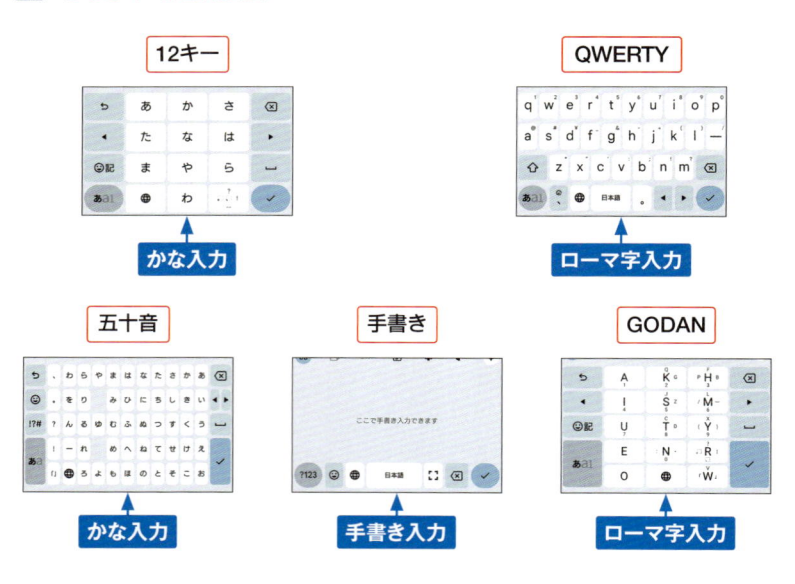

キーボードを使う準備を行う

1 初めてキーボードを使う場合は、「入力レイアウトの選択」画面が表示されます。［スキップ］をタップします。

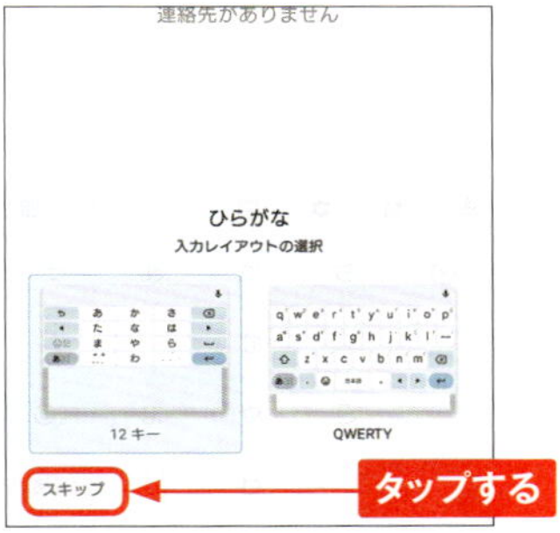

2 12キーのキーボードが表示されます。⚙をタップします。

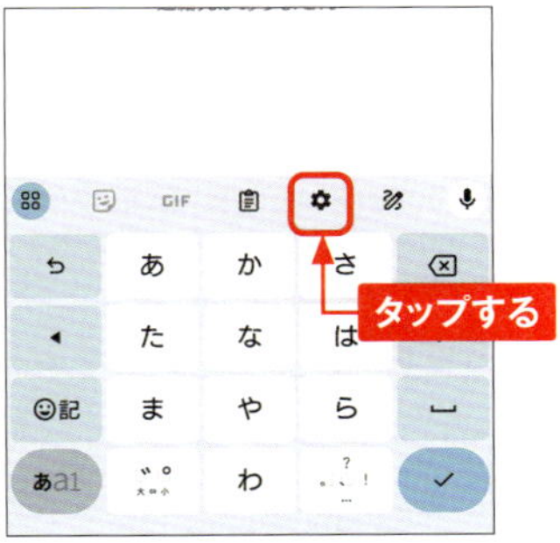

3 ［言語］→［キーボードを追加］→［日本語］の順にタップします。

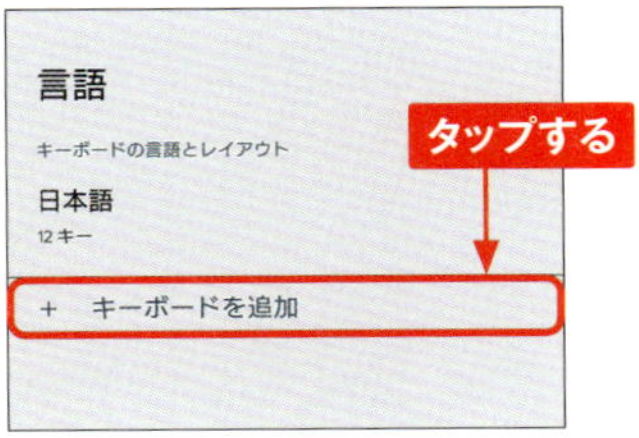

4 追加したいキーボードをタップして選択し、［完了］をタップします。

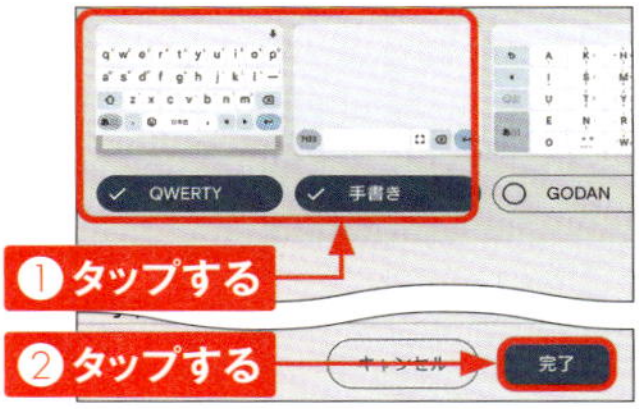

5 キーボードが追加されます。←を2回タップすると、手順②の画面に戻ります。

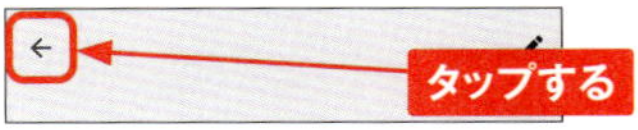

MEMO キーボードの切り替え

キーボードを追加したあとは手順②の画面で゛゜が⊕に切り替わるので、⊕をロングタッチします。切り替えられるキーボードが表示されるので、切り替えたいキーボードをタップすると、キーボードが切り替わります。

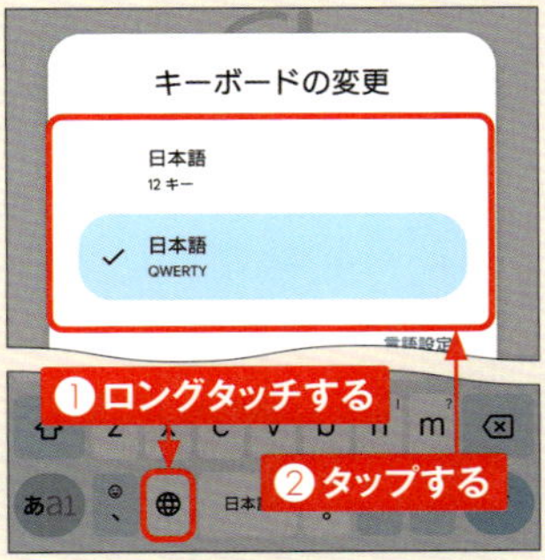

1

12キーで文字を入力する

●トグル入力を行う

① 12キーは、一般的な携帯電話と同じ要領で入力が可能です。たとえば、[あ]を5回→[か]を1回→[さ]を2回タップすると、「おかし」と入力されます。

② 変換候補から選んでタップすると、変換が確定します。手順①で⌄をタップして、変換候補の欄をスライドすると、さらにたくさんの候補を表示できます。

●フリック入力を行う

① 12キーでは、キーを上下左右にフリックすることでも文字を入力できます。キーをロングタッチするとガイドが表示されるので、入力したい文字の方向へフリックします。

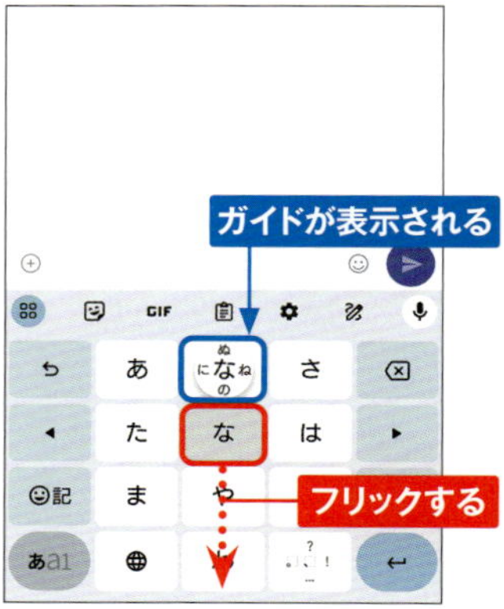

② フリックした方向の文字が入力されます。ここでは、[な]を下方向にフリックしたので、「の」が入力されました。

QWERTYで文字を入力する

1 QWERTYでは、パソコンのローマ字入力と同じ要領で入力が可能です。たとえば、g→i→j→uの順にタップすると、「ぎじゅ」と入力され、変換候補が表示されます。候補の中から変換したい単語をタップすると、変換が確定します。

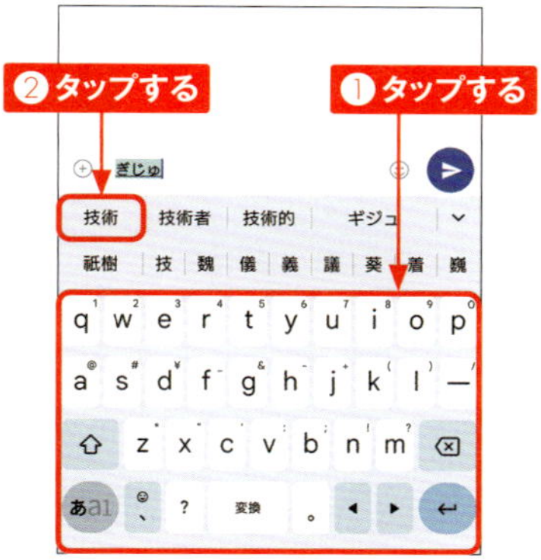

2 文字を入力し、［日本語］もしくは［変換］をタップしても文字が変換されます。

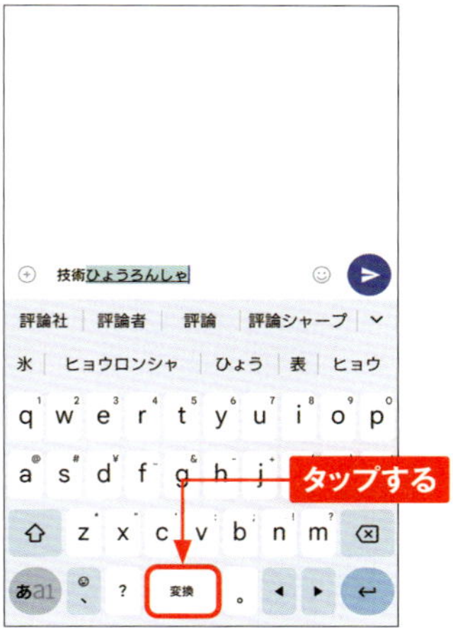

3 希望の変換候補にならない場合は、◀／▶をタップして文節の位置を調節します。

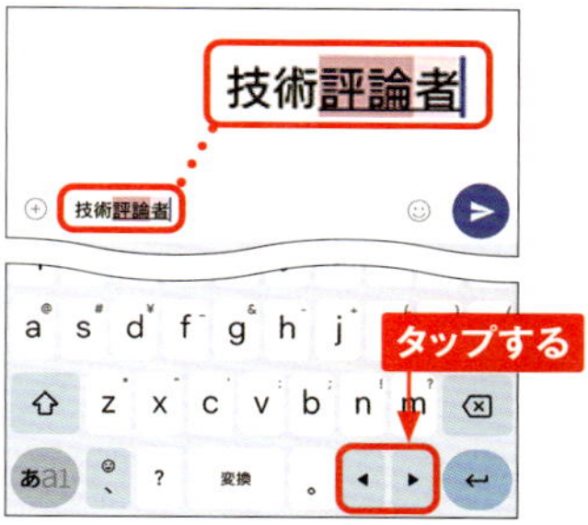

4 ↵をタップすると、濃いハイライト表示の文字部分の変換が確定します。

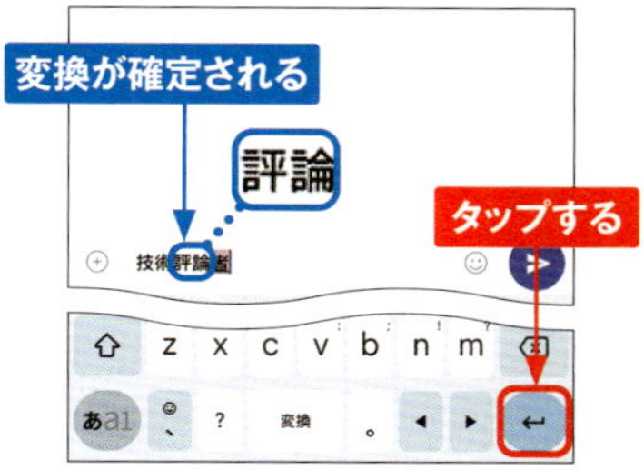

MEMO

QWERTYでのロングタッチ入力

QWERTYでもロングタッチ入力が可能です。数字や記号などをすばやく入力できます。

文字種を変更する

1 あa1をタップするごとに、「ひらがな漢字」→「英字」→「数字」の順に文字種が切り替わります。あのときには、ひらがなや漢字を入力できます。

2 aのときには、半角英字を入力できます。あa1をタップします。

3 1のときには、半角数字を入力できます。再度あa1をタップすると、日本語入力に戻ります。

MEMO

全角英数字の入力

［全］と書かれている変換候補をタップすると、全角の英数字で入力されます。

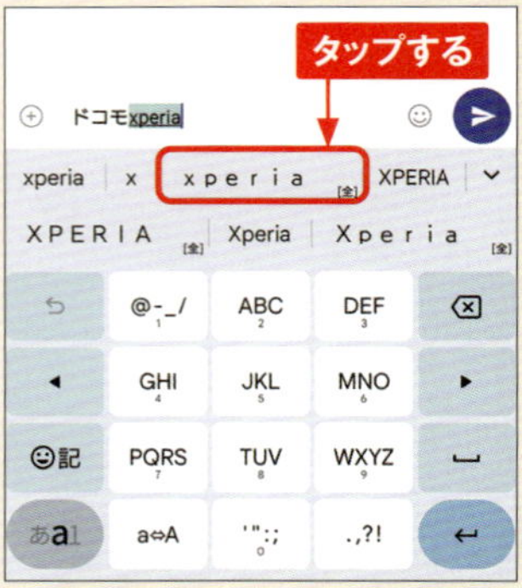

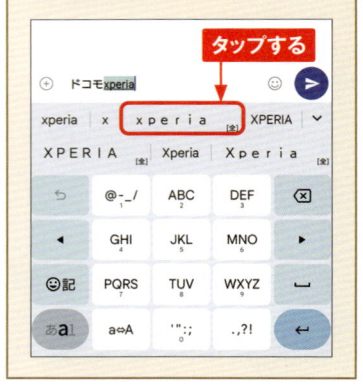

絵文字や顔文字を入力する

① 絵文字や顔文字を入力したい場合は、「12キー」の場合は☺記をタップし、「QWERTY」の場合は、をロングタッチします。

② 「絵文字」の表示欄を上下にスライドし、目的の絵文字をタップすると入力できます。

③ 顔文字を入力したい場合は、キーボード下部の:-)をタップします。あとは手順②と同様の方法で入力できます。記号を入力したい場合は、☆をタップします。

④ あいうをタップします。

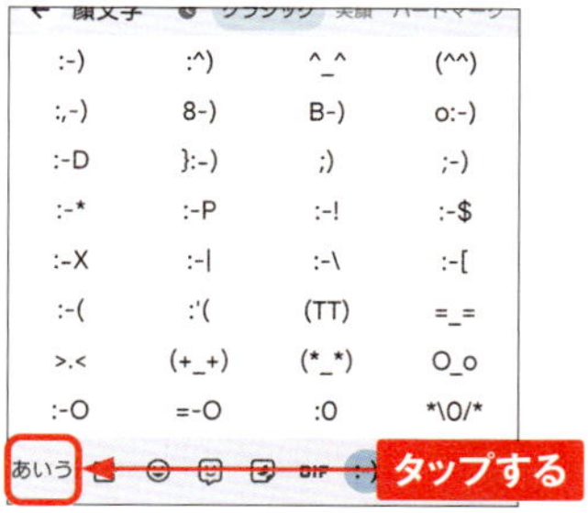

⑤ 通常の文字入力に戻ります。

Section 11

テキストをコピー&ペーストする

Xperia 1 VIは、パソコンと同じように自由にテキストをコピー&ペーストできます。コピーしたテキストは、別のアプリにペースト（貼り付け）して利用することもできます。

1

テキストをコピーする

① コピーしたいテキストをロングタッチします。

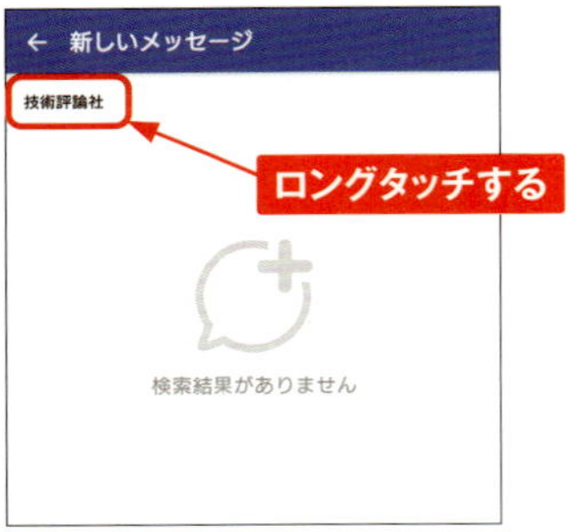

② テキストが選択されます。●と●を左右にドラッグして、コピーする範囲を調整します。

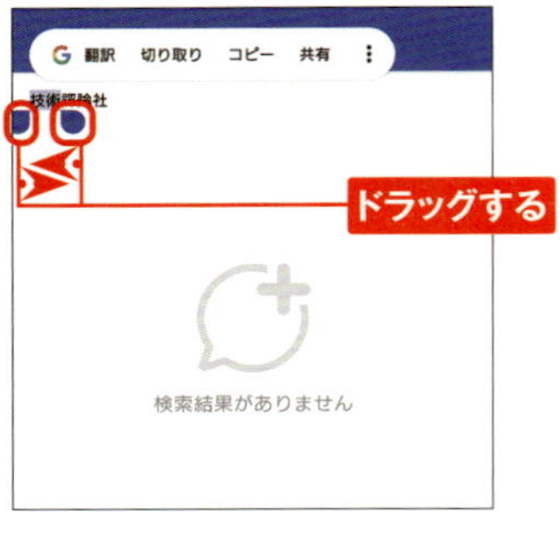

③ ［コピー］をタップします。

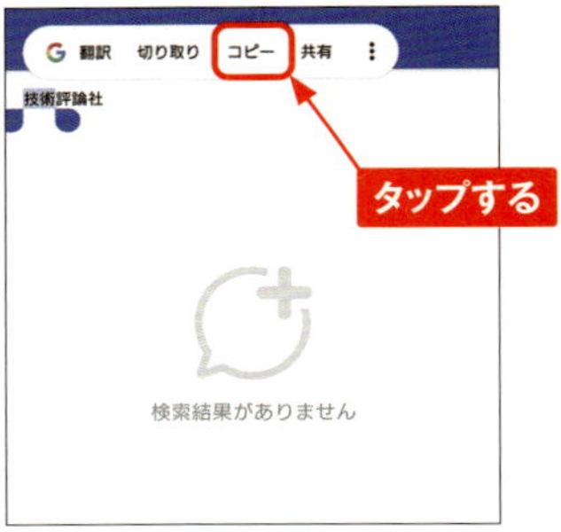

④ テキストがコピーされました。

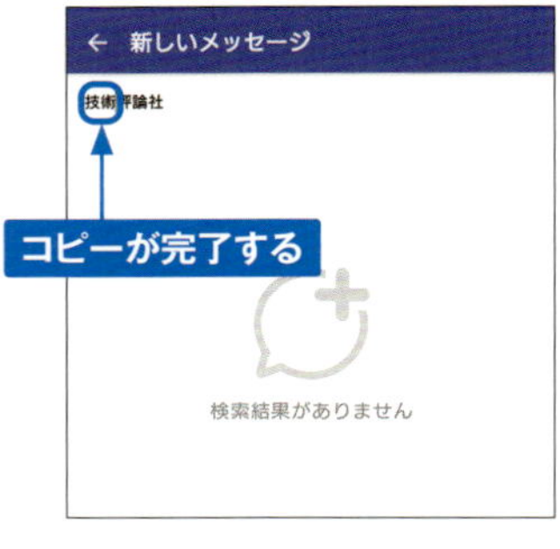

テキストをペーストする

① 入力欄で、テキストをペースト（貼り付け）したい位置をロングタッチします。

② ［貼り付け］をタップします。

③ コピーしたテキストがペーストされます。

MEMO そのほかのコピー方法

ここで紹介したコピー手順は、テキストを入力・編集する画面での方法です。「Chrome」アプリなどの画面でテキストをコピーするには、該当箇所をロングタッチして選択し、P.32手順②〜③の方法でコピーします。

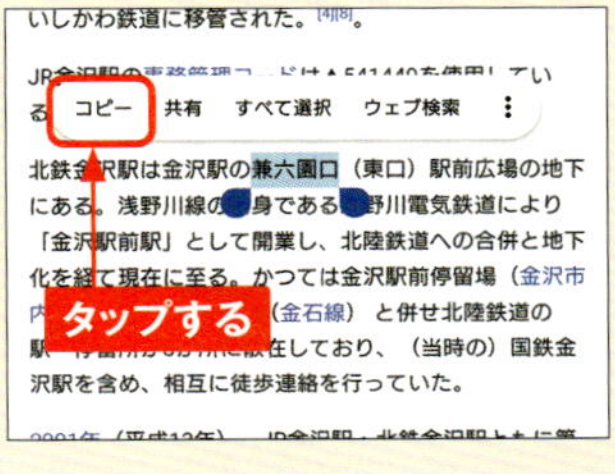

Section 12

Googleアカウントを設定する

Googleアカウントを設定すると、Googleが提供するサービスを利用できます。ここではGoogleアカウントを作成して設定します。すでに作成済みのGoogleアカウントを設定することもできます。

Googleアカウントを設定する

1 P.18を参考にアプリ一覧画面を表示し、[設定] をタップします。

2 「設定」アプリが起動するので、画面を上方向にスクロールして、[パスワードとアカウント] をタップします。

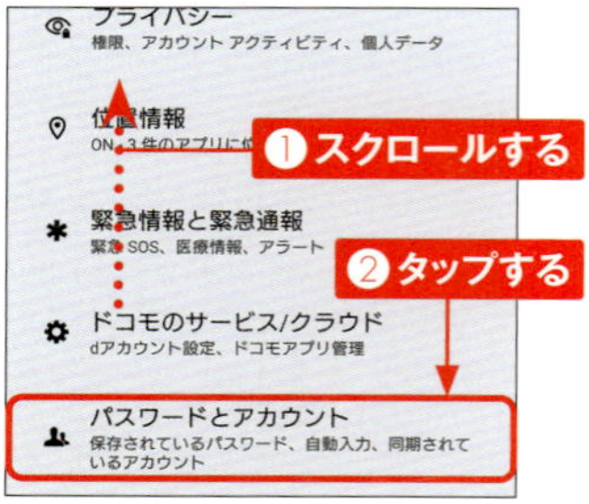

3 「アカウントの追加」→ [Google] の順にタップします。

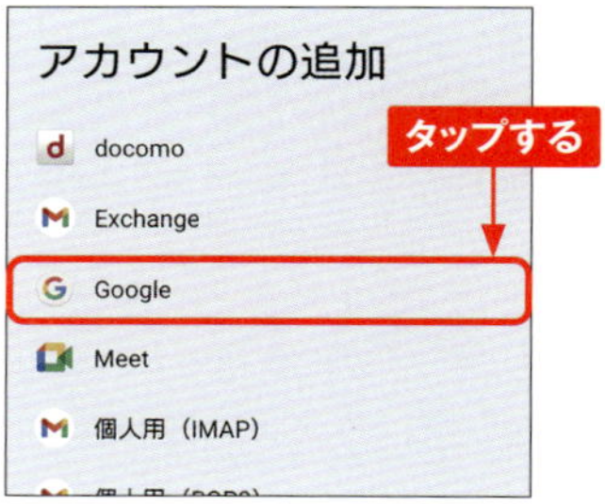

MEMO Googleアカウントとは

Googleアカウントとは、Googleが提供するサービスへのログインに必要なアカウントです。無料で作成可能で、Gmailのメールアドレスも取得することができます。Xperia 1 VIにGoogleアカウントを設定しておけば、ログイン操作など必要とせずGmailやGoogle Playなどをすぐに使うことが可能です。

4 ［アカウントを作成］→［個人で使用］の順にタップします。すでに作成したアカウントを設定するには、アカウントのメールアドレスまたは電話番号を入力します（右下のMEMO参照）。

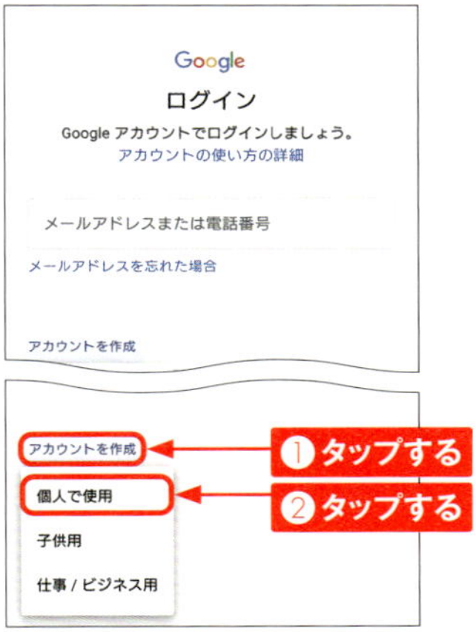

5 上の欄に「姓」、下の欄に「名」を入力し、［次へ］をタップします。

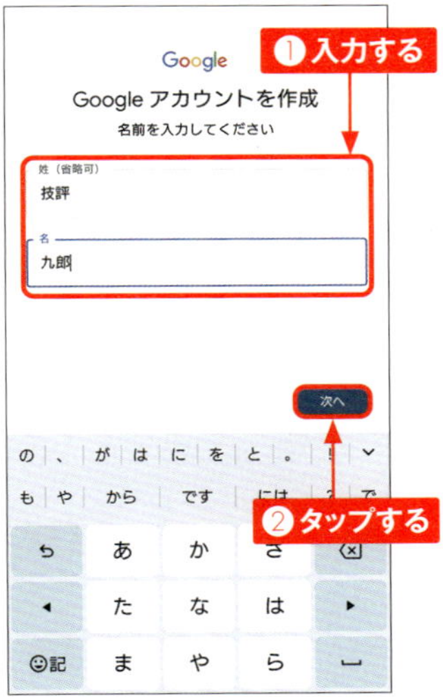

6 生年月日と性別をタップして設定し、［次へ］をタップします。

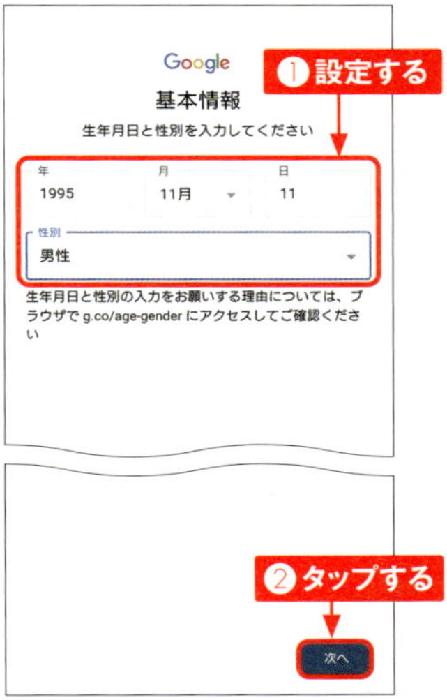

MEMO

既存のアカウントを設定

作成済みのGoogleアカウントがある場合は、手順④の画面でメールアドレスまたは電話番号を入力して、［次へ］をタップします。次の画面でパスワードを入力し、P.36手順⑨もしくはP.37手順⑬以降の解説に従って設定します。

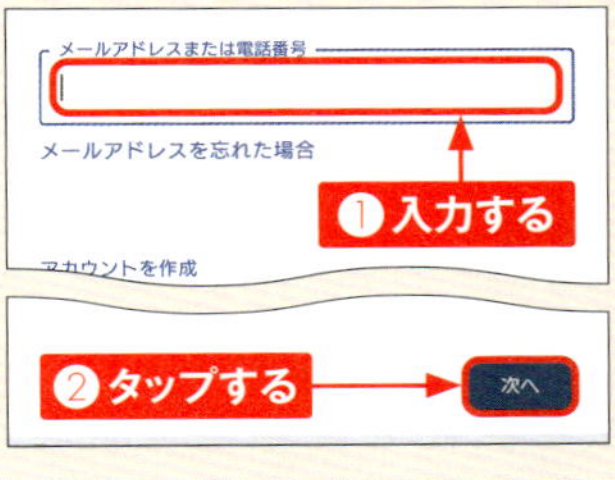

7 「自分でGmailアドレスを作成」をタップして、希望するメールアドレスを入力し、［次へ］をタップします。

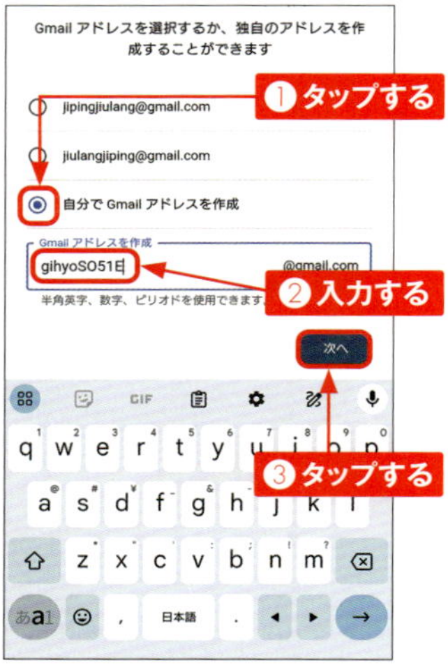
Gmail アドレスを選択するか、独自のアドレスを作成することができます
jipingjiulang@gmail.com
jiulangjiping@gmail.com
自分で Gmail アドレスを作成
Gmail アドレスを作成
gihyoSO51E
@gmail.com
半角英字、数字、ピリオドを使用できます
次へ
①タップする
②入力する
③タップする

8 パスワードを入力し、［次へ］をタップします。

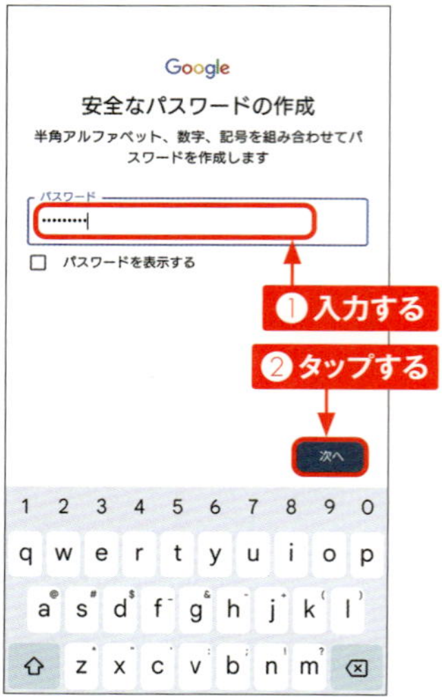
Google
安全なパスワードの作成
半角アルファベット、数字、記号を組み合わせてパスワードを作成します
パスワード
パスワードを表示する
次へ
①入力する
②タップする

9 パスワードを忘れた場合のアカウント復旧に使用するために、Xperia 1 VIの電話番号を登録します。画面を上方向にスワイプします。

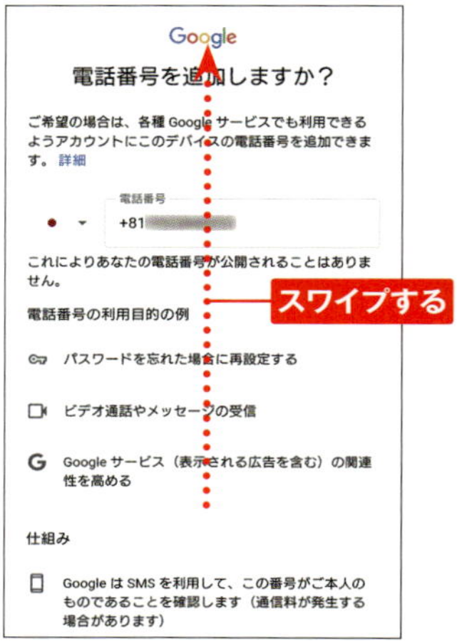
Google
電話番号を追加しますか？
ご希望の場合は、各種 Google サービスでも利用できるようアカウントにこのデバイスの電話番号を追加できます。詳細
電話番号
+81
これによりあなたの電話番号が公開されることはありません。
電話番号の利用目的の例
パスワードを忘れた場合に再設定する
ビデオ通話やメッセージの受信
Google サービス（表示される広告を含む）の関連性を高める
仕組み
Google は SMS を利用して、この番号がご本人のものであることを確認します（通信料が発生する場合があります）
スワイプする

10 ここでは［はい、追加します］をタップします。電話番号を登録しない場合は、［その他の設定］→［いいえ、電話番号を追加しません］→［完了］の順にタップします。

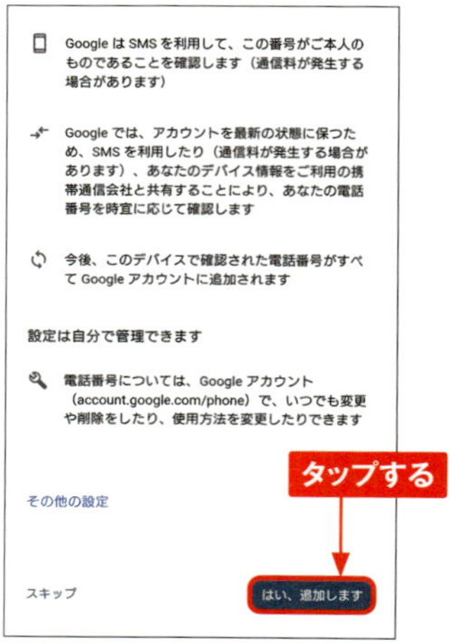
Google は SMS を利用して、この番号がご本人のものであることを確認します（通信料が発生する場合があります）
Google では、アカウントを最新の状態に保つため、SMS を利用したり（通信料が発生する場合があります）、あなたのデバイス情報をご利用の携帯通信会社と共有することにより、あなたの電話番号を時宜に応じて確認します
今後、このデバイスで確認された電話番号がすべて Google アカウントに追加されます
設定は自分で管理できます
電話番号については、Google アカウント（account.google.com/phone）で、いつでも変更や削除をしたり、使用方法を変更したりできます
その他の設定
スキップ
はい、追加します
タップする

⑪「アカウント情報の確認」画面が表示されたら、[次へ]をタップします。

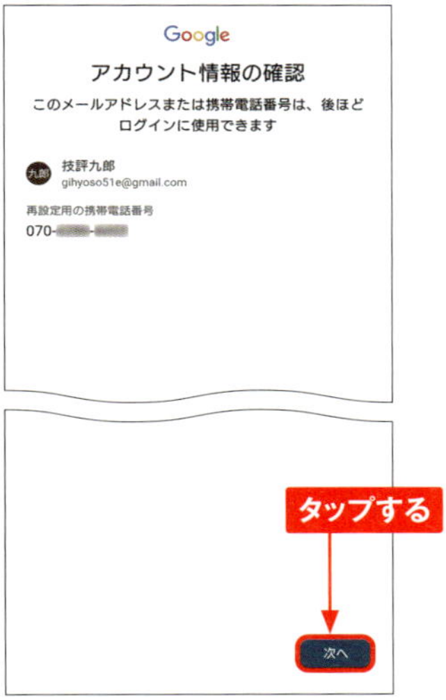
Google
アカウント情報の確認
このメールアドレスまたは携帯電話番号は、後ほどログインに使用できます
技評九郎
gihyoso51e@gmail.com
再設定用の携帯電話番号
070-
タップする
次へ

⑫内容を確認して、[同意する]をタップします。

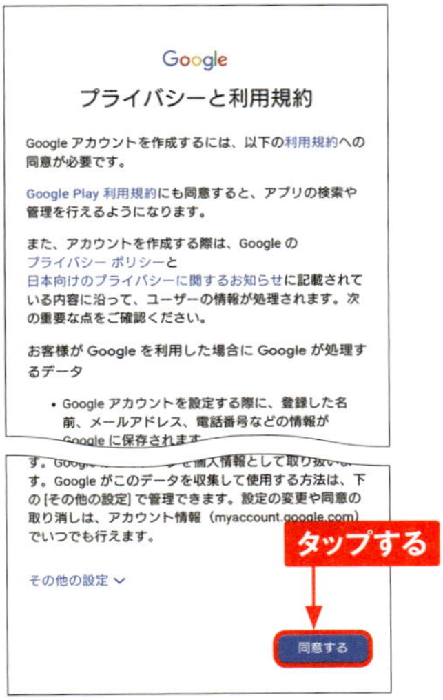
Google
プライバシーと利用規約
Google アカウントを作成するには、以下の利用規約への同意が必要です。
Google Play 利用規約にも同意すると、アプリの検索や管理を行えるようになります。
また、アカウントを作成する際は、Google の
プライバシー ポリシーと
日本向けのプライバシーに関するお知らせに記載されている内容に沿って、ユーザーの情報が処理されます。次の重要な点をご確認ください。
お客様が Google を利用した場合に Google が処理するデータ
• Google アカウントを設定する際に、登録した名前、メールアドレス、電話番号などの情報が
す。Google がこのデータを収集して使用する方法は、下の[その他の設定]で管理できます。設定の変更や同意の取り消しは、アカウント情報（myaccount.google.com）でいつでも行えます。
その他の設定
タップする
同意する

⑬「Googleサービス」画面で[同意する]をタップします。

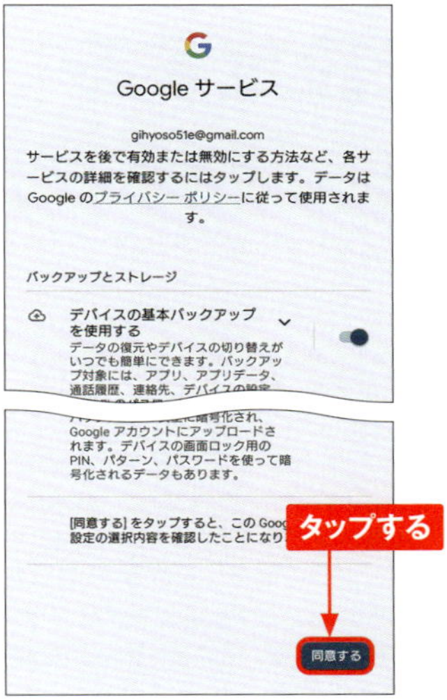
Google サービス
gihyoso51e@gmail.com
サービスを後で有効または無効にする方法など、各サービスの詳細を確認するにはタップします。データは Google のプライバシー ポリシーに従って使用されます。
バックアップとストレージ
デバイスの基本バックアップを使用する
データの復元やデバイスの切り替えがいつでも簡単にできます。バックアップ対象には、アプリ、アプリデータ、通話履歴、連絡先、
Google アカウントにアップロードされます。デバイスの画面ロック用の PIN、パターン、パスワードを使って暗号化されるデータもあります。
[同意する] をタップすると、この
設定の選択内容を確認したことになり
タップする
同意する

⑭Googleアカウントが作成され、Xperia 1 VIに設定されます。

パスワードと
アカウント
アカウントが設定された
Google
Google パスワード マネージャー、Google Pay、Google ウォレット
所有者のアカウント
gihyoso51e@gmail.com
Google
docomo
docomo
＋ アカウントを追加
アプリデータを自動的に同期する
アプリにデータの自動更新を許可します

1

Section 13

ドコモのID・パスワードを設定する

Xperia 1 VIにdアカウントを設定すると、NTTドコモが提供するさまざまなサービスをインターネット経由で利用できるようになります。また、あわせてspモードパスワードの変更も済ませておきましょう。

dアカウントとは

「dアカウント」とは、NTTドコモが提供しているさまざまなサービスを利用するためのIDです。dアカウントを作成し、Xperia 1 VIに設定することで、Wi-Fi経由で「dマーケット」などのドコモの各種サービスを利用できるようになります。
なお、ドコモのサービスを利用しようとすると、いくつかのパスワードを求められる場合があります。このうちspモードパスワードは「お客様サポート」(My docomo)で変更やリセットができますが、「ネットワーク暗証番号」はインターネット上で再発行できません（P.42手順②の画面で変更は可能）。番号を忘れないように気を付けましょう。さらに、spモードパスワードを初期値（0000）のまま使っていると、変更をうながす画面が表示されることがあります。その場合は、画面の指示に従ってパスワードを変更しましょう。
なお、ドコモショップなどですでに設定を行っている場合、ここでの設定は必要ありません。また、以前使っていた機種でdアカウントを作成・登録済みで、機種変更でXperia 1 VIを購入した場合は、自動的にdアカウントが設定されます。

ドコモのサービスで利用するID ／パスワード	
ネットワーク暗証番号	お客様サポート（My docomo）や、各種電話サービスを利用する際に必要です（P.40参照）。
dアカウント／パスワード	ドコモのサービスやdポイントを利用するときに必要です。
spモードパスワード	ドコモメールの設定、spモードサイトの登録／解除の際に必要です。初期値は「0000」ですが、変更が必要です（P.42参照）。

dアカウントを設定する

① P.18を参考に「設定」アプリを起動して、［ドコモのサービス／クラウド］をタップします。

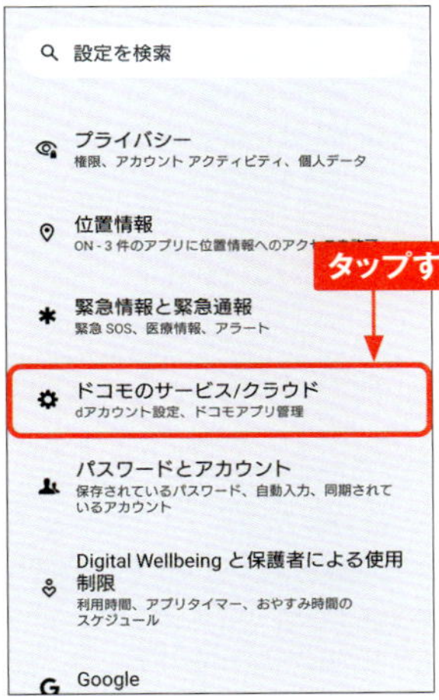

② ［dアカウント設定］をタップします。次の画面で［利用の許可へ］→［許可］の順にタップします。

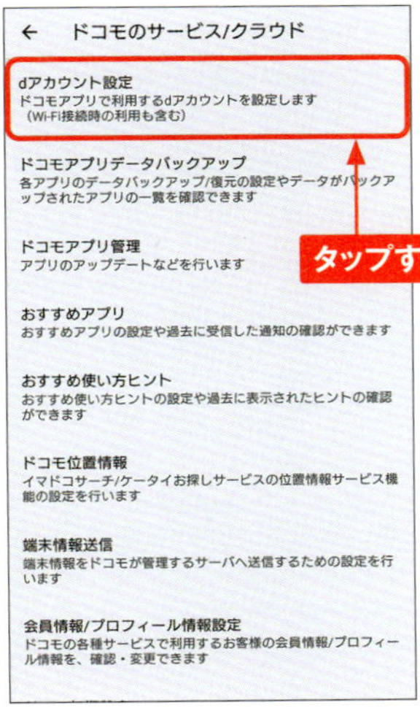

③ 「dアカウント設定」画面が表示されたら、［ご利用中のdアカウントを設定］をタップします。新規に作成する場合は、［新たにdアカウントを作成］をタップします。

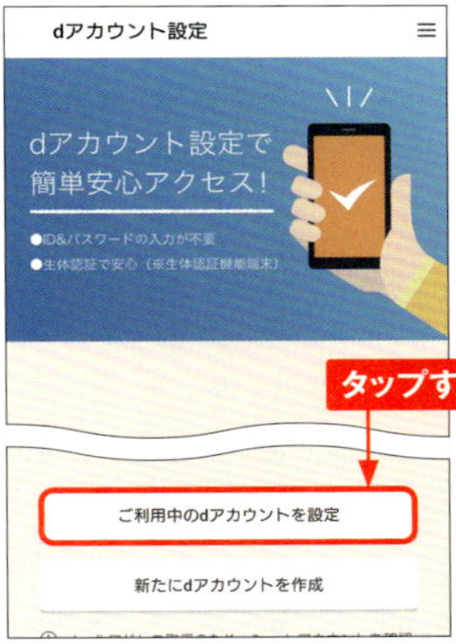

MEMO

新たにdアカウントを作成

手順③の画面で［新たにdアカウントを作成］をタップすると、新規作成の手順になります。その場合は画面の指示に従って、お客様情報などを入力して進めます。

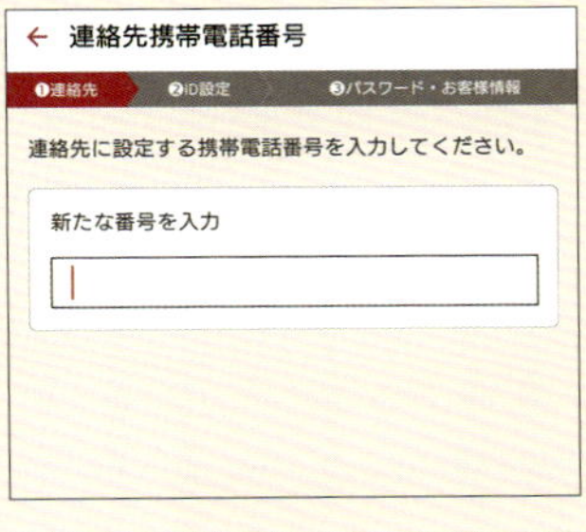

4 ネットワーク暗証番号を入力して、[設定する] をタップします。あとは画面の指示に従います。

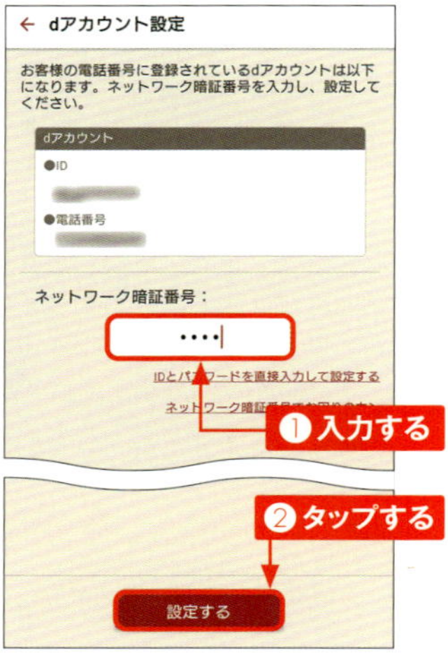

5 dアカウントの作成が完了しました。生体認証の設定は、ここでは [設定しない] をタップして、[OK] をタップします。

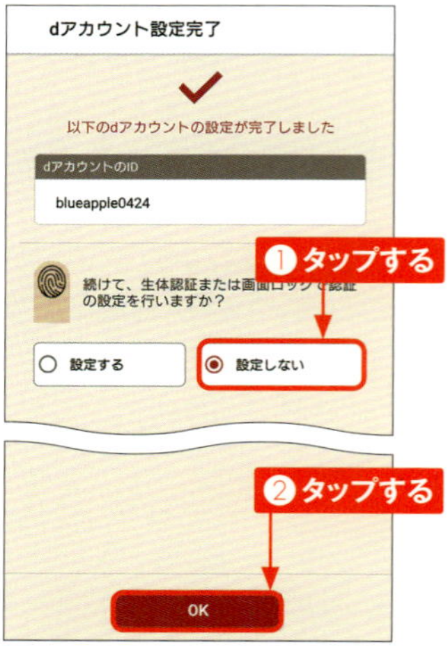

6 「アプリ一括インストール」画面が表示されたら、[後で自動インストール] をタップして、[進む] をタップします。

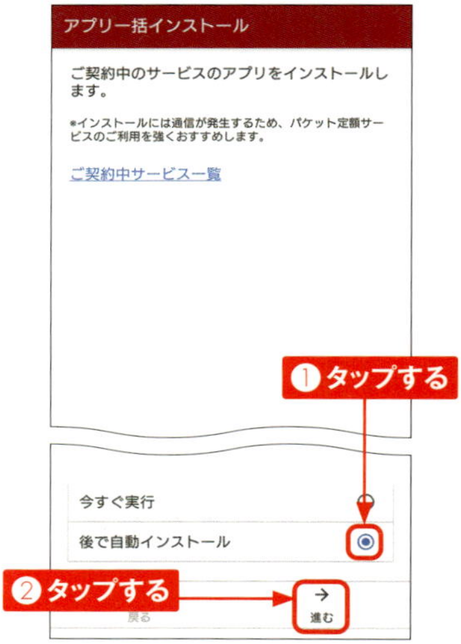

7 dアカウントの設定が完了します。

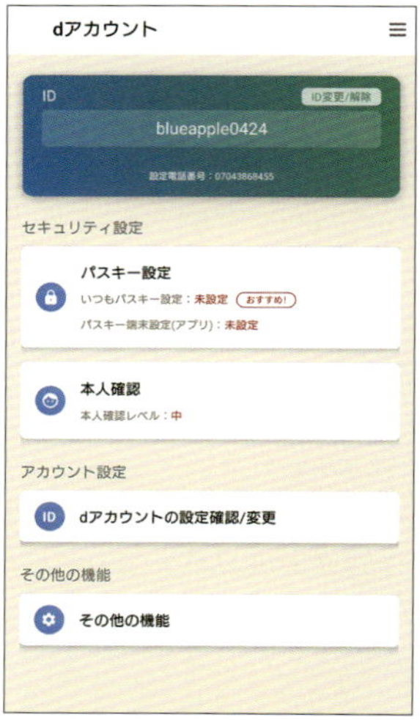

dアカウントのIDを変更する

1 P.40手順⑦の画面で、［dアカウントの設定情報／変更］をタップします。

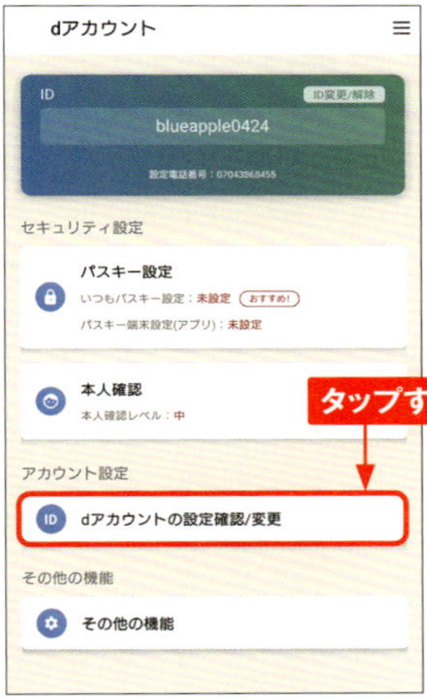

2 ［設定を変更する］をタップします。

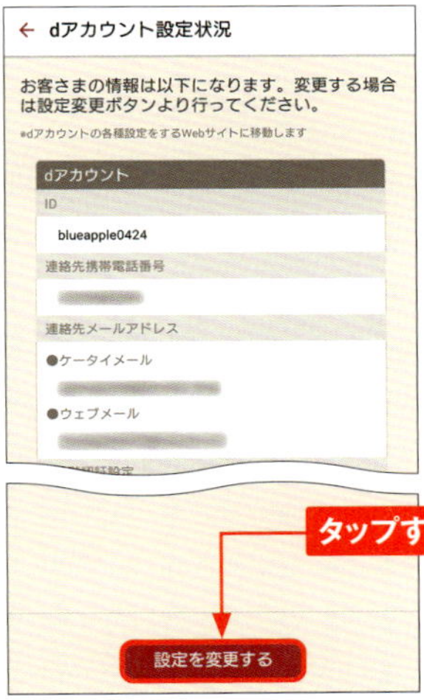

3 ［IDの変更］をタップします。

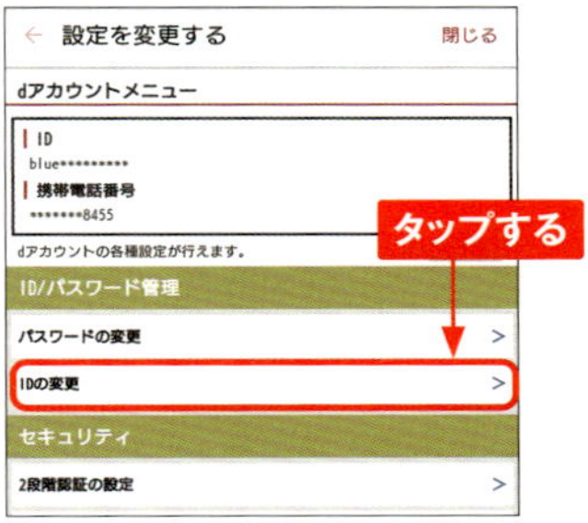

4 「新しいID」の「好きな文字列」に新しい任意のIDを入力して、［入力内容を確認する］をタップします。

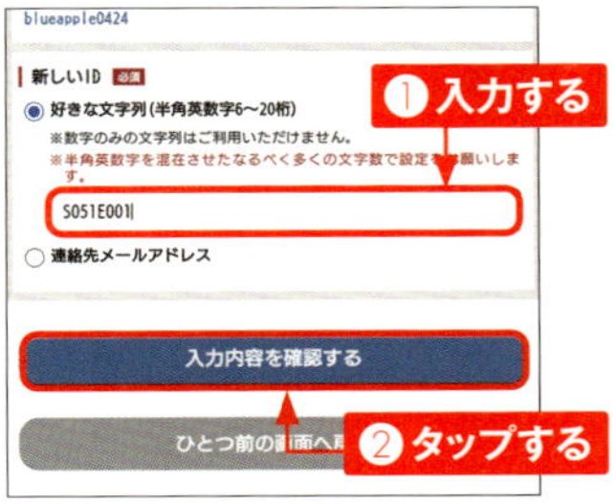

5 新しいIDを確認して［IDを変更する］をタップしたら完了です。

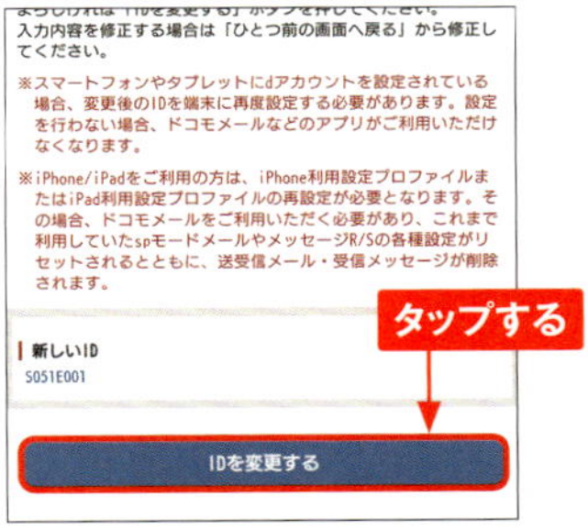

spモードパスワードを変更する

① ホーム画面で［dメニュー］をタップし、［My docomo］→［メール・各種設定］の順にタップします。

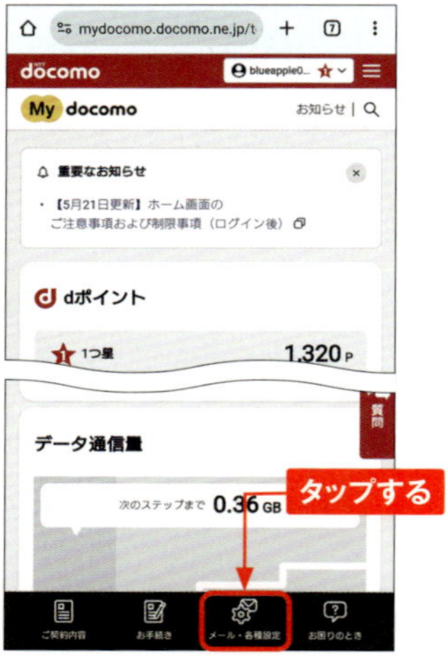

② 画面を上方向にスライドし、［spモードパスワード］→［変更する］の順にタップします。dアカウントへのログインが求められたら画面の指示に従ってログインします。

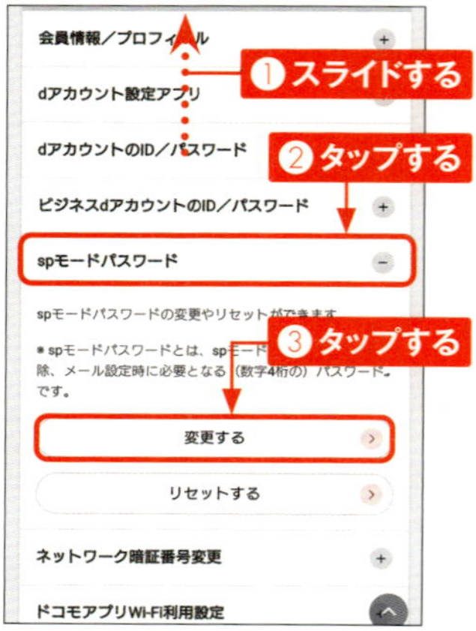

③ ネットワーク暗証番号を入力し、［認証する］をタップします。パスワードの保存画面が表示されたら、［使用しない］をタップします。

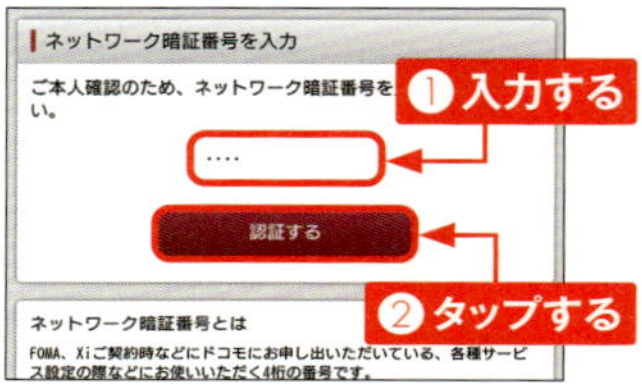

④ 現在のspモードパスワード（初期値は「0000」）と新しいパスワード（不規則な数字4文字）を入力します。［設定を確定する］をタップします。

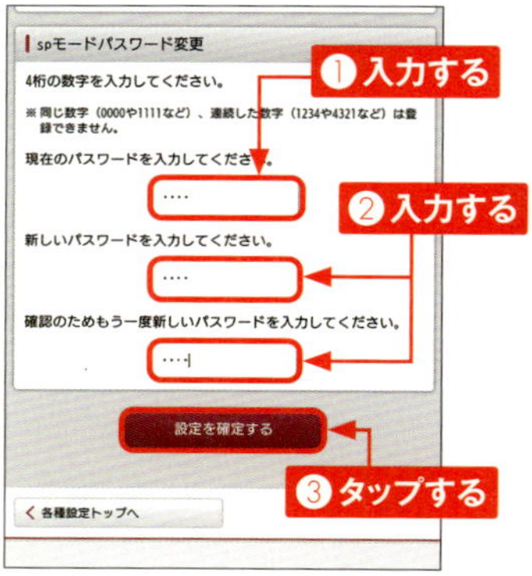

MEMO

spモードパスワードのリセット

spモードパスワードがわからなくなったときは、手順②の画面で［リセットする］をタップし、画面の指示に従って手続きを行うと、初期値の「0000」にリセットできます。

Chapter 2

電話機能を使う

Section 14　電話をかける・受ける
Section 15　発信や着信の履歴を確認する
Section 16　伝言メモを利用する
Section 17　電話帳を利用する
Section 18　着信拒否を設定する
Section 19　着信音やマナーモードを設定する

Section 14

電話をかける・受ける

電話操作は発信も着信も非常にシンプルです。発信時はホーム画面のアイコンからかんたんに電話を発信でき、着信時はドラッグまたはタップ操作で通話を開始できます。

電話をかける

① ホーム画面でをタップします。

② 「電話」アプリが起動します。をタップします。

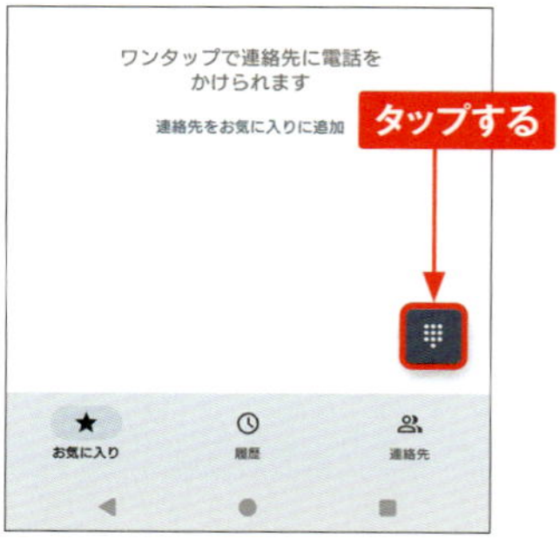

③ 相手の電話番号をタップして入力し、をタップすると、電話が発信されます。

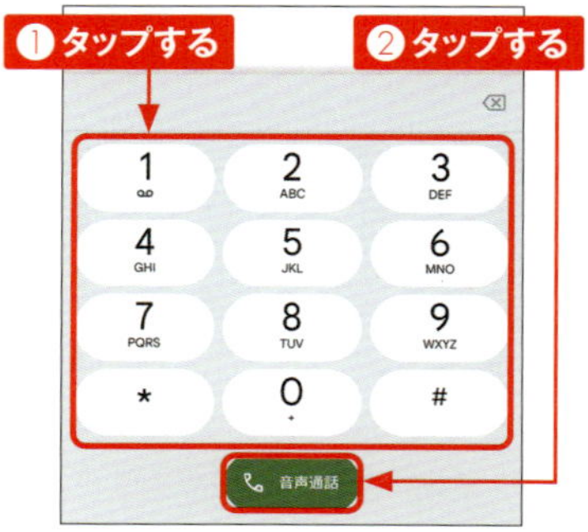

④ 相手が応答すると通話が始まります。をタップすると、通話が終了します。

電話を受ける

1 電話がかかってくると、着信画面が表示されます（スリープ状態の場合）。 を上方向にスワイプします。また、画面上部に通知で表示された場合は、［応答］をタップします。

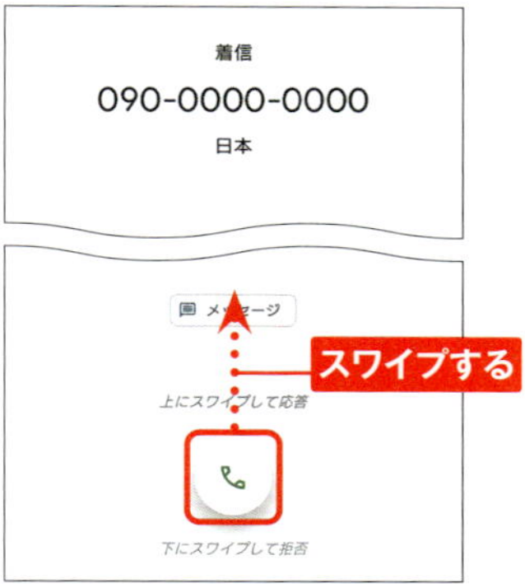

2 相手との通話が始まります。通話中にアイコンをタップすると、ダイヤルキーなどの機能を利用できます。

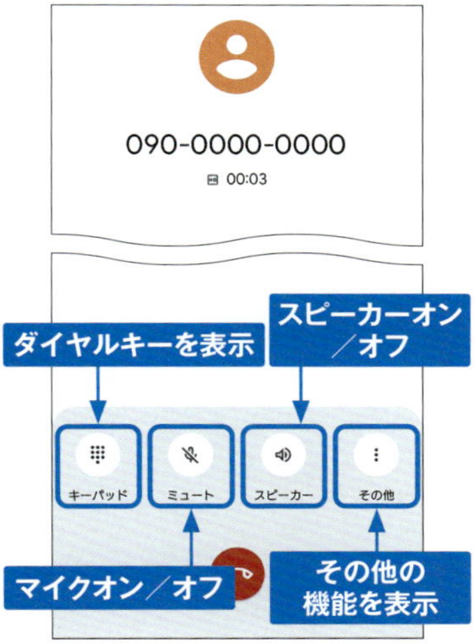

3 をタップすると、通話が終了します。

MEMO サイレントモード

Xperia 1 VIでは、着信中にスマートフォンの画面を下にして平らな場所に置くと、着信通知をオフにすることができます。P.46手順①の画面で右上の をタップし、［設定］→［ふせるだけでサイレントモード］の順にタップしてオンにします。

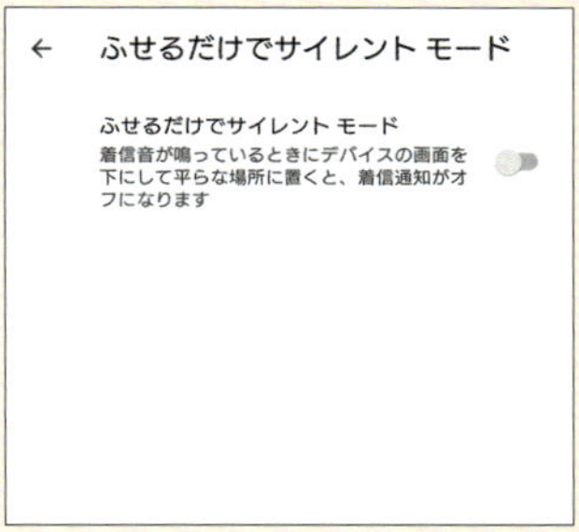

Section 15

発信や着信の履歴を確認する

電話の発信や着信の履歴は、通話履歴画面で確認します。また、電話をかけ直したいときに発着信履歴画面から発信したり、履歴からメッセージ（SMS）を送信したりすることもできます。

発信や着信の履歴を確認する

① ホーム画面で をタップして「電話」アプリを起動し、[履歴]をタップします。

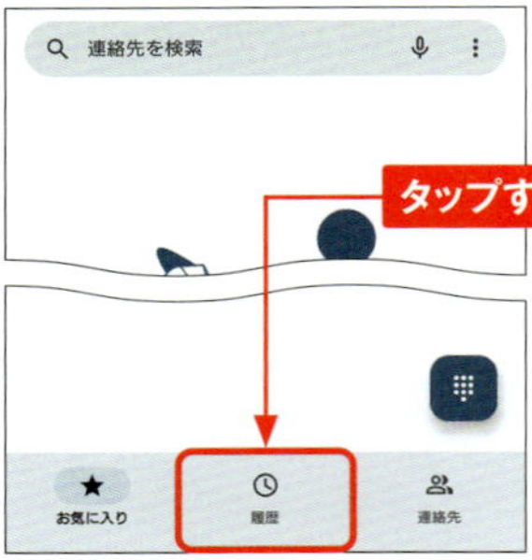

② 通話の履歴を確認できます。履歴をタップして、[履歴を開く]をタップします。

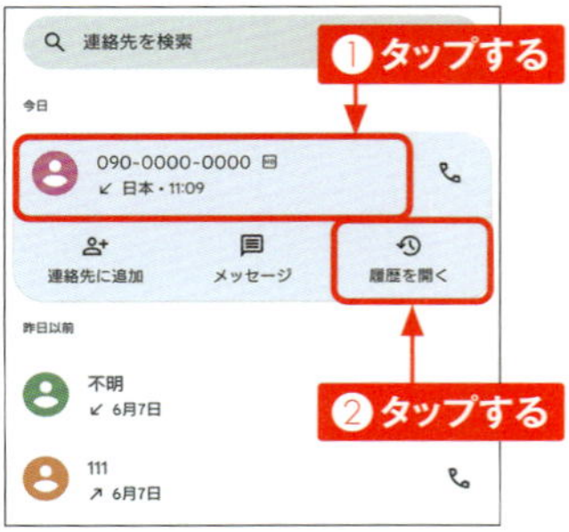

③ 通話の詳細を確認することができます。

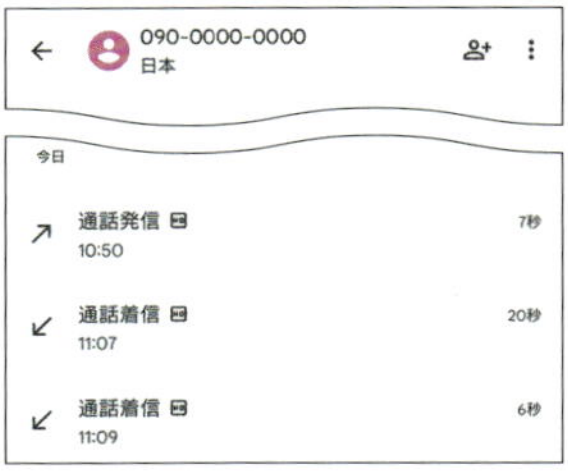

MEMO

履歴の削除

手順③の画面で右上の⋮をタップし、その中の［履歴を削除］→［削除］の順にタップすると、履歴を削除できます。

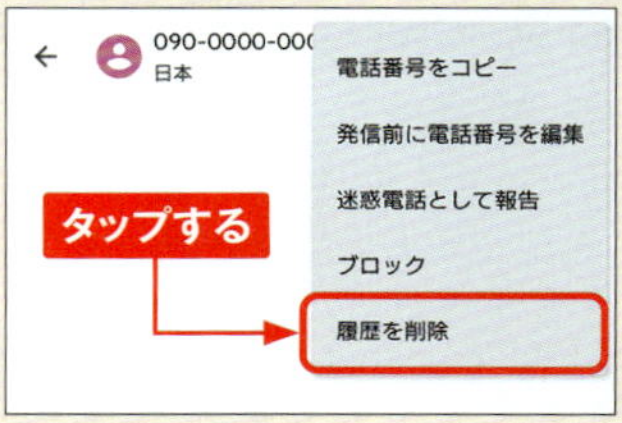

履歴から発信する

① P.46手順①を参考に通話履歴画面を表示します。発信したい履歴の📞をタップします。

② 電話が発信されます。

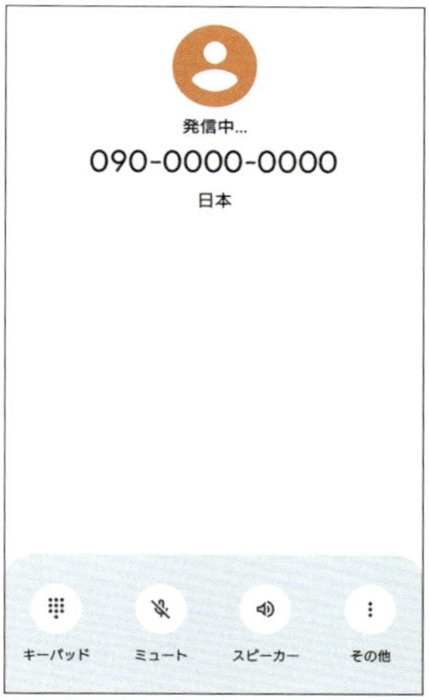

MEMO 履歴からメッセージ（SMS）を送信

P.46手順②の画面で履歴をタップし、表示されるメニューで［メッセージ］をタップすると、メッセージの作成画面が表示され、相手にメッセージを送信することができます（あらかじめP.85を参考にして、設定を行う必要があります）。そのほかに、履歴の相手を連絡先に追加することも可能です（P.52参照）。

Section 16

伝言メモを利用する

Xperia 1 VIでは、電話に応答できないときに本体に伝言を記録する「伝言メモ」を利用できます。有料サービスである留守番電話サービスとは異なり、無料で利用できます。

伝言メモを設定する

1 P.44手順①を参考に「電話」アプリを起動して、画面右上の⋮をタップし、[設定]をタップします。

2 「設定」画面で[通話アカウント]→設定するSIM（ここでは[docomo]）→[伝言メモ]→[OK]の順にタップします。

3 「伝言メモ」画面で[伝言メモ]をタップし、 を に切り替えます。[応答時間設定]→[OK]の順にタップします。

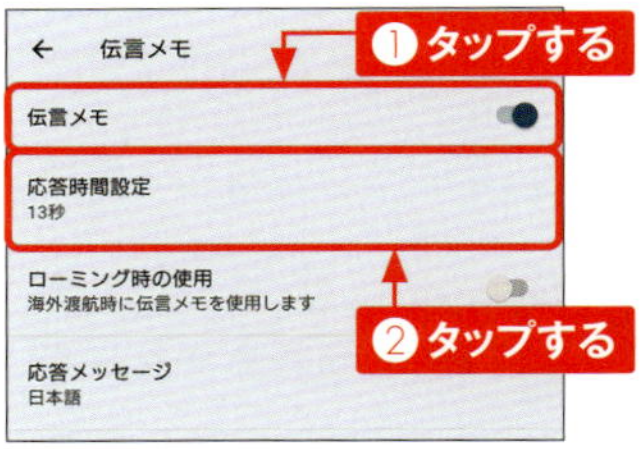

4 応答時間をドラッグして変更し、[完了]をタップします。有料の「留守番電話サービス」を契約している場合は、その呼び出し時間（契約時15秒）より短く設定する必要があります。

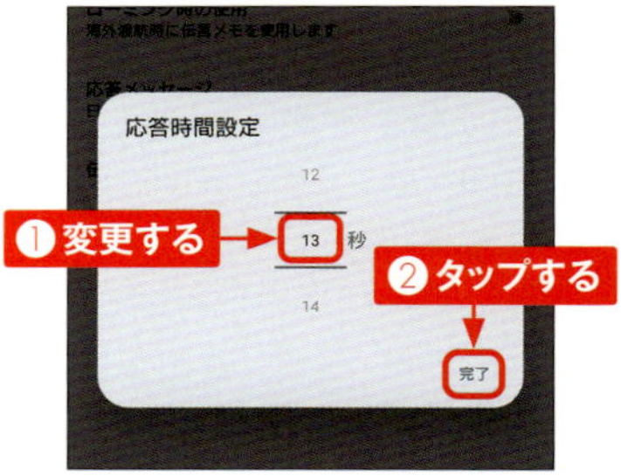

伝言メモを再生する

1 伝言メモがあると、ステータスバーに伝言メモの通知が表示されます。ステータスバーを下方向にドラッグします。

2 通知パネルが表示されるので、伝言メモの通知をタップします。

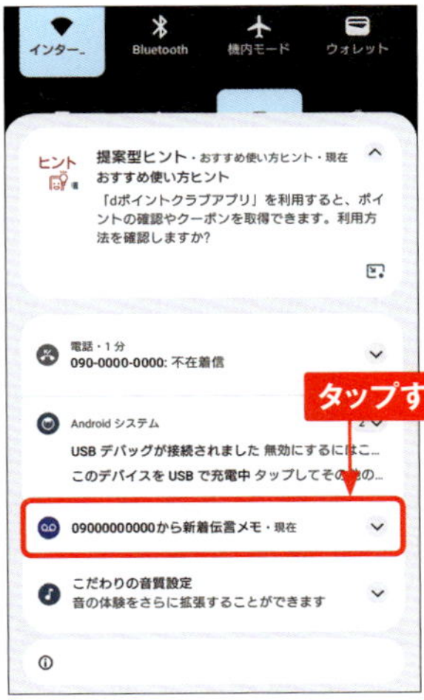

3 「伝言メモリスト」画面で聞きたい伝言メモをタップすると、伝言メモが再生されます。

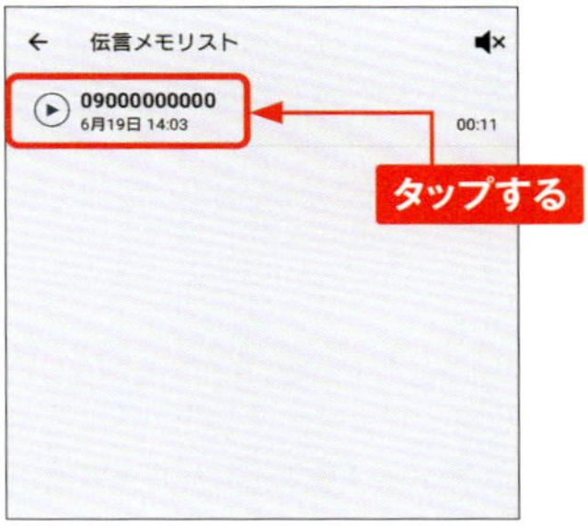

4 伝言メモを削除するには、ロングタッチして［削除］をタップします。

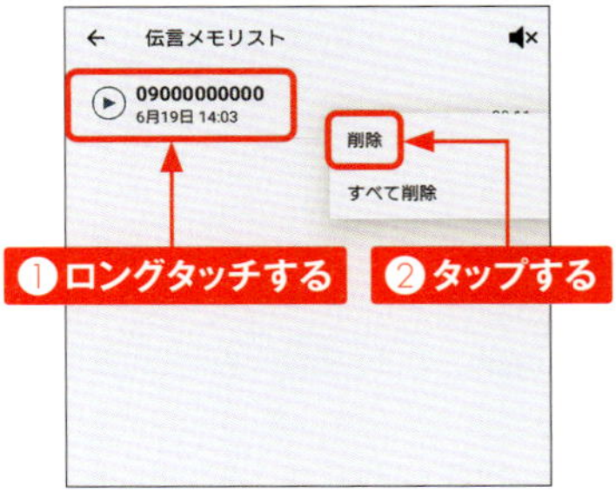

MEMO 留守番電話サービス

有料の「留守番電話サービス」は、端末の電源が切れていたり通話圏外であったりしても、留守番電話を受けられます。ただし、留守電メッセージを確認するには「1417」に電話をかける必要があります。

電話帳を利用する

電話番号やメールアドレスなどの連絡先は、「ドコモ電話帳」で管理することができます。クラウド機能を有効にすることで、電話帳データが専用のサーバーに自動で保存されます。

ドコモ電話帳のクラウド機能を有効にする

① アプリ一覧画面で[ドコモ電話帳]をタップします。

② 初回起動時は「クラウド機能の利用について」画面が表示されます。注意事項を確認して、[利用する]→[許可]をタップします。

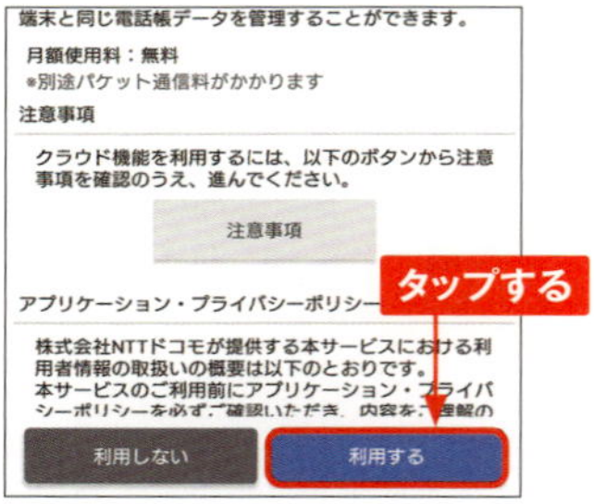

③ 「すべての連絡先」画面が表示されます。すでに利用したことがあって、クラウドにデータがある場合は、登録済みの電話帳データが表示されます。

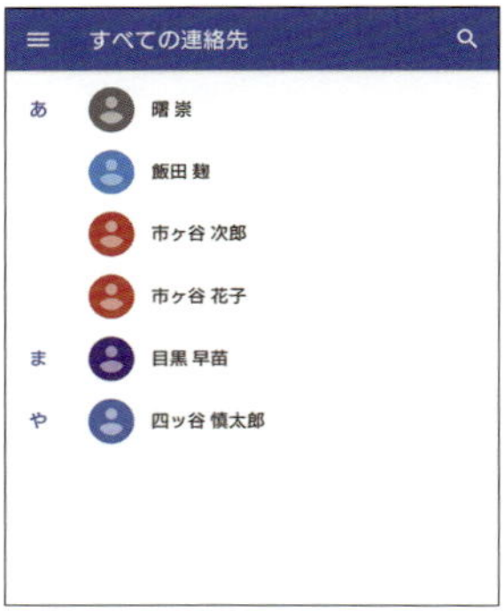

MEMO ドコモ電話帳のクラウド機能とは

ドコモ電話帳では、電話帳データを専用のクラウドサーバーに自動で保存しています。そのため、機種変更をしたときも、クラウドを利用してかんたんに電話帳を移行することができます。

連絡先に新規連絡先を登録する

1 P.50手順③の画面で＋をタップします。

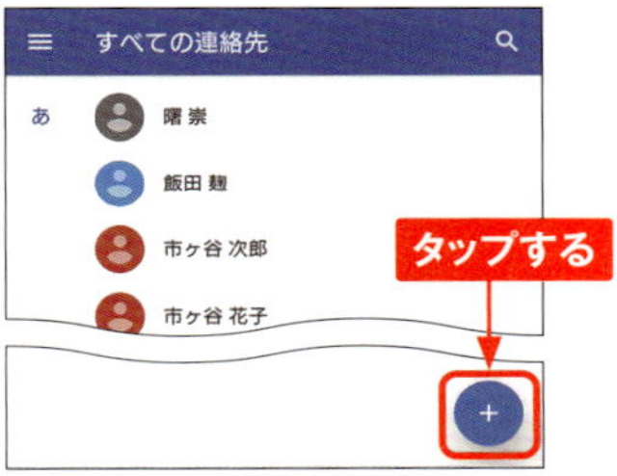

2 初回は連絡先を保存するアカウントを選びます。ここでは［docomo］をタップします。

3 入力欄をタップし、「姓」と「名」の入力欄に相手の氏名を入力します。続けて、ふりがなも入力します。

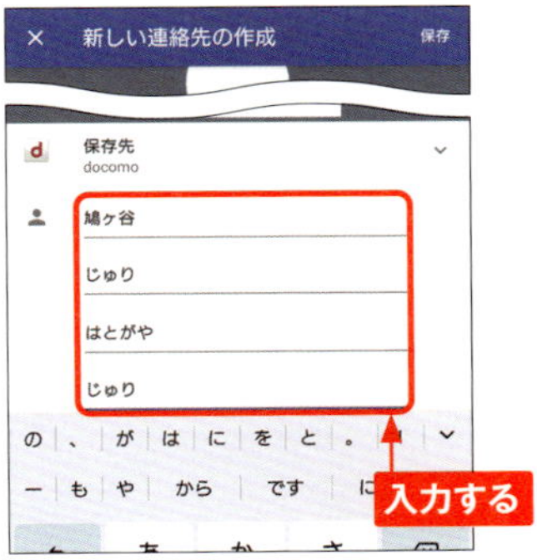

4 電話番号やメールアドレスなどを入力し、完了したら、［保存］をタップします。

5 連絡先の情報が保存され、登録した相手の情報が表示されます。

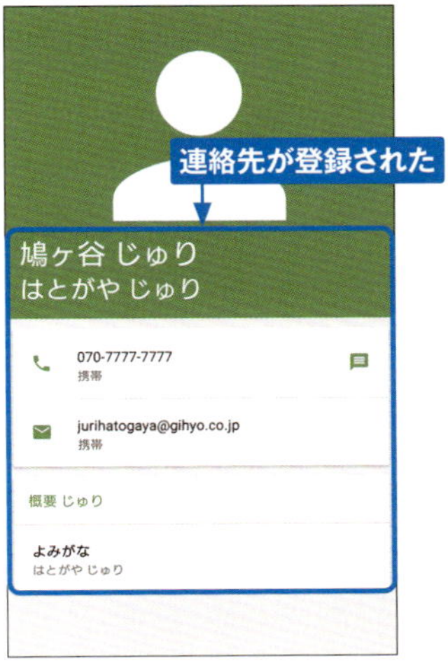

2

履歴から連絡先を登録する

1 P.44手順①を参考に「電話」アプリを起動します。[履歴]をタップし、連絡先に登録したい電話番号をタップして、[連絡先に追加]をタップします。

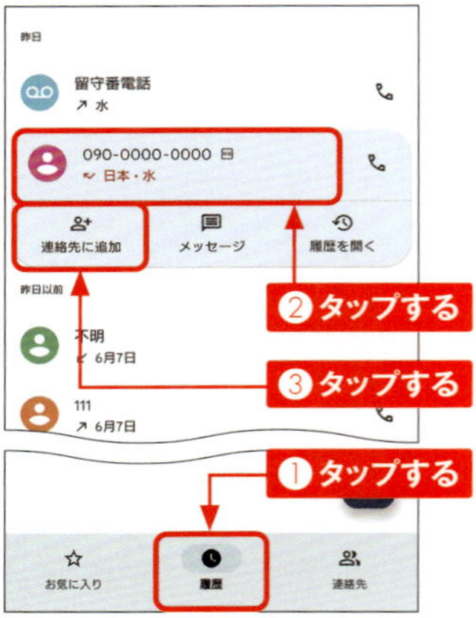

2 [新しい連絡先を作成]（既存の連絡先に登録する場合は連絡先名）をタップします。

3 P.51手順②～④の方法で連絡先の情報を登録します。

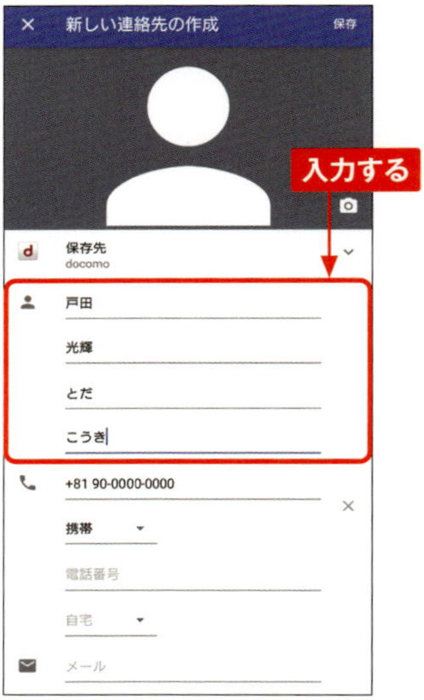

MEMO 連絡先の検索

「電話」アプリや「ドコモ電話帳」アプリの上部にある🔍をタップすると、登録されている連絡先を探すことができます。フリガナを登録している場合は、名字もしくは名前の読みの一文字目を入力すると候補に表示されます。

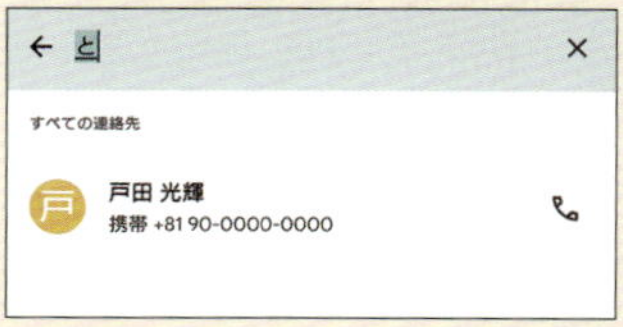

マイプロフィールを確認・編集する

1 P.50手順③の画面で をタップしてメニューを表示し、［設定］をタップします。

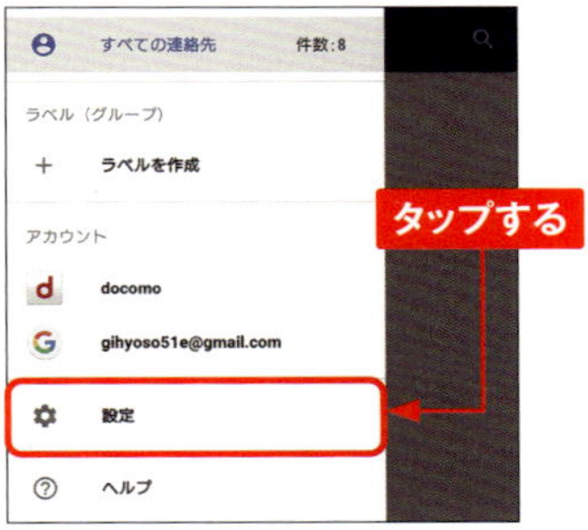

2 ［ユーザー情報］をタップします。

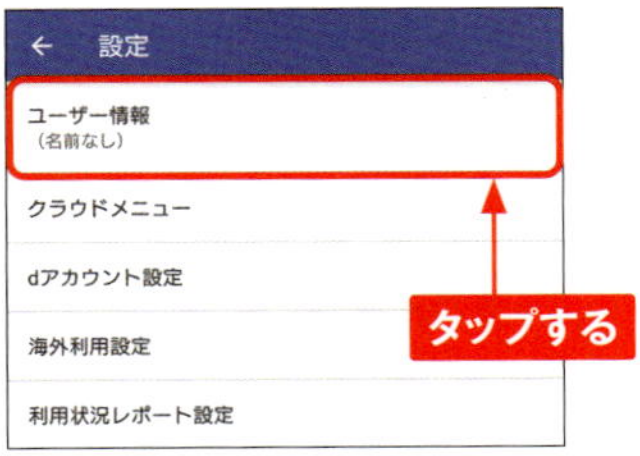

3 自分の情報を登録できます。編集する場合は、 をタップします。

4 情報を入力し、［保存］をタップします。

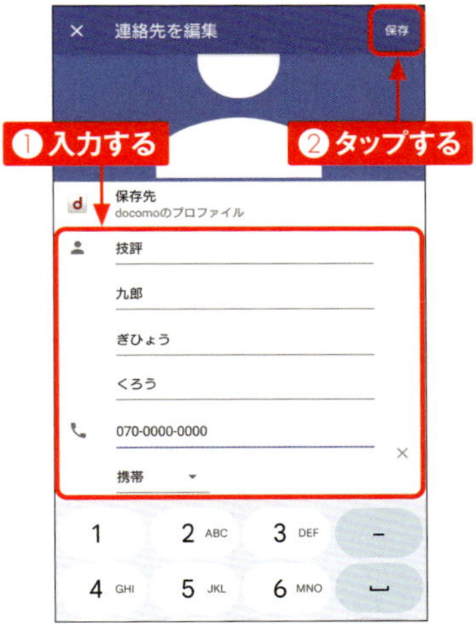

MEMO 住所の登録

マイプロフィールに住所や誕生日などを登録したい場合は、手順③の画面下部にある［その他の項目］をタップし、［住所］などをタップします。

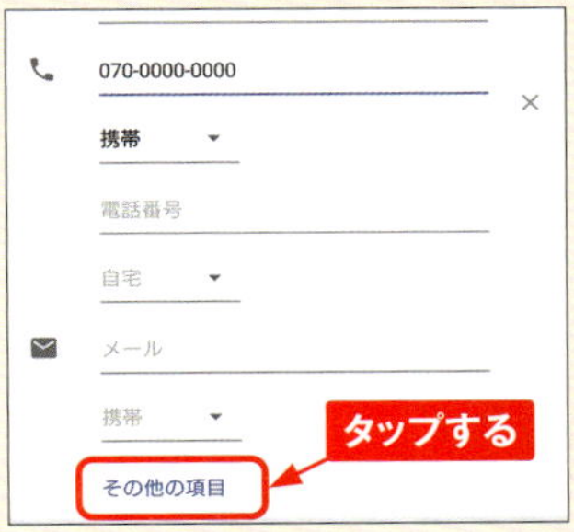

ドコモ電話帳のそのほかの機能

●電話帳を編集する

① P.50手順③の画面で編集したい連絡先の名前をタップします。

② をタップして「連絡先を編集」画面を表示し、P.51手順③～④の方法で連絡先を編集します。

●電話帳から電話を発信する

① 左記手順②の画面で電話番号をタップします。

② 電話が発信されます。

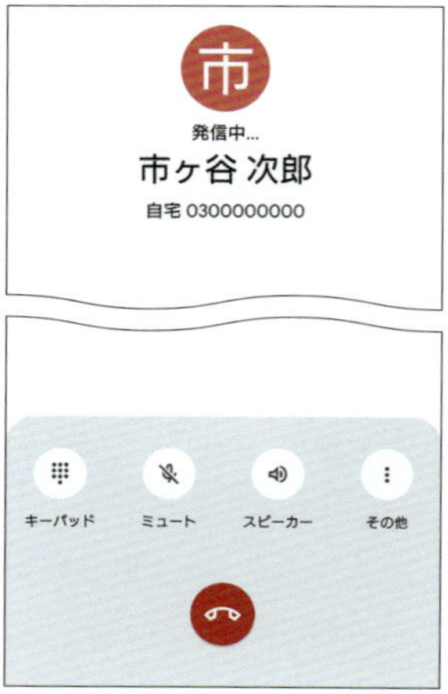

連絡先をお気に入りに追加する

1 P.54左の手順②の画面で、右上の☆をタップします。

2 P.44手順②の画面を表示して［お気に入り］をタップすると、お気に入りに追加されたことがわかります。ここから連絡先をタップすることで、すばやく電話をかけることができます。

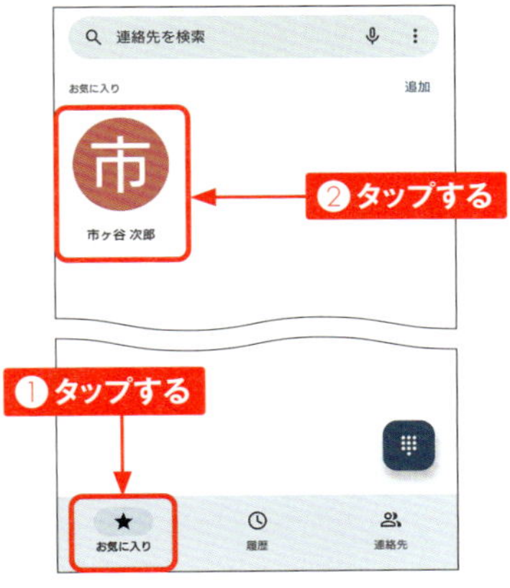

連絡先を削除する

1 P.54左の手順②の画面で、右上の⋮をタップします。

2 ［削除］をタップすると、連絡先が削除されます。

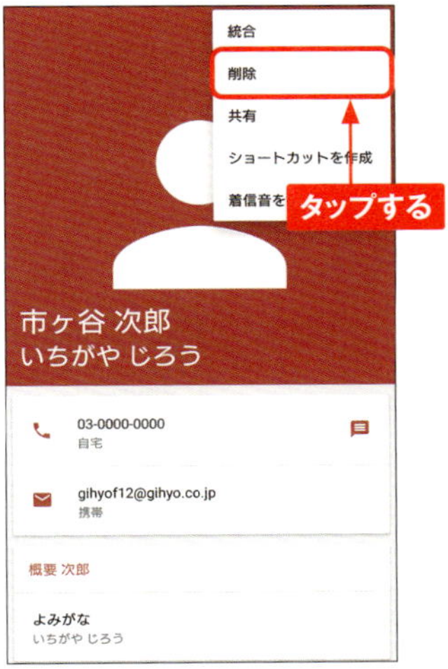

Section **18**

着信拒否を設定する

Xperia 1 VIでは、非通知やリストに登録した電話番号からの着信を拒否することができます。迷惑電話やいたずら電話がくり返しかかってきたときは、着信拒否を設定しましょう。

着信拒否リストに登録する

1 P.44手順①を参考に「電話」アプリを起動し、画面右上の⋮→［設定］の順にタップします。

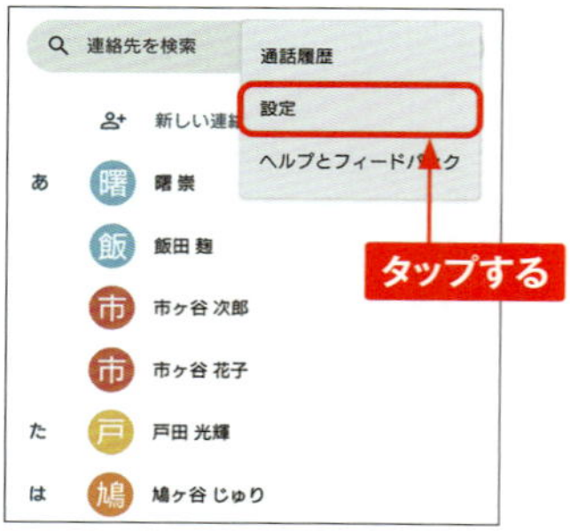

2 ［ブロック中の電話番号］をタップします。

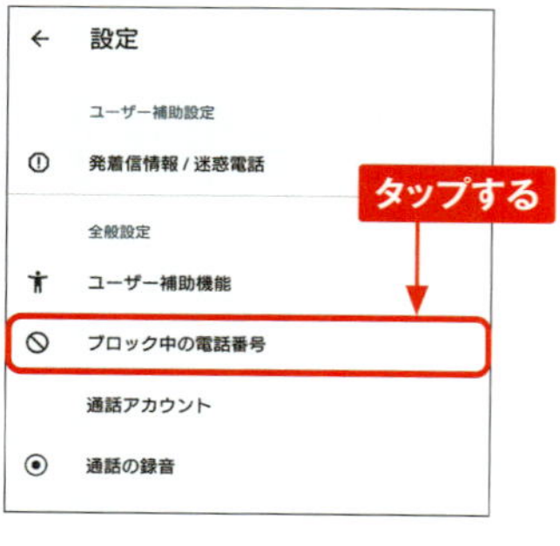

3 着信を拒否したい設定をタップし、●にします。

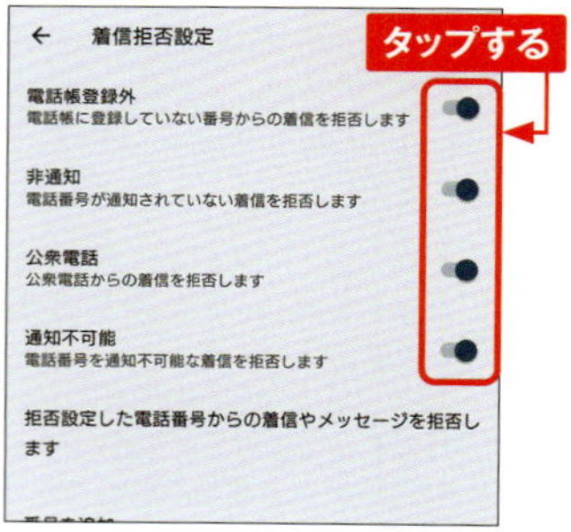

4 番号を指定して着信拒否をしたい場合は、［番号を追加］をタップします。

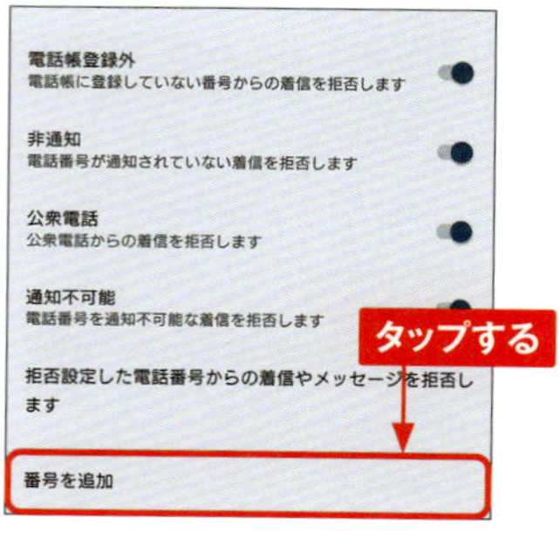

5 着信を拒否したい電話番号を入力し、[追加] をタップします。

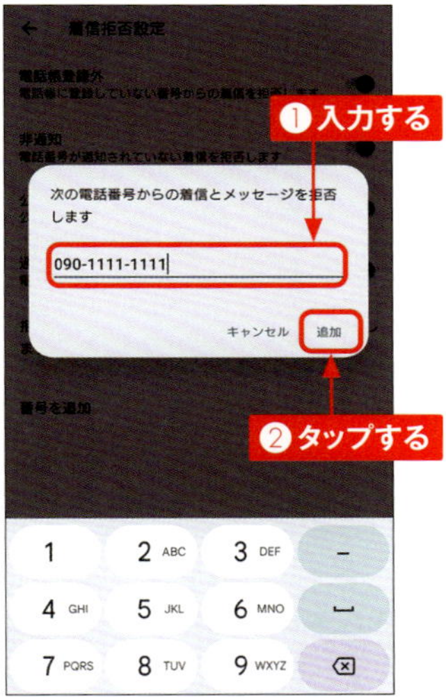

6 「拒否設定しました」というメッセージが表示されたら、登録完了です。

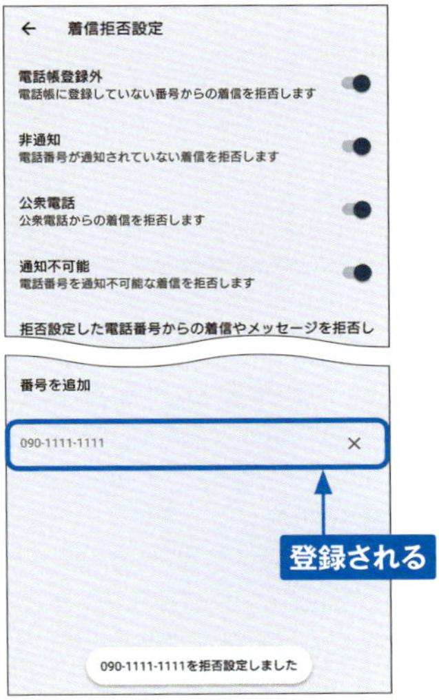

7 着信拒否に追加した番号を削除したい場合は、×→ [拒否設定を解除] の順にタップします。

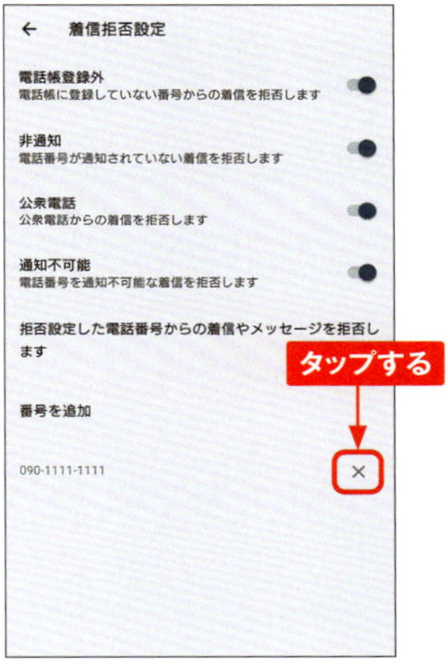

MEMO

着信履歴から着信拒否リストに登録

P.46手順②の画面で、登録したい履歴をロングタッチして、[ブロックして迷惑電話として報告] をタップすると、着信履歴から着信拒否リストに登録できます。

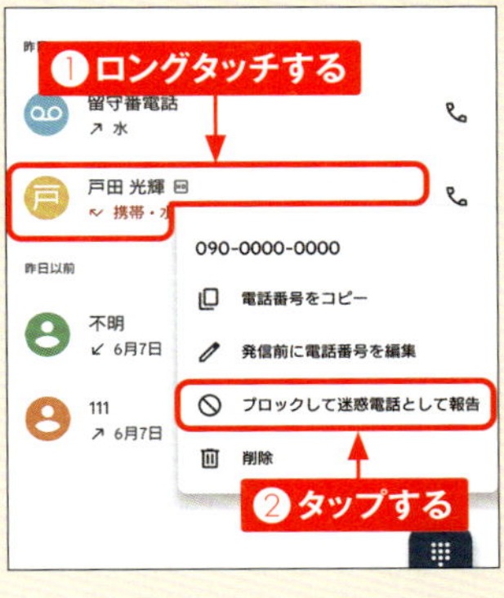

2

Section 19

着信音やマナーモードを設定する

メールの通知音や電話の着信音は、「設定」アプリから変更することができます。また、マナーモードの設定などは、クイック設定ツールからワンタップで行うことができます。

通知音や着信音を変更する

① P.18を参考に「設定」アプリを起動して、[音設定]をタップします。

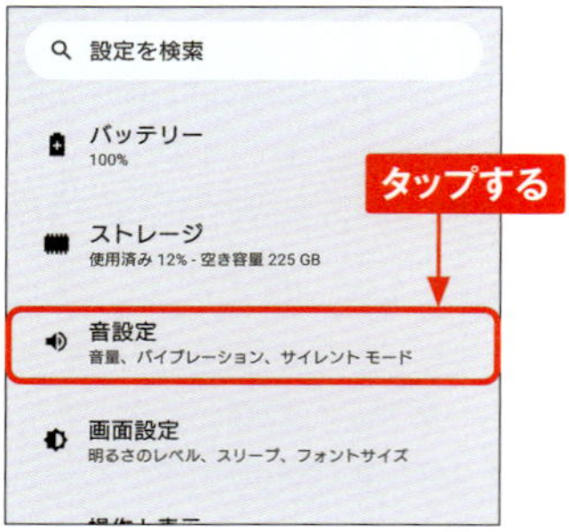

② 「音設定」画面が表示されるので、[着信音]または[通知音]をタップします。ここでは[着信音-SIM1]をタップします。

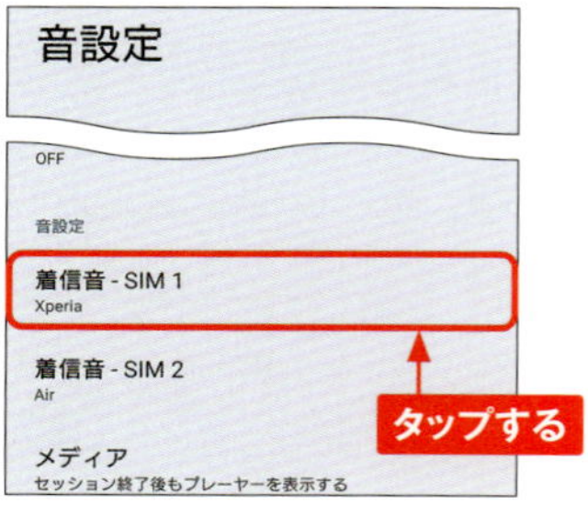

③ 変更したい着信音をタップすると、着信音を確認することができます。[OK]をタップすると、着信音が変更されます。

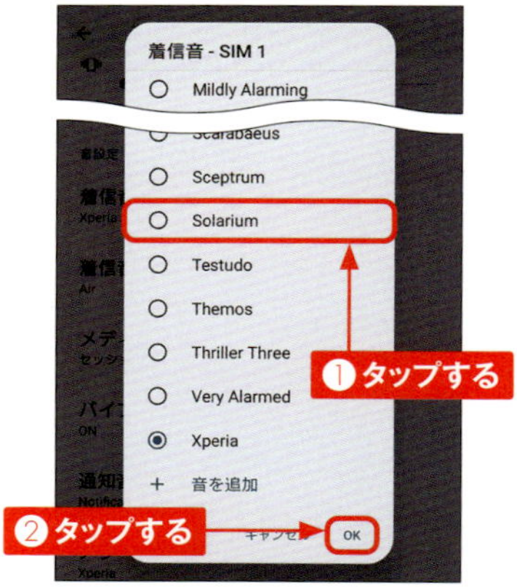

MEMO 操作音などを設定する

手順②の画面で「ダイヤルパッドの操作音」や「画面ロックの音」などのシステム操作時の音の有効・無効を切り替えることができます。

音量を設定する

●音量キーから設定する

1 ロックを解除した状態で、音量キーを押すと、メディアの音量設定画面が表示されるので、スライダーをドラッグして、音量を設定します。…をタップします。

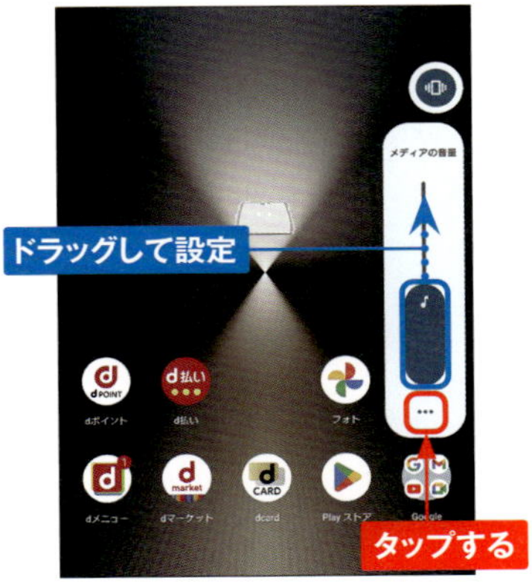

2 ほかの項目が表示され、ここから音量を設定することができます。

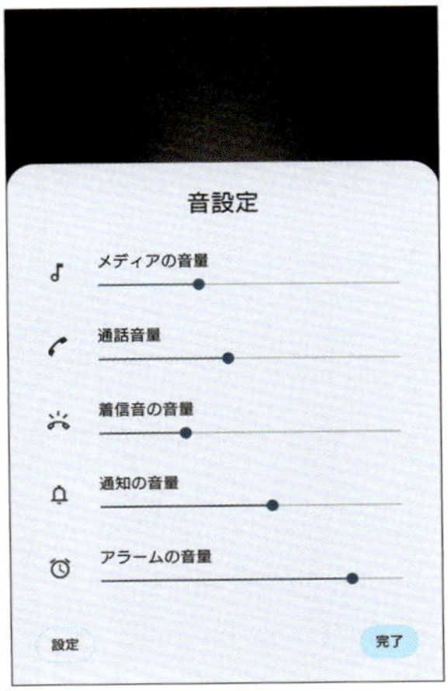

●「設定」アプリから設定する

1 P.58手順②の画面で各項目のスライダーをドラッグして音量を調節することができます。

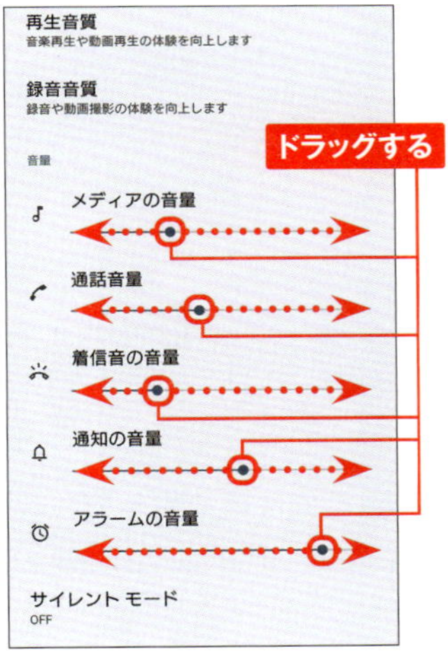

2 設定を変更したい操作音（ここでは［ダイヤルパッドの操作音］）をタップして●を●にすると、操作音がオフになります。

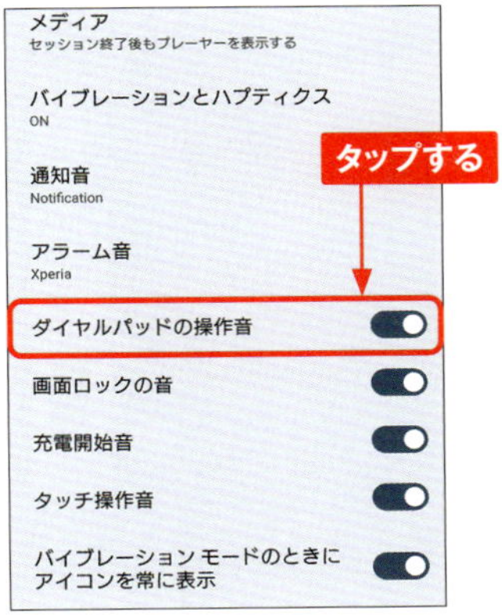

マナーモードを設定する

① 本体の右側面にある音量キーを押し、をタップします。

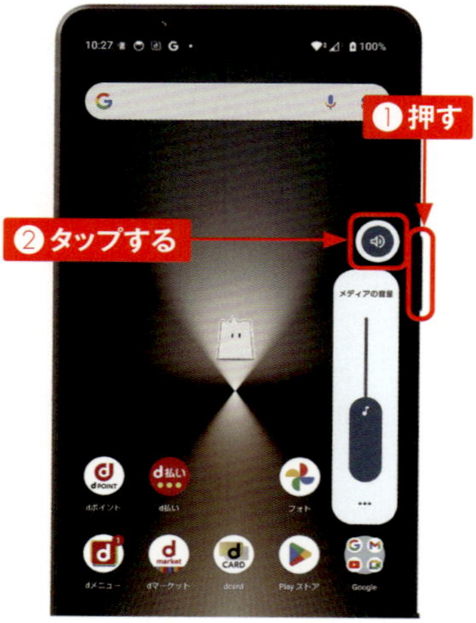

② をタップします。

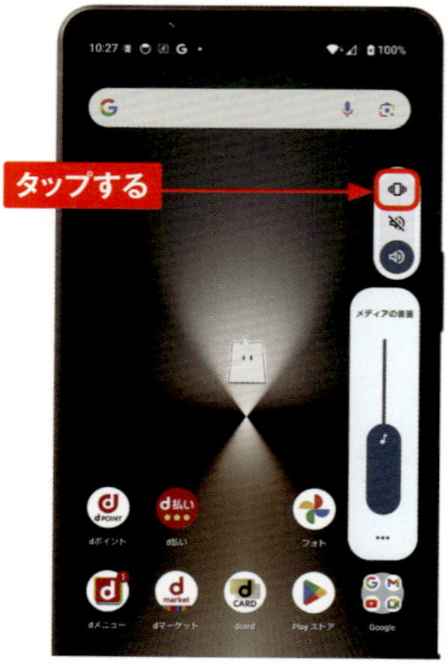

③ アイコンがになり、バイブレーションのみのマナーモードになります。

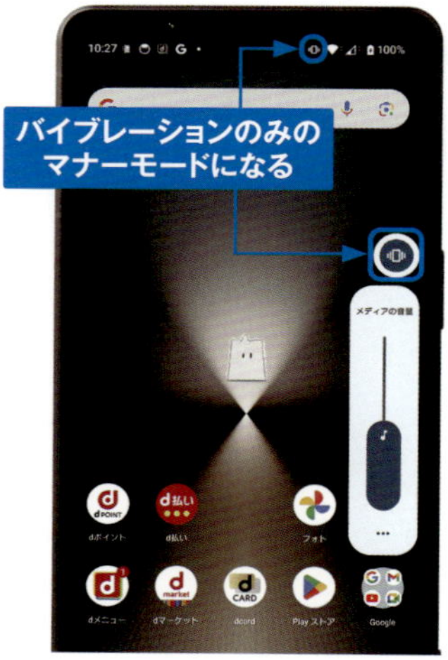

④ 手順②の画面でをタップするとアイコンがになり、バイブレーションもオフになったマナーモードになります（アラームや動画、音楽は鳴ります）。をタップするとに戻り、マナーモードが解除されます。

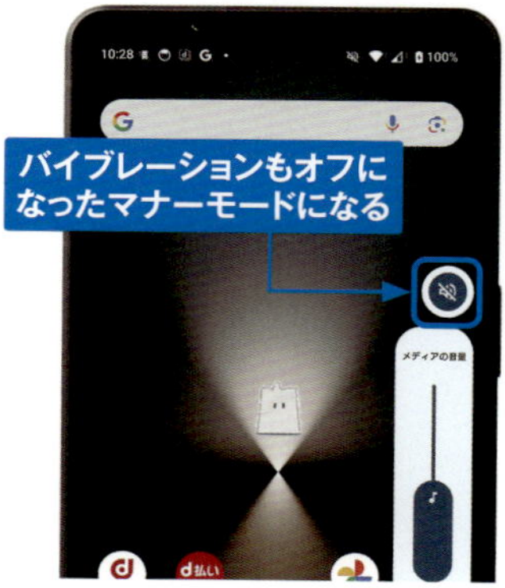

Chapter 3

メールやインターネットを利用する

Section 20　Webページを閲覧する
Section 21　複数のWebページを同時に開く
Section 22　ブックマークを利用する
Section 23　利用できるメールの種類
Section 24　ドコモメールを設定する
Section 25　ドコモメールを利用する
Section 26　メールを自動振分けする
Section 27　迷惑メールを防ぐ
Section 28　+メッセージを利用する
Section 29　Gmailを利用する
Section 30　PCメールを設定する

Webページを閲覧する

「Chrome」アプリでWebページを閲覧できます。Googleアカウントでログインすることで、パソコン用の「Google Chrome」とブックマークや履歴の共有が行えます。

Webページを閲覧する

① ホーム画面を表示して、をタップします。初回起動時はアカウントの確認画面が表示されるので、画面の指示に従って進めます。

② 「Chrome」アプリが起動して、標準ではdメニューのWebページが表示されます。［アドレス入力欄］が表示されない場合は、画面を下方向にスライドすると表示されます。

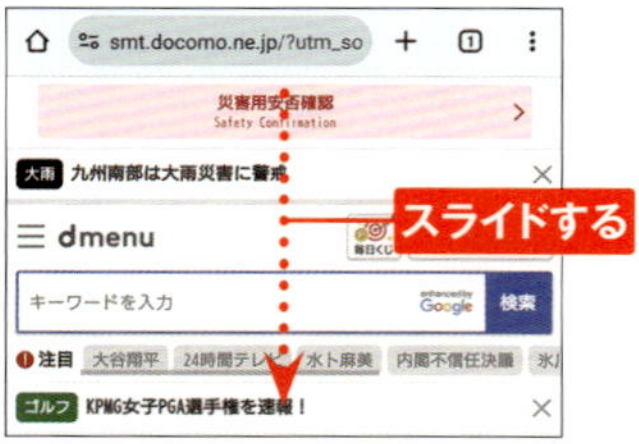

③ ［アドレス入力欄］をタップし、URLを入力して、→をタップします。入力の際に下部に表示される検索候補をタップすると、検索結果などが表示されます。

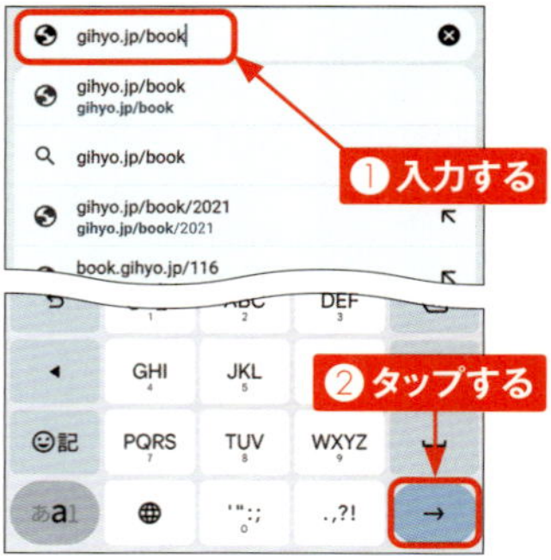

④ 入力したURLのWebページが表示されます。

Webページを移動・更新する

① Webページの閲覧中に、リンク先のページに移動したい場合、ページ内のリンクをタップします。

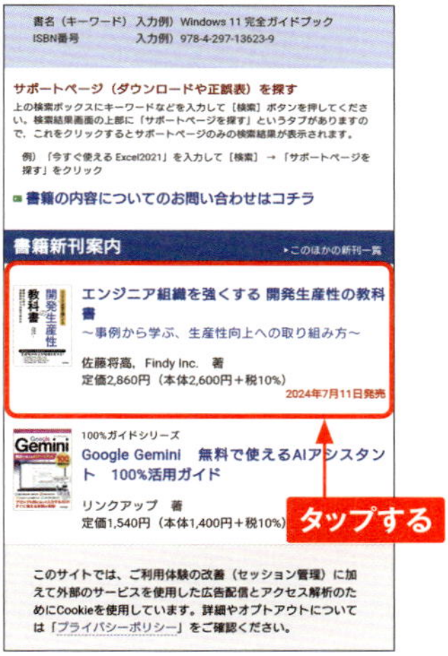

② ページが移動します。◀をタップすると、タップした回数分だけページが戻ります。

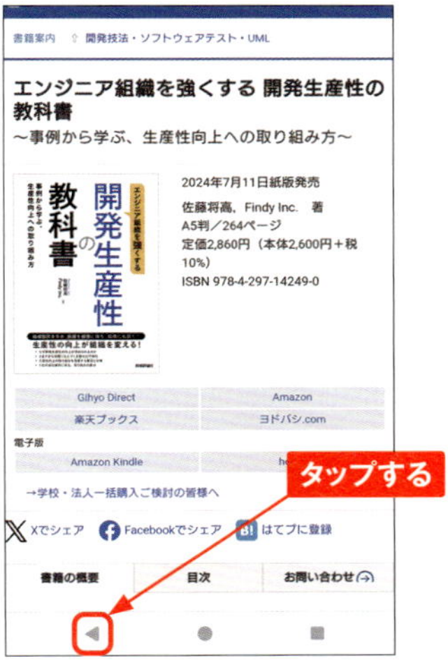

③ 画面右上の⋮をタップして、→をタップすると、前のページに進みます。

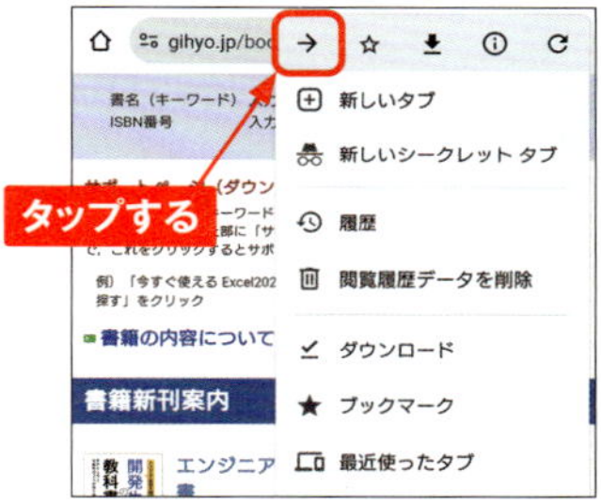

④ ⋮をタップして、⟳をタップすると、表示しているページが更新されます。

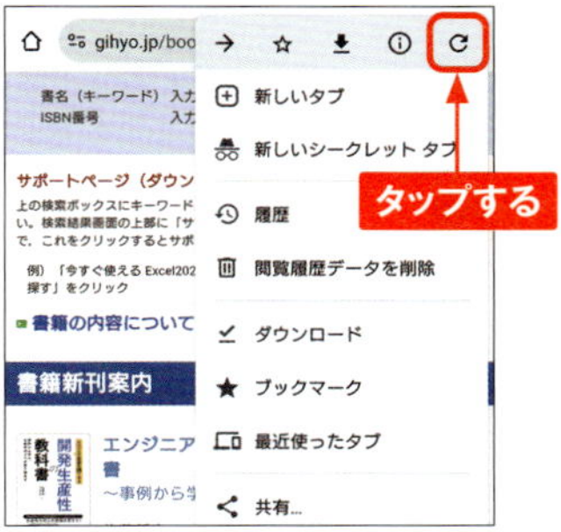

MEMO Google検索

P.62手順③で「アドレス入力欄」に調べたいキーワードを入力して→をタップすると、検索した結果のページが表示されます。キーワードの一部を入力して、下部の🔍アイコンの項目をタップすることでも検索できます。

Section 21

複数のWebページを同時に開く

「Chrome」アプリでは、複数のWebページをタブを切り替えて同時に開くことができます。複数のページを交互に参照したいときや、常に表示しておきたいページがあるときに利用すると便利です。

Webページを新しいタブで開く

① 「Chrome」アプリを起動し、[アドレス入力欄] を表示して（P.62参照）、⋮ をタップします。

② [新しいタブ] をタップします。

③ 新しいタブが表示されます。

④ P.62を参考にして、Webページを表示します。

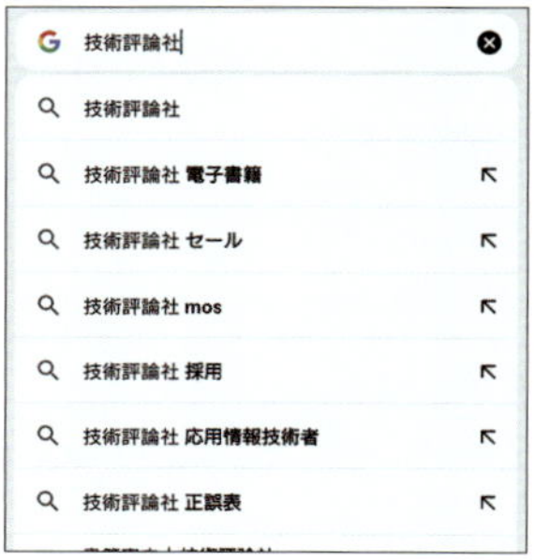

複数のタブを切り替える

① 複数のタブを開いた状態でタブ切り替えアイコンをタップします。

② 現在開いているタブの一覧が表示されるので、表示したいタブをタップします。

③ 表示するタブが切り替わります。

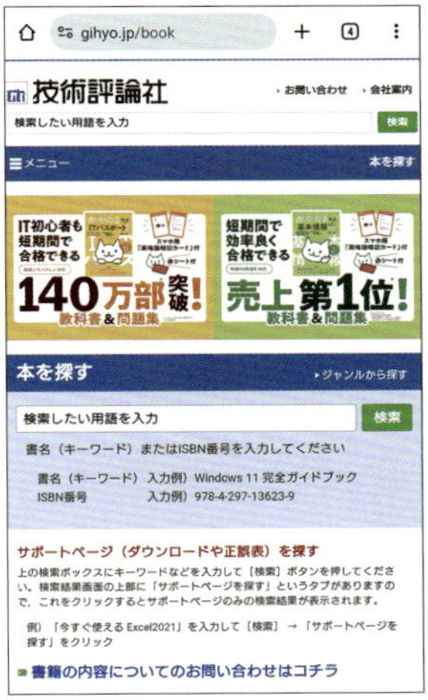

MEMO　タブを閉じるには

不要なタブを閉じたいときは、手順②の画面で、右上の × をタップします。なお、最後に残ったタブを閉じると、「Chrome」アプリが終了します。

タブをグループで開く

1 ページ内のリンクをロングタッチします。

2 ［新しいタブをグループで開く］をタップします。

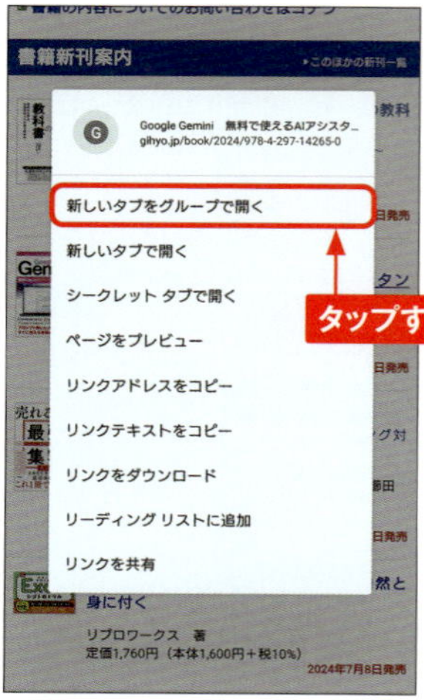

3 リンク先のページが新しいタブで開きますが、まだ表示されていません。グループ化されており、画面下にタブの切り替えアイコンが表示されます。別のアイコンをタップします。

4 リンク先のページが表示されます。

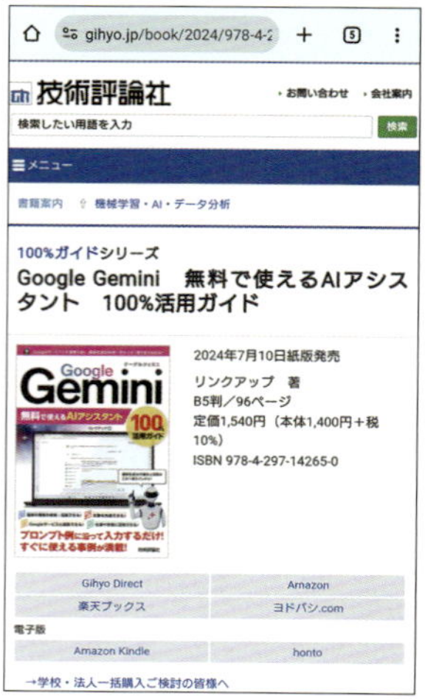

グループ化したタブを整理する

1 P.66手順③の画面で＋をタップすると、グループ内に新しいタブが追加されます。画面右上のタブ切り替えアイコンをタップします。

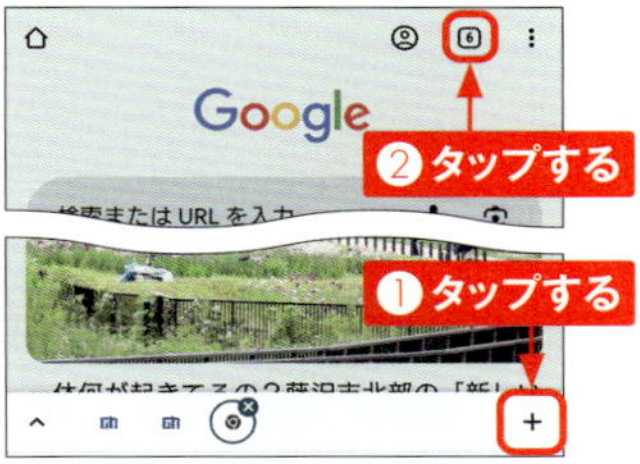

2 現在開いているタブの一覧が表示され、グループ化されているタブは1つのタブの中に複数のタブがまとめられていることがわかります。グループ化されているタブをタップします。

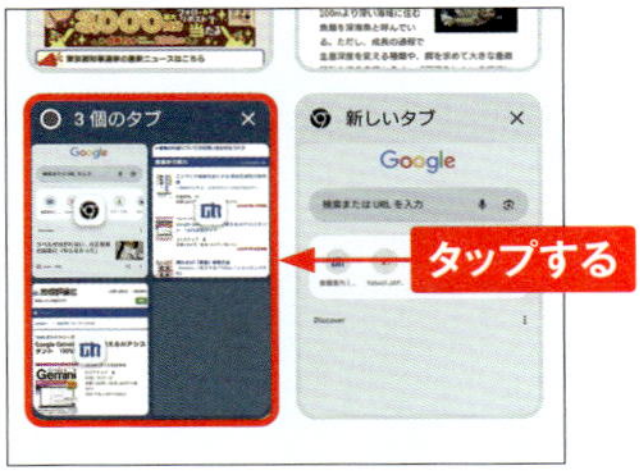

3 グループ内のタブが表示されます。タブの右上の［×］をタップします。

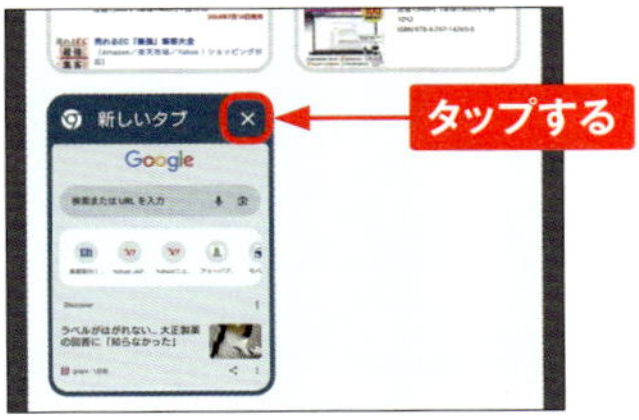

4 グループ内のタブが閉じます。←をタップします。

5 現在開いているタブの一覧に戻ります。タブグループにタブを追加したい場合は、追加したいタブをロングタッチし、タブグループにドラッグします。

6 タブグループにタブが追加されます。

3

ブックマークを利用する

「Chrome」アプリでは、WebページのURLを「ブックマーク」に追加し、好きなときにすぐに表示することができます。よく閲覧するWebページはブックマークに追加しておくと便利です。

ブックマークを追加する

1 ブックマークに追加したいWebページを表示して、⋮をタップします。

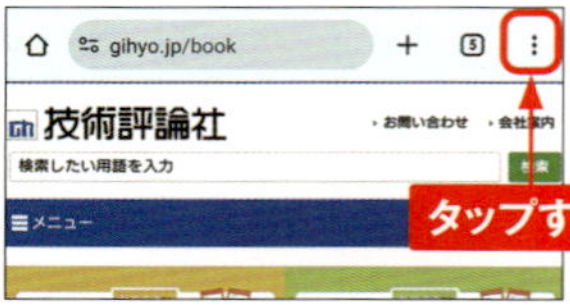

2 ☆をタップします。

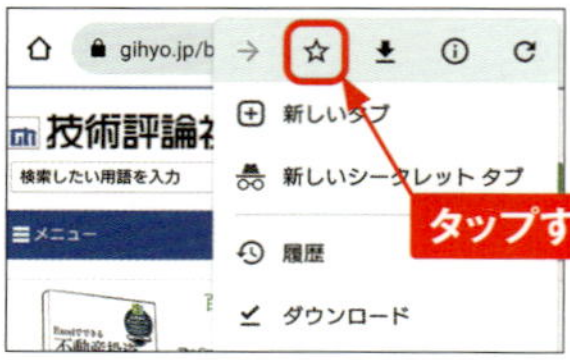

3 ブックマークが追加されます。追加直後に画面下部に表示される > をタップするか、手順②の画面で★をタップします。

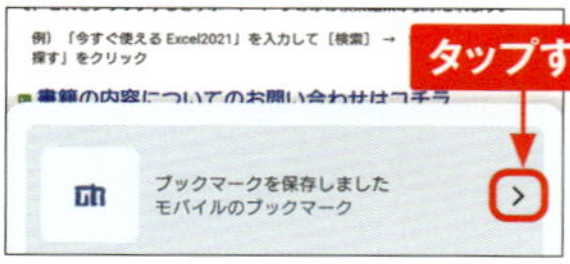

4 名前や保存先のフォルダなどを編集し、←をタップします。

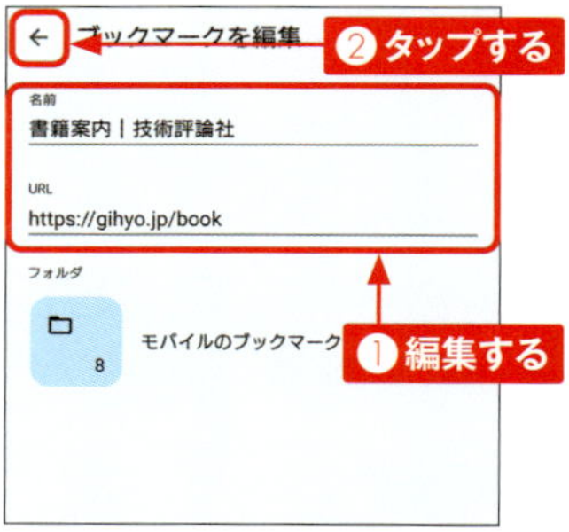

MEMO ホーム画面にショートカットを配置するには

手順②の画面で［ホーム画面に追加］をタップすると、表示しているWebページのショートカットをホーム画面に配置できます。

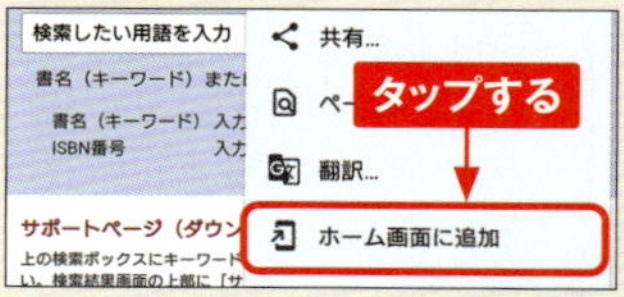

ブックマークからWebページを表示する

1 「Chrome」アプリを起動し、［アドレス入力欄］を表示して（P.62参照）、⋮をタップします。

2 ［ブックマーク］をタップします。

3 「ブックマーク」画面が表示されるので、［モバイルのブックマーク］をタップして、閲覧したいブックマークをタップします。

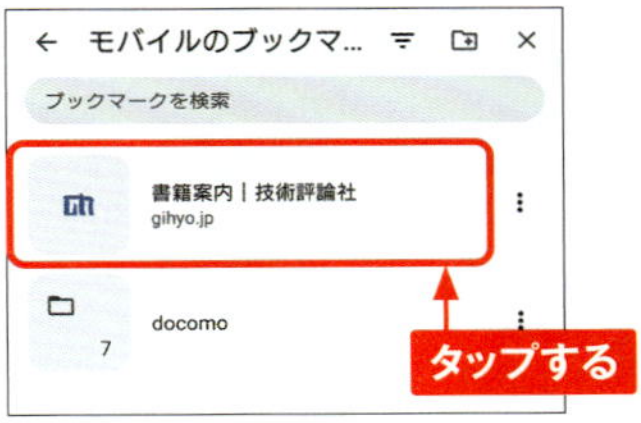

4 ブックマークしたWebページが表示されます。

MEMO ブックマークの削除

手順③の画面で削除したいブックマークの⋮をタップし、［削除］をタップすると、ブックマークを削除できます。

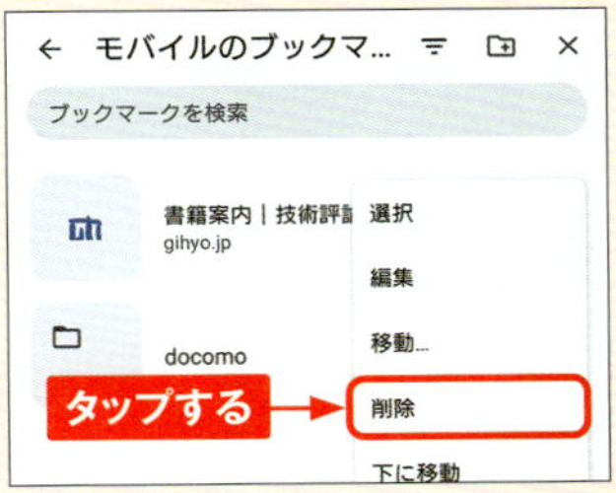

3

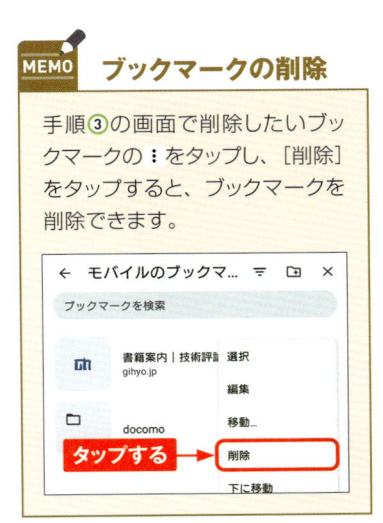

Section 23

利用できるメールの種類

Xperia 1 VIでは、ドコモメール（@docomo.ne.jp）やSMS、＋メッセージを利用できるほか、Gmailおよびプロバイダーメールなどのパソコンのメールも使えます。

ドコモメール

NTTドコモの提供するメールです。「@docomo.ne.jp」のアドレスが使えます。iモードと同じアドレスが使用可能です。

SMSと+メッセージ

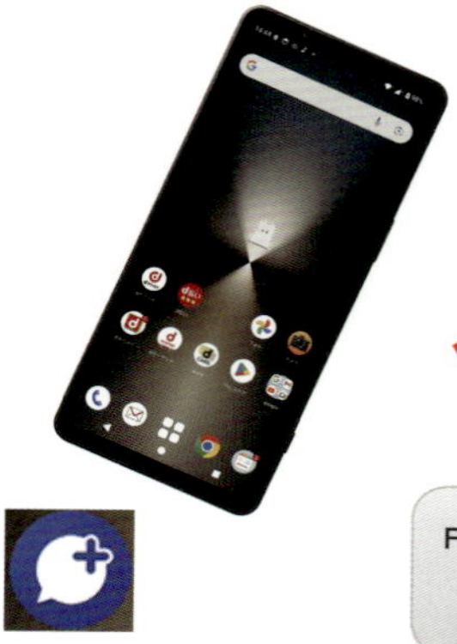

相手の携帯電話番号宛にメッセージを送信します。従来のSMSとそれを拡張した＋メッセージ（P.71 MEMO参照）を利用できます。

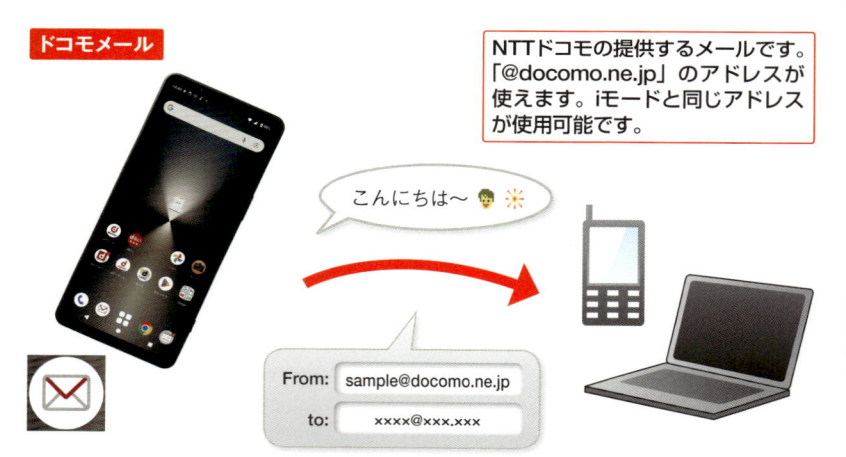

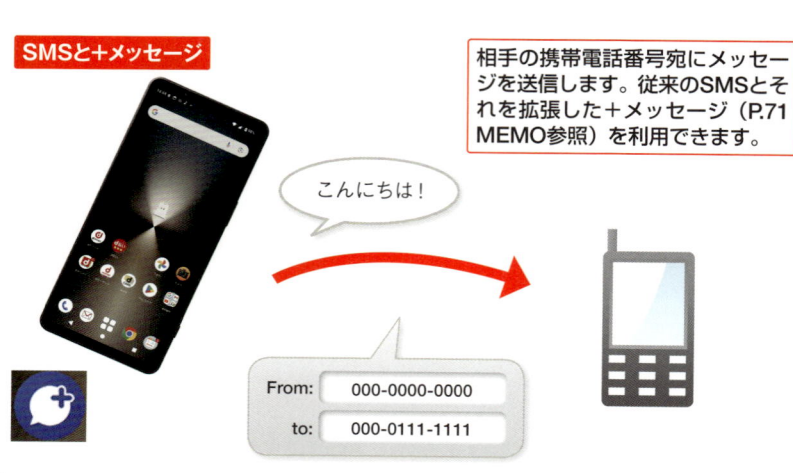

Gmail

Googleが提供するメールです。Xperia 1 VIにGoogleアカウントを設定すればすぐに利用できます。

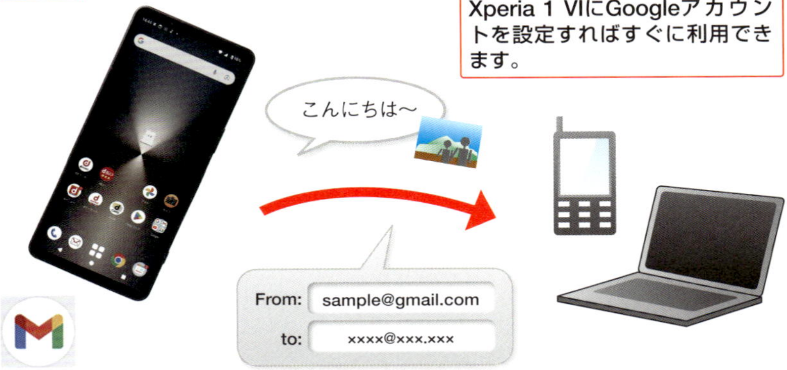

PCメール

パソコンで使用しているメールが使えます。複数のメールアカウントを登録することも可能です。

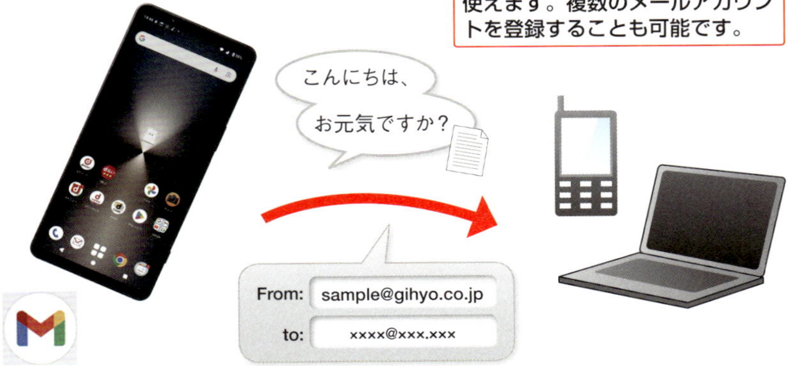

MEMO +メッセージについて

+メッセージは、従来のSMSを拡張したものです。宛先に相手の携帯電話番号を指定するのはSMSと同じですが、文字だけしか送信できないSMSと異なり、スタンプや写真、動画などを送ることができます。ただし、SMSは相手を問わず利用できるのに対し、+メッセージは、相手も+メッセージを利用している場合のみやり取りが行えます。相手が+メッセージを利用していない場合は、SMSとして文字のみが送信されます。

Section 24

ドコモメールを設定する

Xperia 1 VIでは「ドコモメール」を利用できます。ここでは、ドコモメールの初期設定方法を解説します。なお、ドコモショップなどで、すでに設定を行っている場合は、ここでの操作は必要ありません。

ドコモメールの利用を開始する

1 ホーム画面で✉をタップします。「ドコモメール」アプリがインストールされていない場合は、[アップデート] をタップしてインストールを行い、[アプリ起動] をタップして、アプリを起動します。

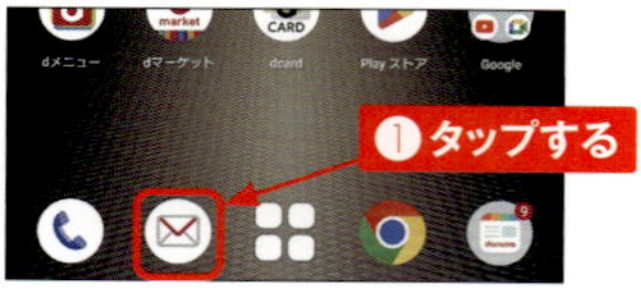

2 アクセスの許可が求められるので、[次へ] をタップします。

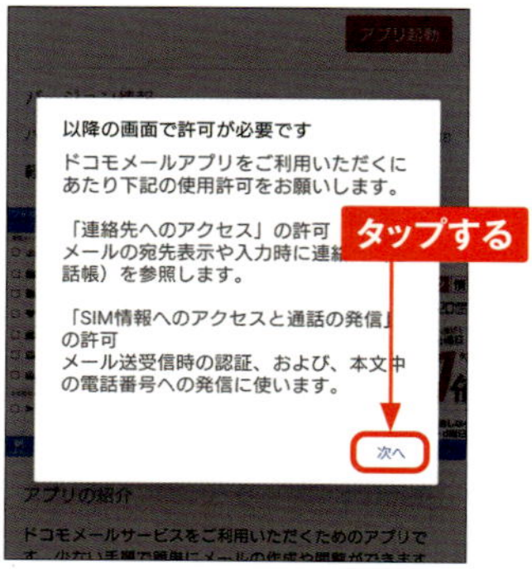

3 [許可] を2回タップして進みます。利用規約の確認画面が表示されたら、画面をスクロールして [利用開始] をタップします。

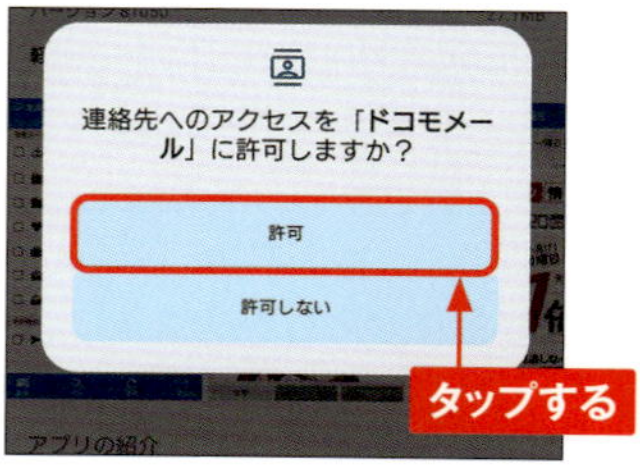

紙面版

電脳会議

DENNOUKAIGI

一切無料

今が旬の書籍情報を満載してお送りします！

『電脳会議』は、年６回刊行の無料情報誌です。2023年10月発行のVol.221より**リニューアル**し、**A4判・32頁カラー**と**ボリュームアップ**。弊社発行の新刊・近刊書籍や、注目の書籍を担当編集者自らが紹介しています。今後は図書目録はなくなり、『電脳会議』上で弊社書籍ラインナップや最新情報などをご紹介していきます。新しくなった『電脳会議』にご期待下さい。

④ 「ドコモメールアプリ更新情報」画面が表示されたら、［閉じる］をタップします。

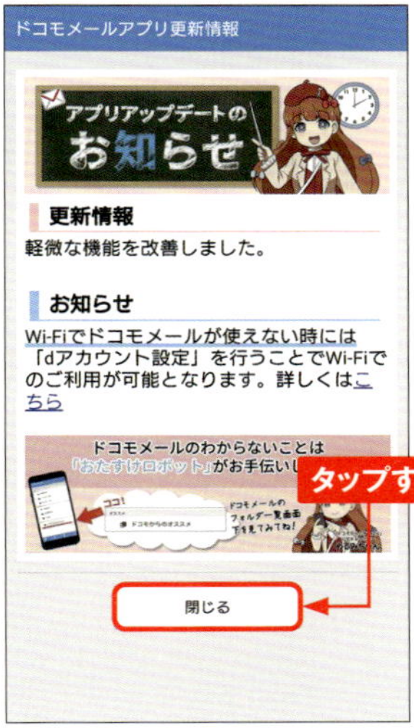

⑤ 「設定情報の復元」画面が表示されたら、画面に従って進めます。「文字サイズ設定」画面が表示されたら、使用したい文字サイズをタップし、［OK］をタップします。

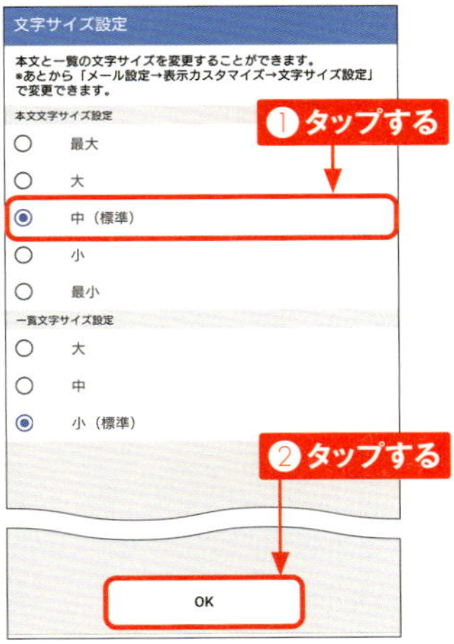

⑥ 「フォルダ一覧」画面が表示され、ドコモメールが利用できるようになります。

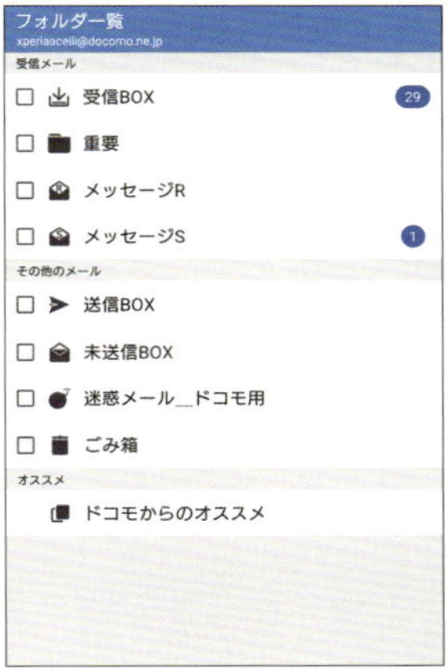

⑦ 次回からは、P.72手順①でをタップするだけで手順⑥の画面が表示されます。

ドコモメールのアドレスを変更する

① 新規契約の場合など、メールアドレスを変更したい場合は、ホーム画面で✉をタップします。

② 「フォルダ一覧」画面が表示されます。画面右下の[その他]をタップし、[メール設定]をタップします。

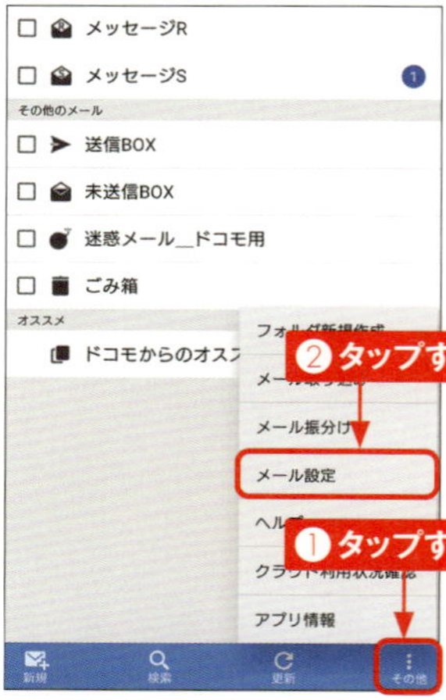

③ ［ドコモメール設定サイト］をタップします。アカウントやパスワードの確認画面が表示された場合は、画面の指示に従って認証を行います。

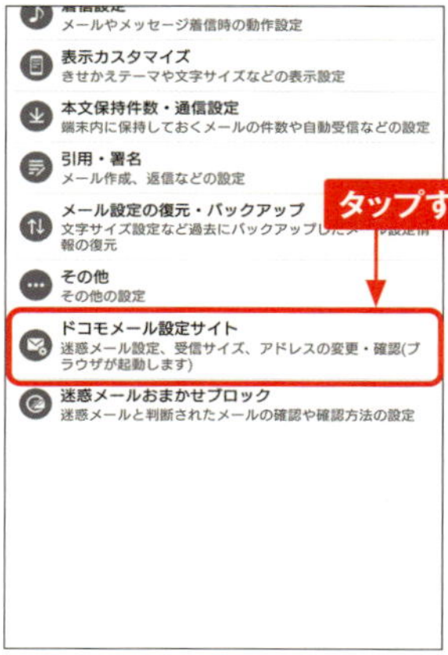

④ 「メール設定」画面で画面を上方向にスライドして、［メールアドレスの変更］をタップします。

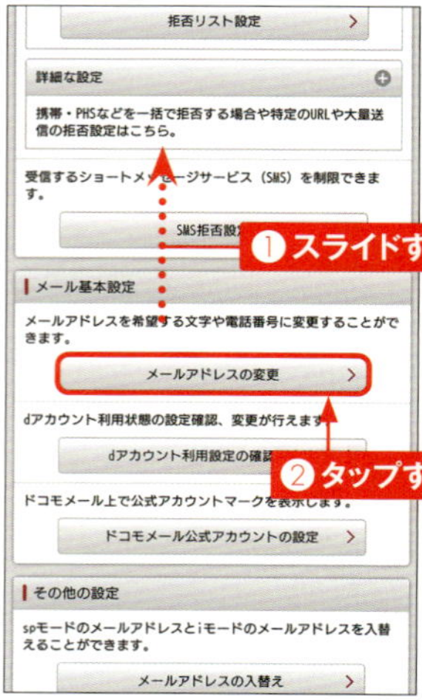

3

5 画面を上方向にスライドして、メールアドレスの変更方法をタップして選択します。ここでは［自分で希望するアドレスに変更する］をタップします。

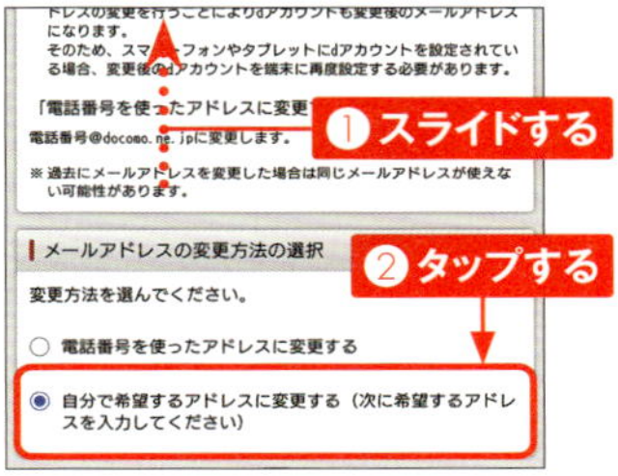

6 画面を上方向にスライドして、希望するメールアドレスを入力し、［確認する］をタップします。

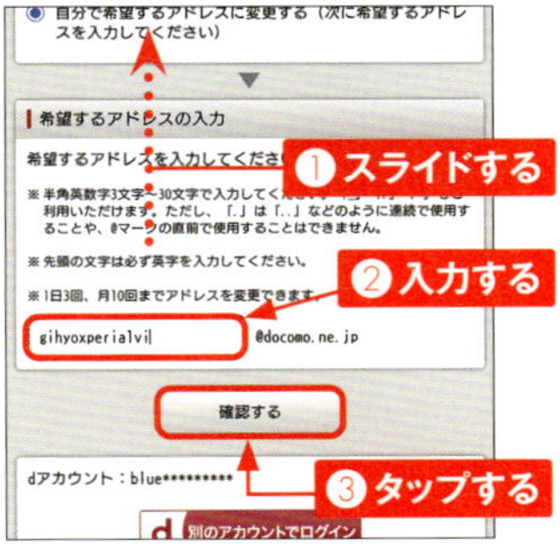

7 ［設定を確定する］をタップします。なお、［修正する］をタップすると、手順⑥の画面でアドレスを修正して入力できます。

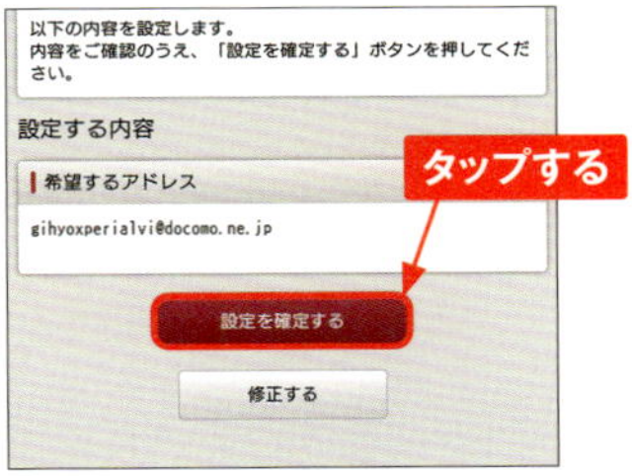

8 メールアドレスが変更されました。◀を何度かタップして、Webページを閉じます。

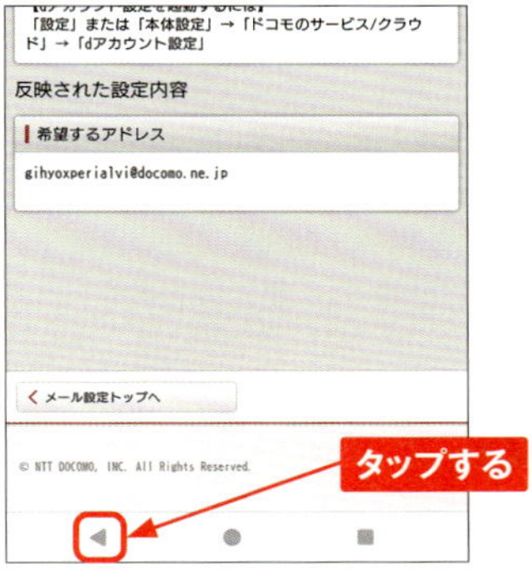

9 P.74手順③の画面に戻るので、［その他］→［マイアドレス］をタップします。

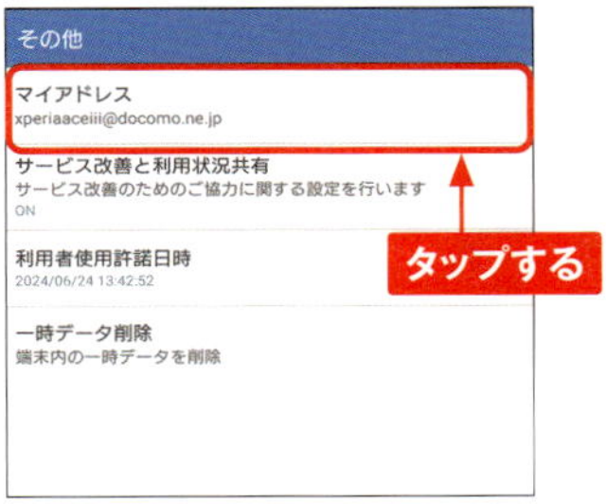

10 「マイアドレス」画面で［マイアドレス情報を更新］をタップし、更新が完了したら［OK］をタップします。

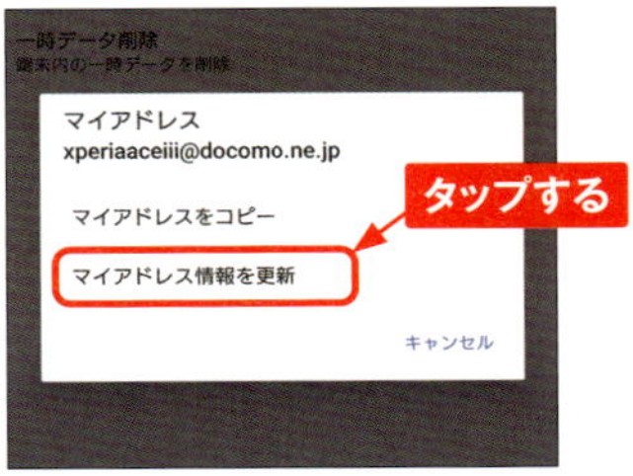

Section 25

ドコモメールを利用する

変更したメールアドレスで、ドコモメールを使ってみましょう。ほかの携帯電話とほとんど同じ感覚で、メールの閲覧や返信、新規作成が行えます。

3

ドコモメールを新規作成する

1 ホーム画面で をタップします。

2 画面左下の［新規］をタップします。［新規］が表示されないときは、◀を何度かタップします。

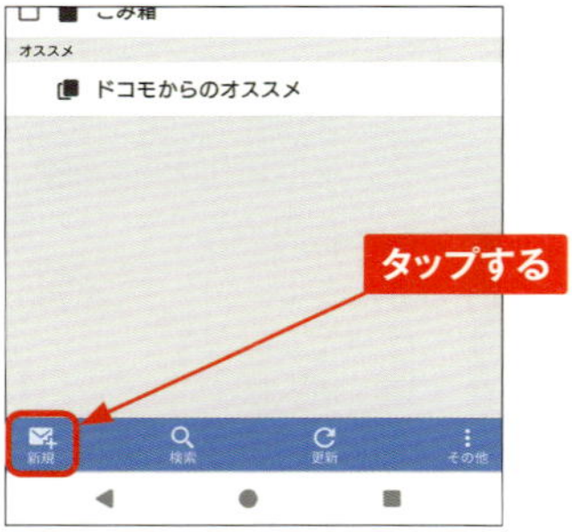

3 新規メールの「作成」画面が表示されるので、 をタップします。「To」欄に直接メールアドレスを入力することもできます。

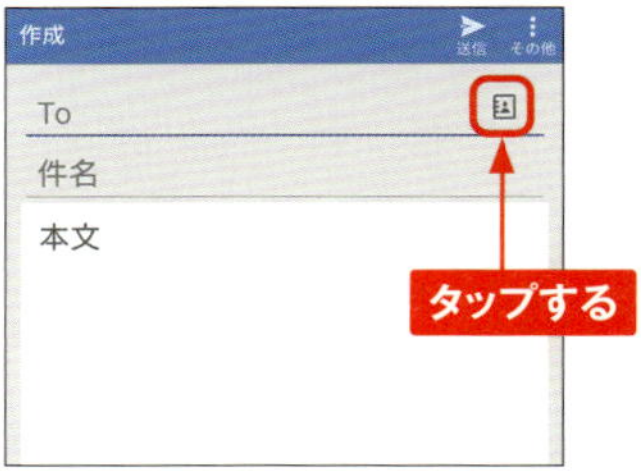

4 電話帳に登録した連絡先のアドレスが名前順に表示されるので、送信したい宛先をタップしてチェックを付け、［決定］をタップします。履歴から宛先を選ぶこともできます。

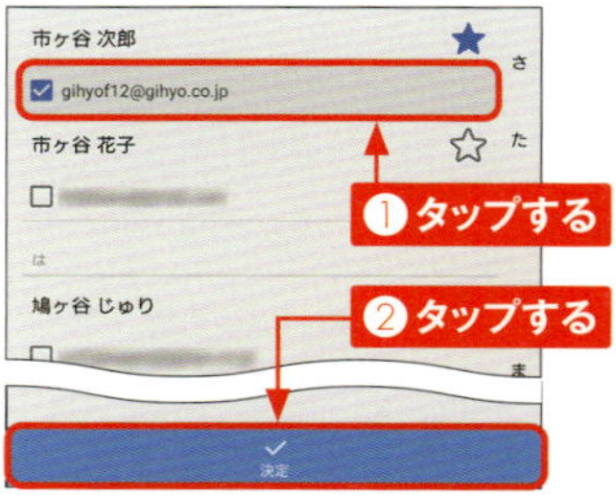

5 「件名」欄をタップして、タイトルを入力し、「本文」欄をタップします。

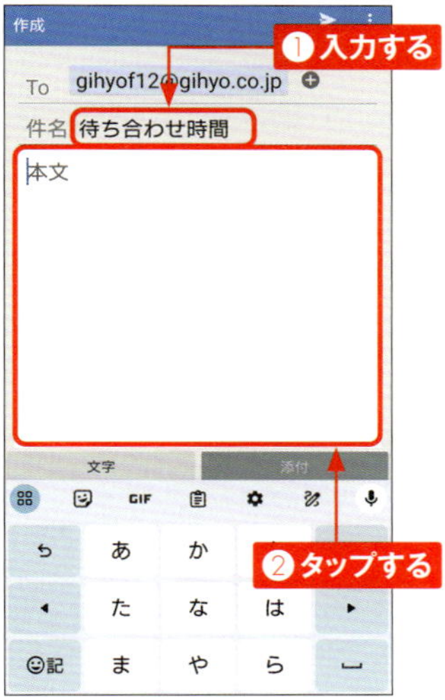

6 メールの本文を入力します。

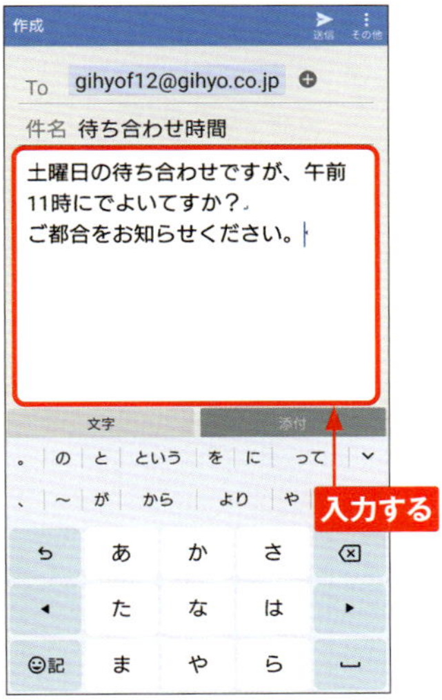

7 ［送信］をタップすると、メールを送信できます。なお、［添付］をタップすると、写真などのファイルを添付できます。

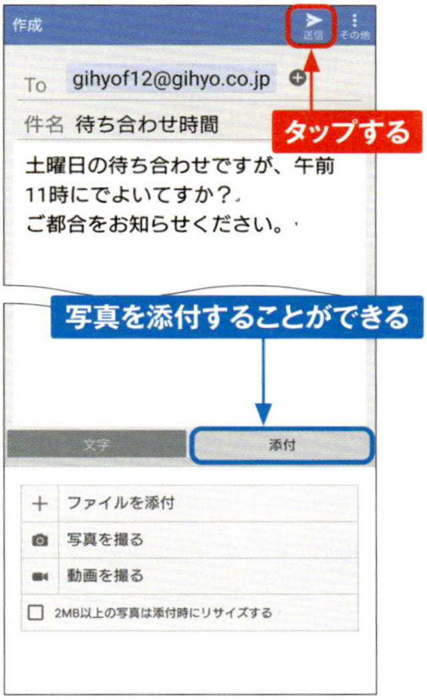

MEMO

文字サイズの変更

ドコモメールでは、メール本文や一覧表示時の文字サイズを変更することができます。P.76手順②で画面右下の［その他］をタップし、［メール設定］→［表示カスタマイズ］→［文字サイズ設定］の順にタップし、好みの文字サイズをタップします。

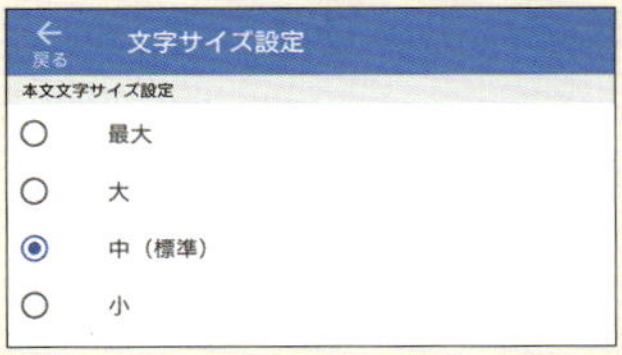

3

受信したメールを閲覧する

1 メールを受信すると、ロック画面に通知が表示されるので、その通知をタップします。ホーム画面の場合は✉をタップします。

2 「フォルダ一覧」画面が表示されたら、[受信BOX] をタップします。

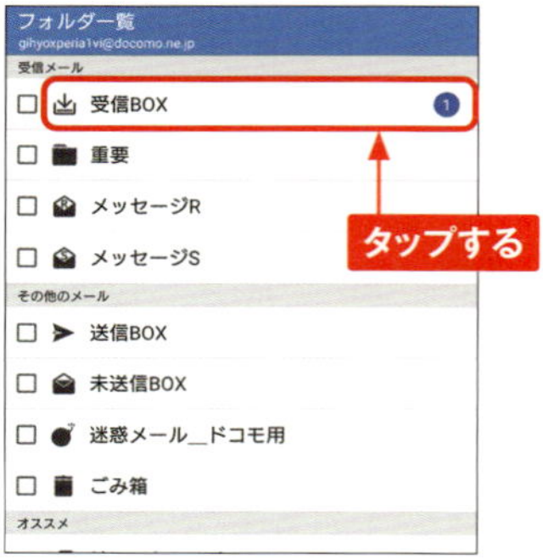

3 受信したメールの一覧が表示されます。内容を閲覧したいメールをタップします。

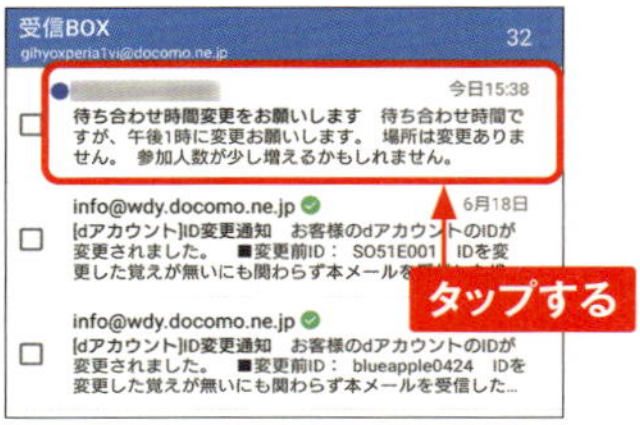

4 メールの内容が表示されます。宛先横の⌄をタップすると、宛先のアドレスと件名が表示されます。

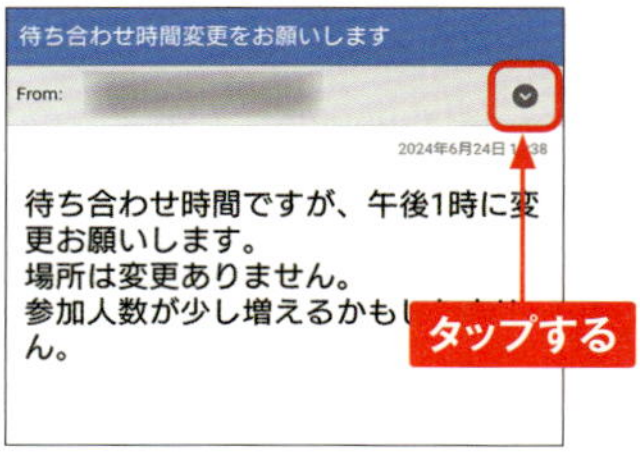

MEMO メールの削除

「受信BOX」画面で削除したいメールの左にある□をタップしてチェックを付け、画面下部のメニューから［削除］をタップすると、メールを削除できます。

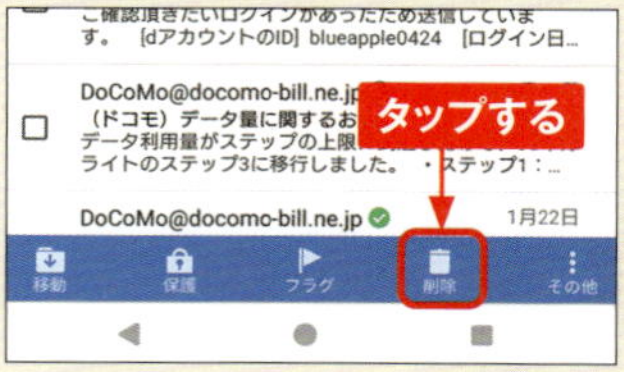

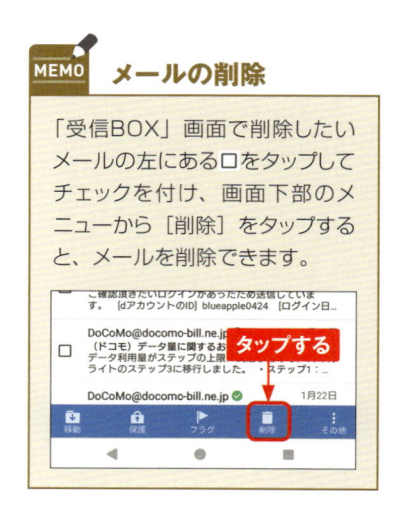

受信したメールに返信する

1 P.78を参考に受信したメールを表示し、画面左下の［返信］をタップします。

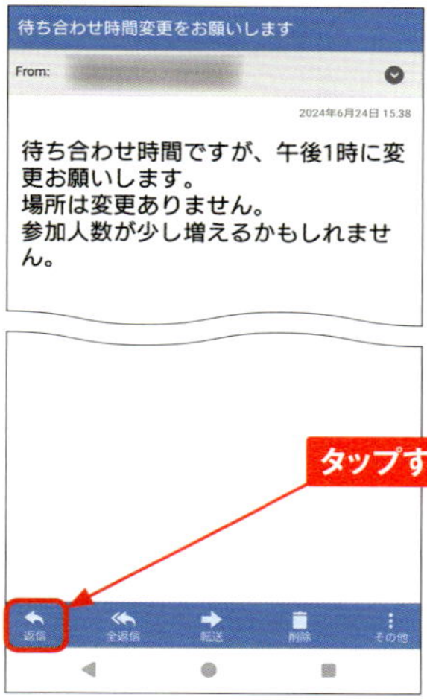

2 「作成」画面が表示されるので、相手に返信する本文を入力します。

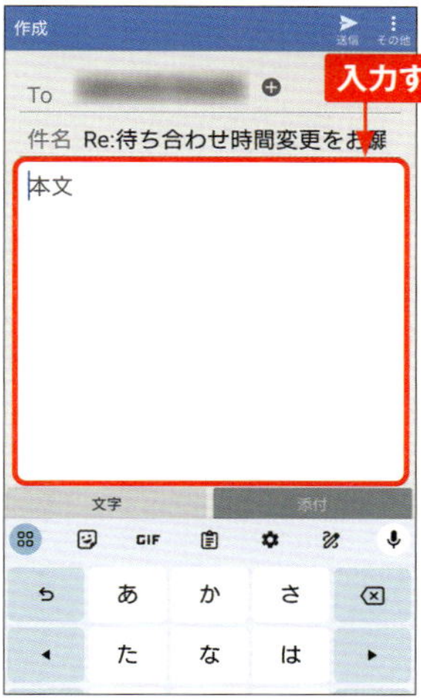

3 ［送信］をタップすると、メールの返信が行えます。

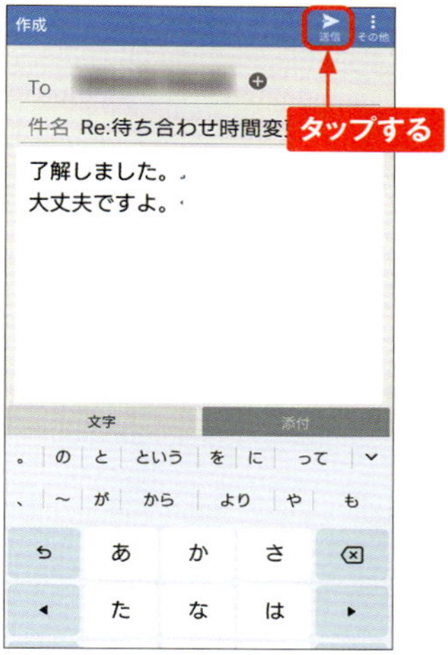

MEMO

フォルダの作成

ドコモメールではフォルダでメールを管理できます。フォルダを作成するには、「フォルダ一覧」画面で画面右下の［その他］→［フォルダ新規作成］の順にタップします。

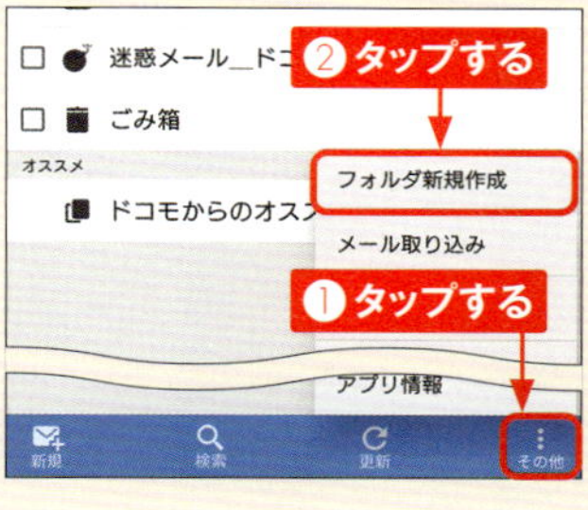

Section 26

メールを自動振分けする

ドコモメールは、送受信したメールを自動的に任意のフォルダへ振分けることも可能です。ここでは、振分けのルールの作成手順を解説します。

振分けルールを作成する

① 「フォルダ一覧」画面で画面右下の［その他］をタップし、［メール振分け］をタップします。

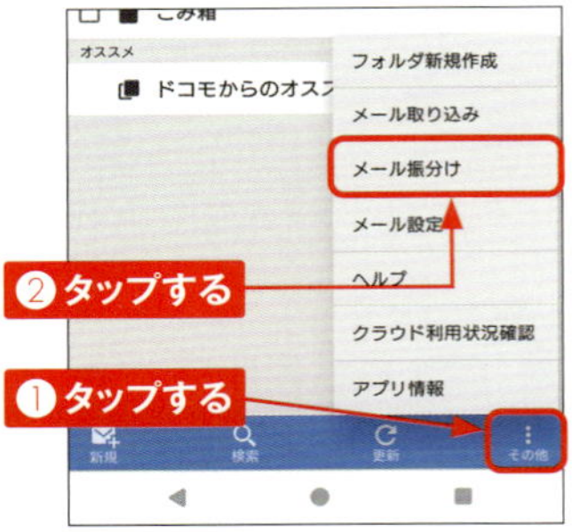

② 「振分けルール」画面が表示されるので、［新規ルール］をタップします。

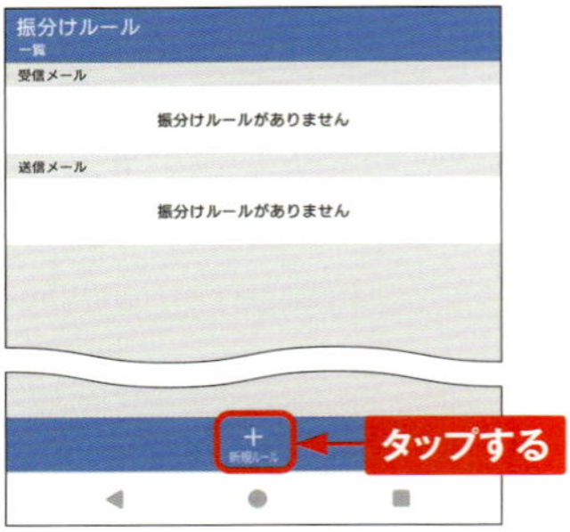

③ ［受信メール］または［送信メール］（ここでは［受信メール］）をタップします。

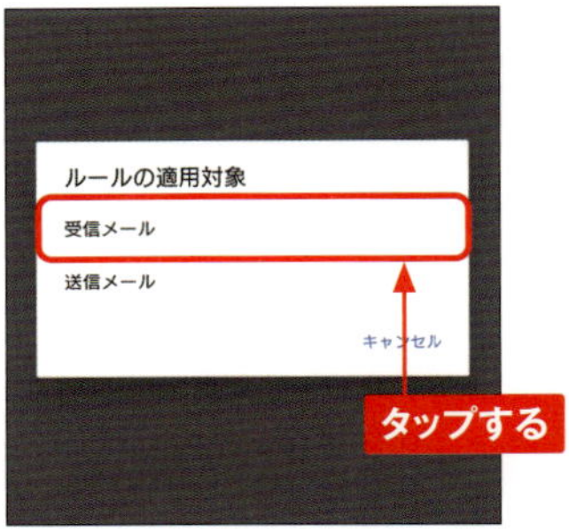

MEMO 振分けルールの作成

ここでは、「『件名』に『重要』というキーワードが含まれるメールを受信したら、自動的に『要確認』フォルダに移動させる」という振分けルールを作成しています。なお、手順③で［送信メール］をタップすると、送信したメールの振分けルールを作成できます。

4 「振分け条件」の［新しい条件を追加する］をタップします。

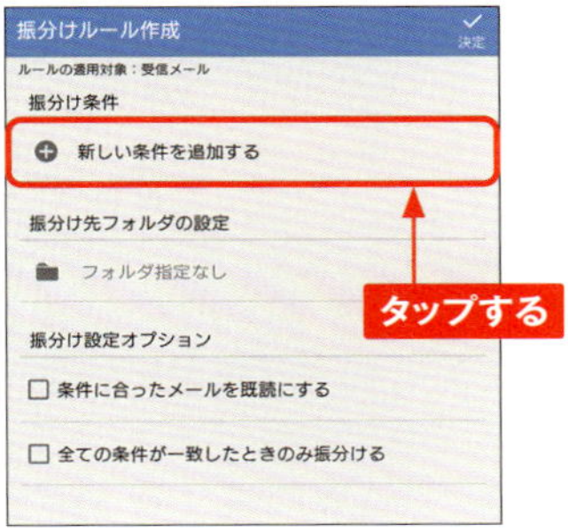

5 振分けの条件を設定します。「対象項目」のいずれか（ここでは、［件名で振り分ける］）をタップします。

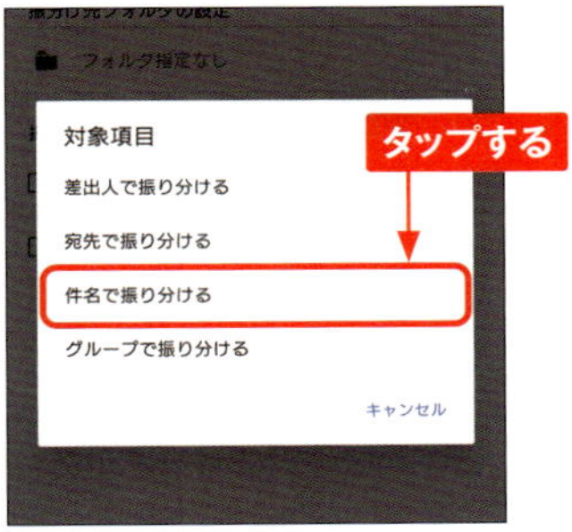

6 任意のキーワード（ここでは「重要」）を入力して、［決定］をタップします。

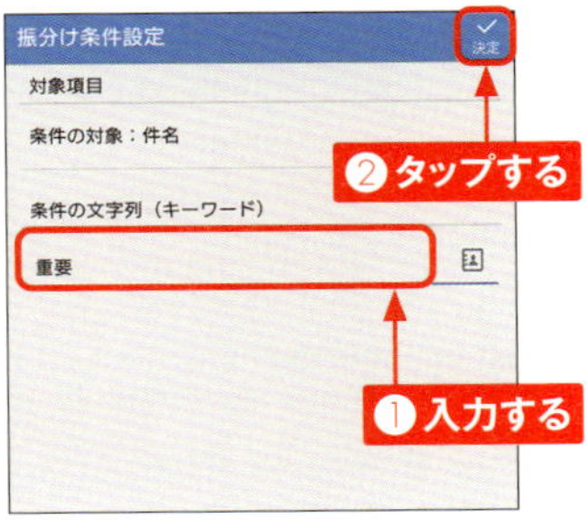

7 手順④の画面に戻るので［フォルダ指定なし］をタップし、［振分け先フォルダを作る］をタップします。

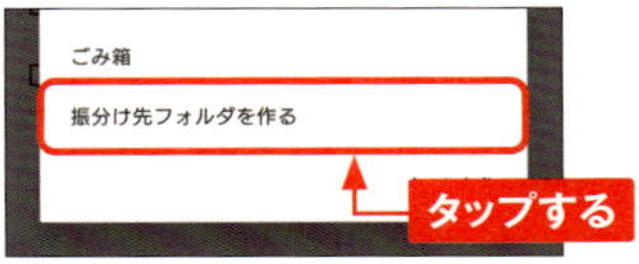

8 フォルダ名（ここでは「要確認」）を入力し、［決定］をタップします。「確認」画面が表示されたら、［OK］をタップします。

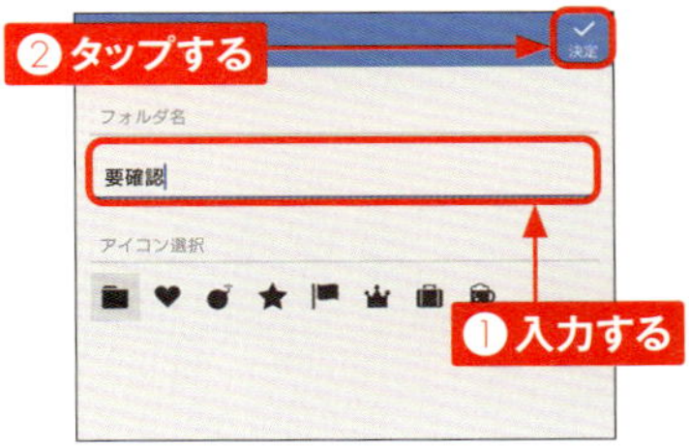

9 ［決定］をタップします。

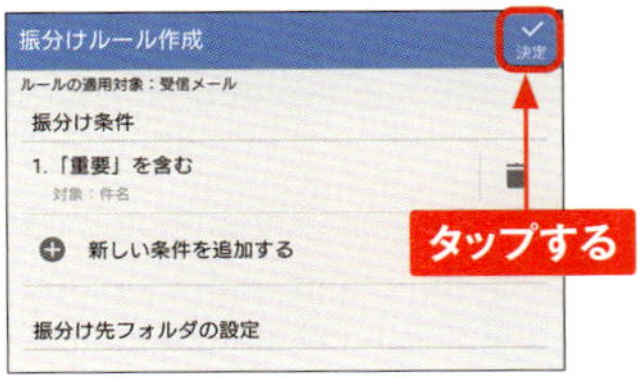

10 振分けルールが新規登録されます。

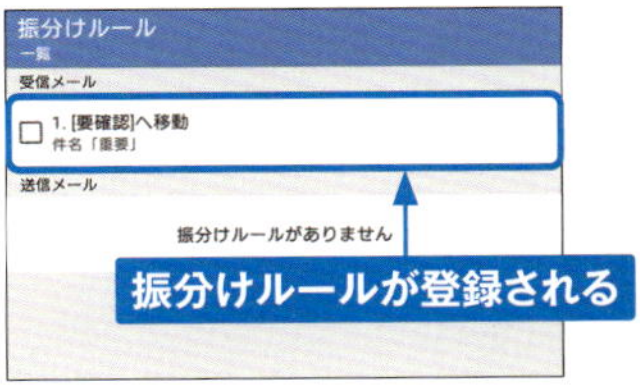

Section 27

迷惑メールを防ぐ

ドコモメールでは、迷惑メール対策機能が用意されています。ここでは、ドコモがおすすめする内容で一括して設定してくれる「かんたん設定」の設定方法を解説します。利用は無料です。

迷惑メール対策を設定する

1. ホーム画面で✉をタップします。

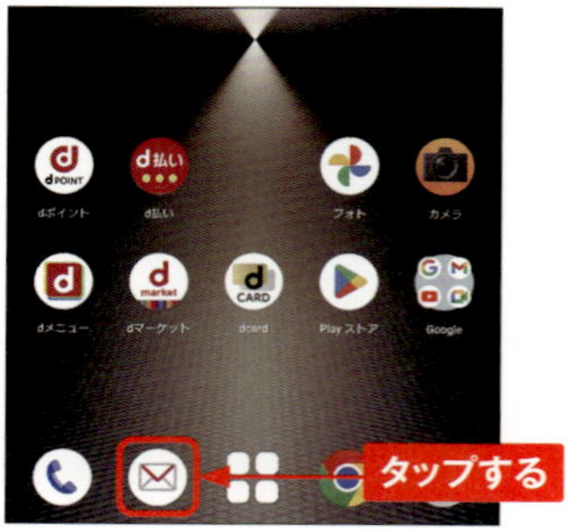

2. 「フォルダ一覧」画面で画面右下の［その他］をタップし、［メール設定］をタップします。

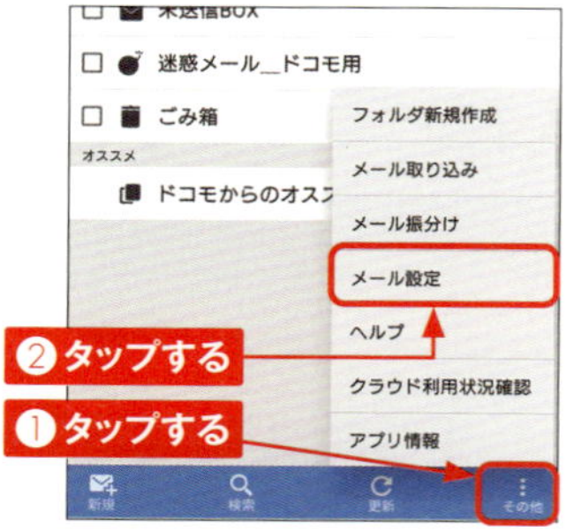

3. ［ドコモメール設定サイト］をタップします。アカウントやパスワードの確認画面が表示された場合は、画面の指示に従って認証を行います。

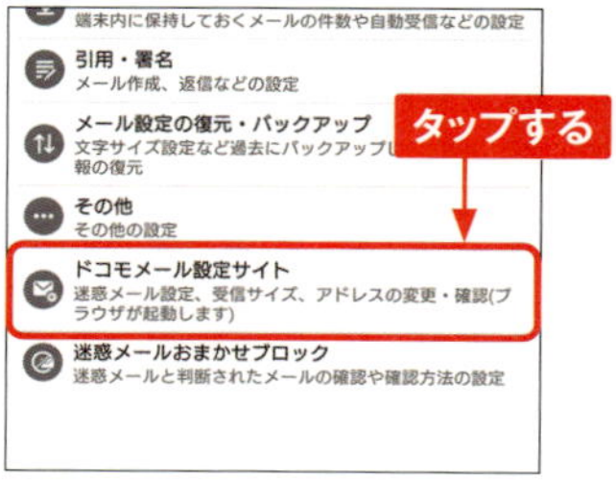

4. 「メール設定」画面で［かんたん設定］をタップします。

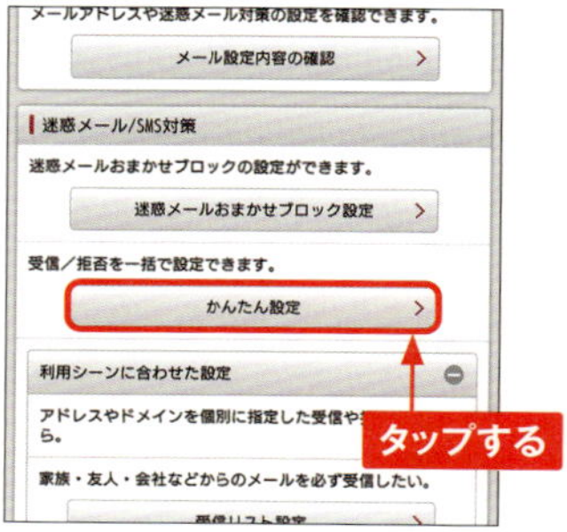

5 ［受信拒否　強］もしくは［受信拒否　弱］をタップし、［確認する］をタップします。パソコンとのメールのやりとりがある場合は［受信拒否　強］だと必要なメールが届かなくなる場合があります。

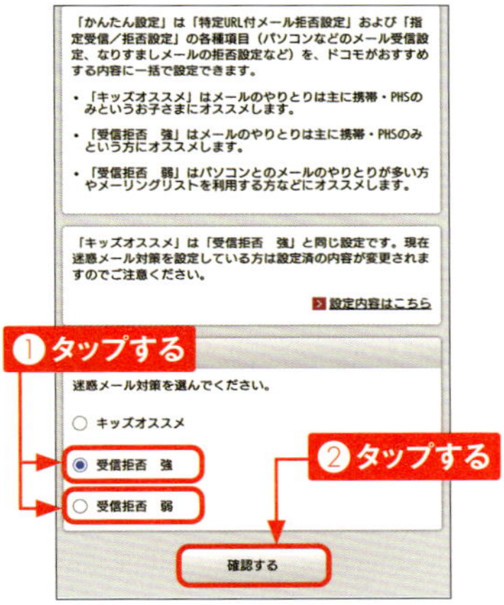
「かんたん設定」は「特定URL付メール拒否設定」および「指定受信／拒否設定」の各種項目（パソコンなどのメール受信設定、なりすましメールの拒否設定など）を、ドコモがおすすめする内容に一括で設定できます。
・「キッズオススメ」はメールのやりとりは主に携帯・PHSのみというお子さまにオススメします。
・「受信拒否　強」はメールのやりとりは主に携帯・PHSのみという方にオススメします。
・「受信拒否　弱」はパソコンとのメールのやりとりが多い方やメーリングリストを利用する方などにオススメします。
「キッズオススメ」は「受信拒否　強」と同じ設定です。現在迷惑メール対策を設定している方は設定済の内容が変更されますのでご注意ください。
設定内容はこちら
①タップする
迷惑メール対策を選んでください。
キッズオススメ
受信拒否　強
受信拒否　弱
②タップする
確認する

6 設定した内容を確認し、［設定を確定する］をタップします。

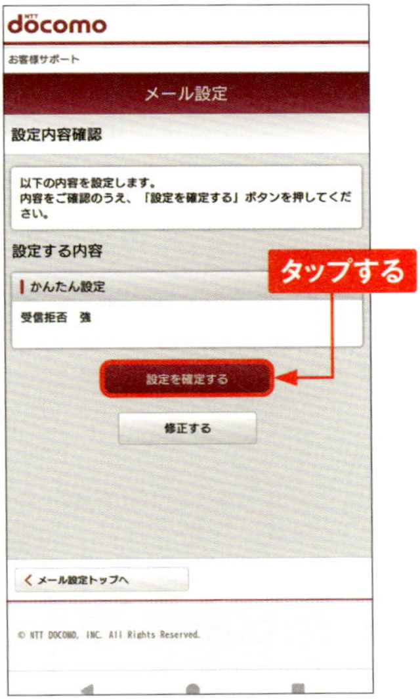
docomo
お客様サポート
メール設定
設定内容確認
以下の内容を設定します。
内容をご確認のうえ、「設定を確定する」ボタンを押してください。
設定する内容
かんたん設定
受信拒否　強
タップする
設定を確定する
修正する
メール設定トップへ
© NTT DOCOMO, INC. All Rights Reserved.

7 設定した内容の詳細が表示されます。

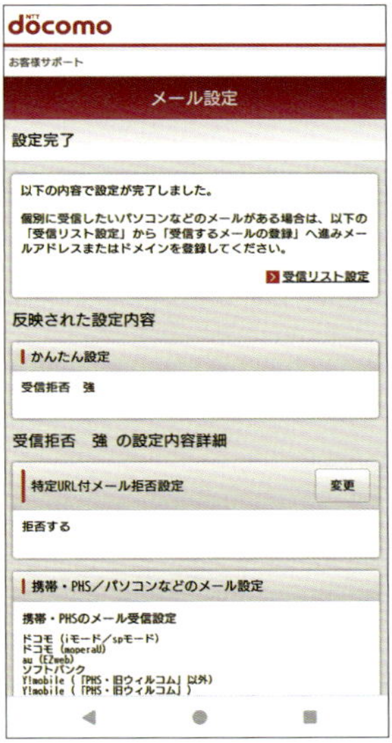
docomo
お客様サポート
メール設定
設定完了
以下の内容で設定が完了しました。
個別に受信したいパソコンなどのメールがある場合は、以下の「受信リスト設定」から「受信するメールの登録」へ進みメールアドレスまたはドメインを登録してください。
受信リスト設定
反映された設定内容
かんたん設定
受信拒否　強
受信拒否　強 の設定内容詳細
特定URL付メール拒否設定
変更
拒否する
携帯・PHS／パソコンなどのメール設定
携帯・PHSのメール受信設定
ドコモ（iモード／spモード）
ドコモ（moperaU）
au（EZweb）
ソフトバンク
Y!mobile（「PHS・旧ウィルコム」以外）
Y!mobile（「PHS・旧ウィルコム」）

MEMO

迷惑メールおまかせブロックとは

ドコモでは、迷惑メール対策の「かんたん設定」のほかに、迷惑メールを自動で判定してブロックする「迷惑メールおまかせブロック」という、より強力なサービスがあります。月額利用料金は220円ですが、これは「あんしんセキュリティ」の料金なので、同サービスを契約していれば、「迷惑メールおまかせブロック」のほか、ウイルス対策や危険サイト対策なども利用できます。

Section 28

+メッセージを利用する

「+メッセージ」アプリでは、携帯電話番号を宛先にして、テキストや写真などを送信できます。「+メッセージ」アプリを使用していない相手の場合は、SMSでやり取りが可能です。

+メッセージとは

Xperia 1 VIでは、「+メッセージ」アプリで+メッセージとSMSが利用できます。+メッセージでは文字が全角2,730文字、そのほかに100MBまでの写真や動画、スタンプ、音声メッセージをやり取りでき、グループメッセージや現在地の送受信機能もあります。パケットを使用するため、パケット定額のコースを契約していれば、とくに料金は発生しません。なお、SMSではテキストメッセージしか送れず、別途送信料もかかります。
また、+メッセージは、相手も+メッセージを利用している場合のみ利用できます。SMSと+メッセージどちらが利用できるかは自動的に判別されますが、画面の表示からも判断することができます（下図参照）。

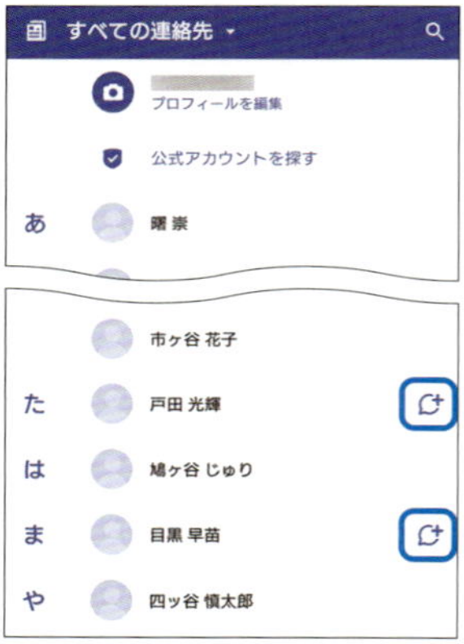

「+メッセージ」アプリで表示される連絡先の相手画面です。+メッセージを利用している相手には、が表示されます。プロフィールアイコンが設定されている場合は、アイコンが表示されます。

相手が+メッセージを利用していない場合は、プロフィール画面に「+メッセージに招待する」と表示されます（上図）。+メッセージを利用している相手の場合は、何も表示されません（下図）。

+メッセージを利用できるようにする

1 ホーム画面を左方向にスワイプし、［+メッセージ］をタップします。初回起動時は、+メッセージについての説明が表示されるので、内容を確認して、［次へ］をタップしていきます。

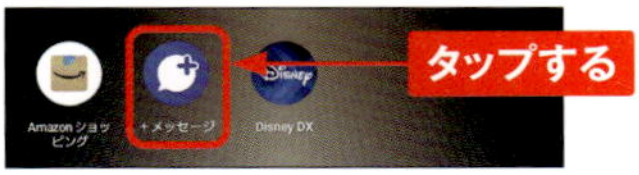

Amazon ショッピング
+メッセージ
Disney DX
タップする

2 アクセス権限のメッセージが表示されたら、［次へ］→［許可］の順にタップします。

アクセス権限の設定
+メッセージをご利用頂くには、「連絡先」「SMS」「ストレージ」「電話」へのアクセス許可が必要です
タップする
次へ

3 利用条件に関する画面が表示されたら、内容を確認して、［同意して利用する］をタップします。

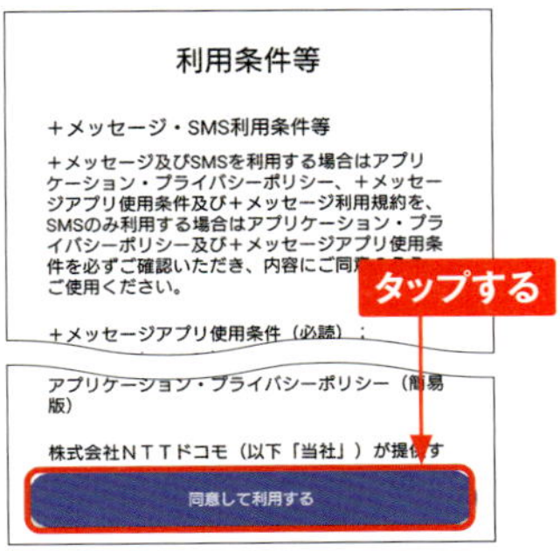

利用条件等
+メッセージ・SMS利用条件等
+メッセージ及びSMSを利用する場合はアプリケーション・プライバシーポリシー、+メッセージアプリ使用条件及び+メッセージ利用規約を、SMSのみ利用する場合はアプリケーション・プライバシーポリシー及び+メッセージアプリ使用条件を必ずご確認いただき、内容にご同
ご使用ください。
タップする
+メッセージアプリ使用条件（必読）：
アプリケーション・プライバシーポリシー（簡易版）
株式会社ＮＴＴドコモ（以下「当社」）が提
同意して利用する

4 「+メッセージ」アプリについての説明が表示されたら、左方向にスワイプしながら、内容を確認します。

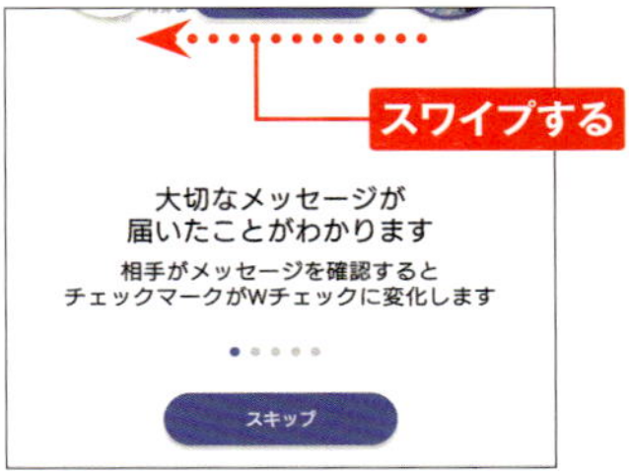

スワイプする
大切なメッセージが
届いたことがわかります
相手がメッセージを確認すると
チェックマークがWチェックに変化します
スキップ

5 「プロフィール（任意）」画面が表示されます。名前などを入力し、［OK］をタップします。プロフィールは、設定しなくてもかまいません。

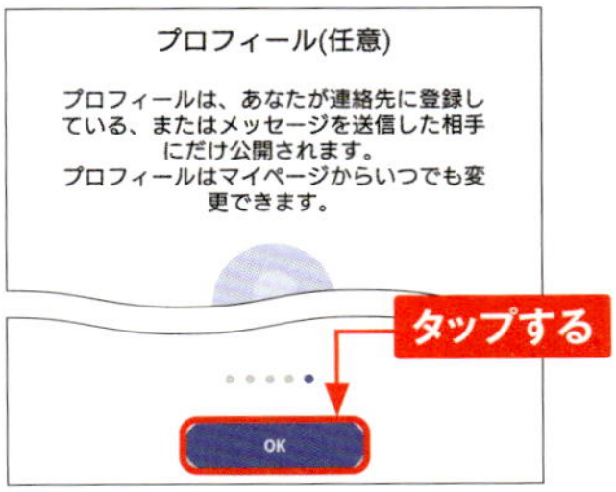

プロフィール(任意)
プロフィールは、あなたが連絡先に登録している、またはメッセージを送信した相手にだけ公開されます。
プロフィールはマイページからいつでも変更できます。
タップする
OK

6 「+メッセージ」アプリが起動します。

メッセージ

メッセージを送信する

1 P.85手順①を参考にして、「+メッセージ」アプリを起動します。新規にメッセージを作成する場合はをタップして、をタップします。

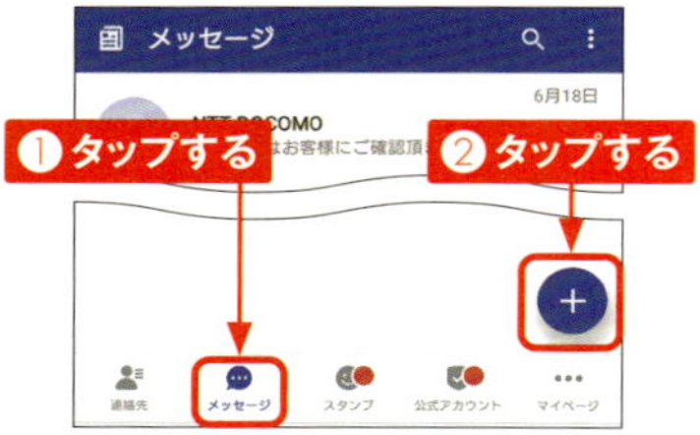

2 ［新しいメッセージ］をタップします。

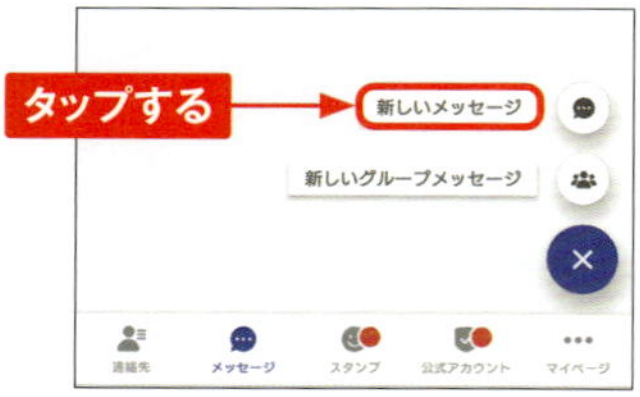

3 「新しいメッセージ」画面が表示されます。メッセージを送りたい相手をタップします。「名前や電話番号を入力」をタップし、電話番号を入力して、送信先を設定することもできます。

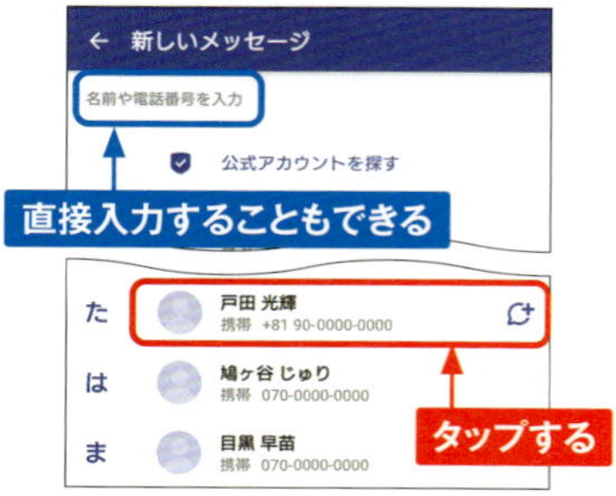

4 ［メッセージを入力］をタップして、メッセージを入力し、をタップします。

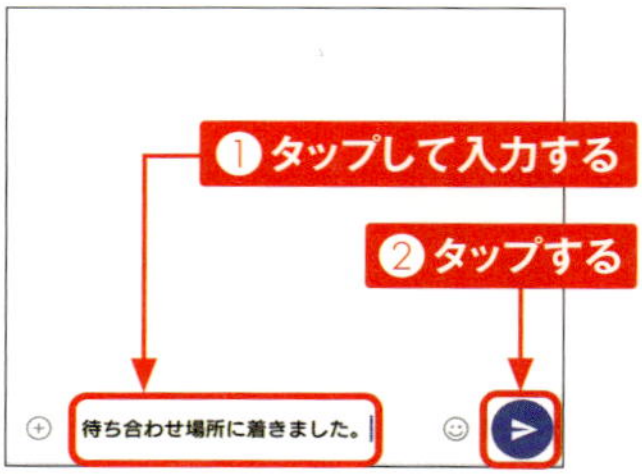

5 メッセージが送信され、画面の右側に表示されます。

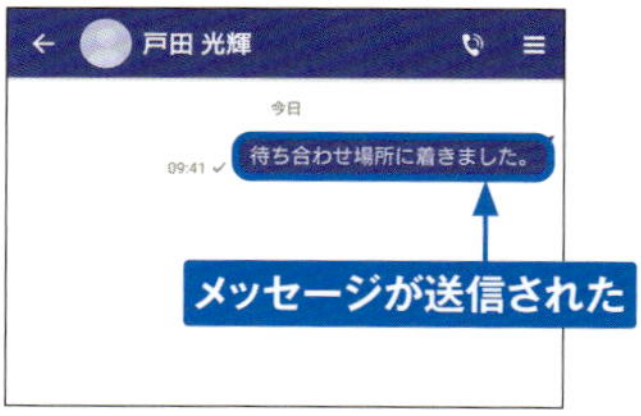

MEMO 写真やスタンプの送信

「+メッセージ」アプリでは、写真やスタンプを送信することもできます。写真を送信したい場合は、手順④の画面で→の順にタップして、送信したい写真をタップして選択し、をタップします。スタンプを送信したい場合は、手順④の画面でをタップして、送信したいスタンプをタップして選択し、をタップします。

メッセージを返信する

1 メッセージが届くと、ステータスバーにも受信のお知らせが表示されます。ステータスバーを下方向にドラッグします。

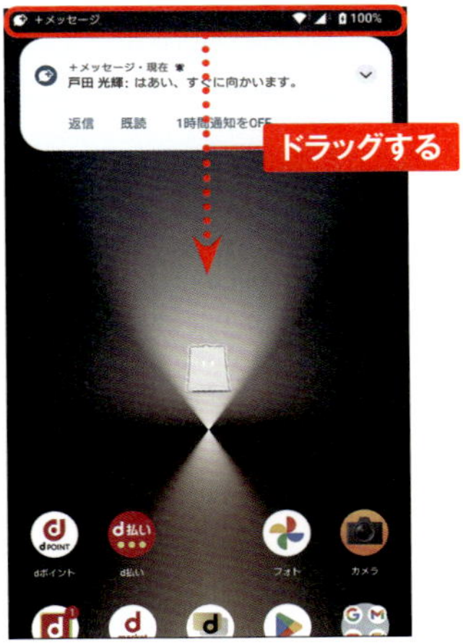

2 通知パネルに表示されているメッセージの通知をタップします。

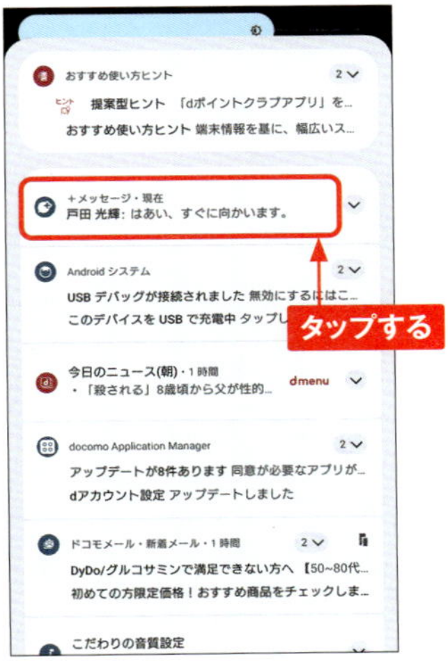

3 受信したメッセージが画面の左側に表示されます。メッセージを入力して、▶をタップすると、相手に返信できます。

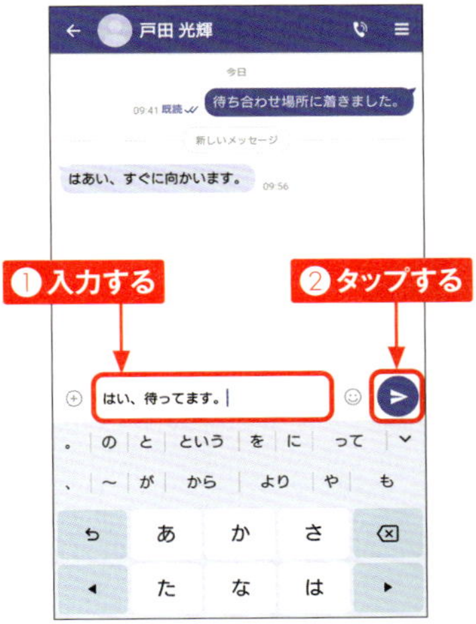

MEMO

「メッセージ」画面からのメッセージ送信

「+メッセージ」アプリで相手とやり取りすると、「メッセージ」画面にやり取りした相手が表示されます。以降は、「メッセージ」画面から相手をタップすることで、メッセージの送信が行えます。

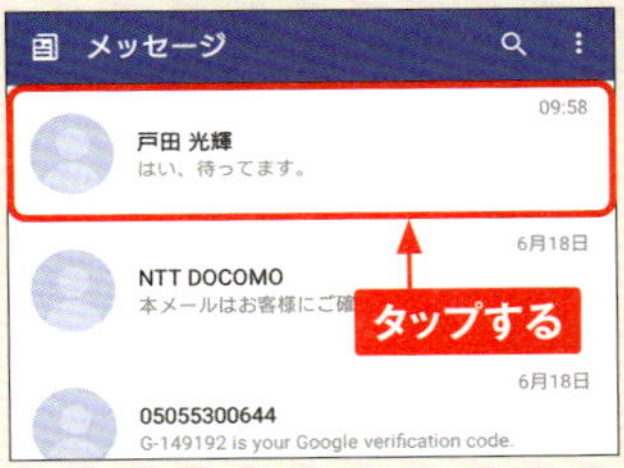

Gmailを利用する

本体にGoogleアカウントを登録しておけば（Sec.12参照）、すぐにGmailを利用することができます。パソコンでラベルや振分け設定を行うことで、より便利に利用できます。

受信したメールを閲覧する

1 ホーム画面で［Google］をタップし、［Gmail］をタップします。「Gmailの新機能」画面が表示された場合は、［OK］→［GMAILに移動］→［許可］→［OK］の順にタップします。

2 「受信トレイ」画面が表示されます。画面を上方向にスライドして、読みたいメールをタップします。

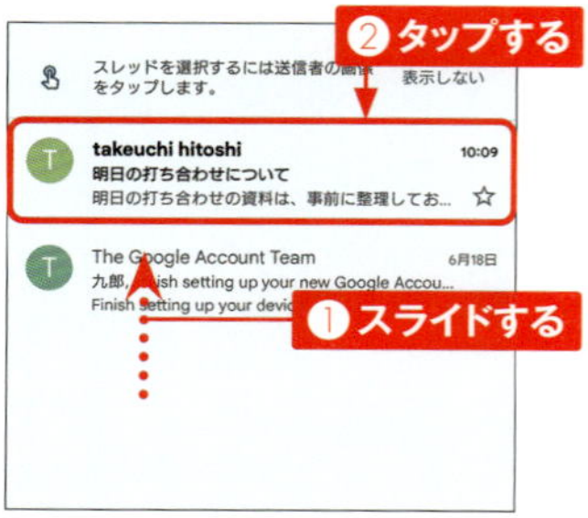

3 メールの差出人やメール受信日時、メール内容が表示されます。画面左上の←をタップすると、受信トレイに戻ります。なお、↩をタップすると、返信することもできます。

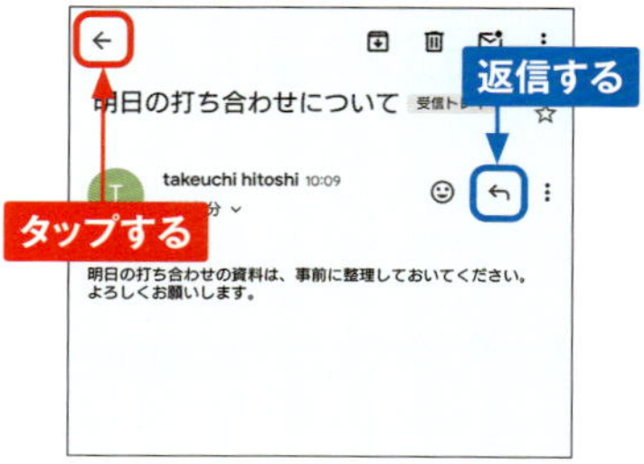

MEMO Googleアカウントの設定

Gmailを使用する前に、Sec.12の方法であらかじめ本体に自分のGoogleアカウントを設定しましょう。パソコンなどですでにGmailを使用している場合は、受信トレイの内容がそのままXperia 1 VIでも表示されます。

メールを送信する

1 P.88を参考に［受信トレイ］または［メイン］などの画面を表示して、［作成］をタップします。

2 メールの「作成」画面が表示されます。［宛先］をタップして、メールアドレスを入力します。「ドコモ電話帳」アプリ内の連絡先であれば、表示される候補をタップします。

3 件名とメールの内容を入力し、▷をタップすると、メールが送信されます。

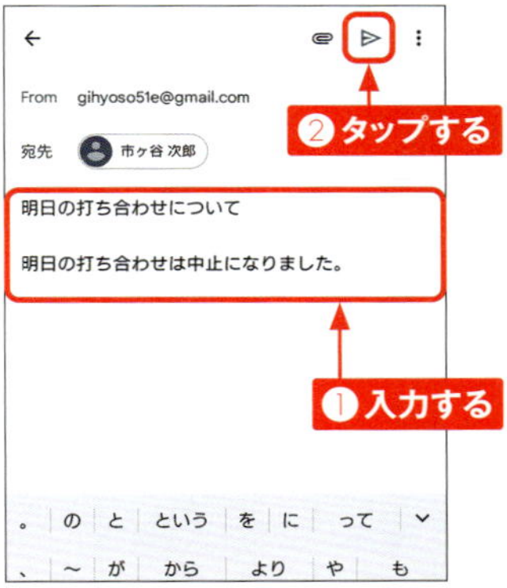

MEMO　メニューの表示

［Gmail］の画面で≡をタップすると、メニューが表示されます。メニューでは、ラベルを表示したり、送信済みメールを表示したりできます。なお、ラベルの作成や振分け設定は、パソコンのWebブラウザで「https://mail.google.com/」にアクセスして行います。

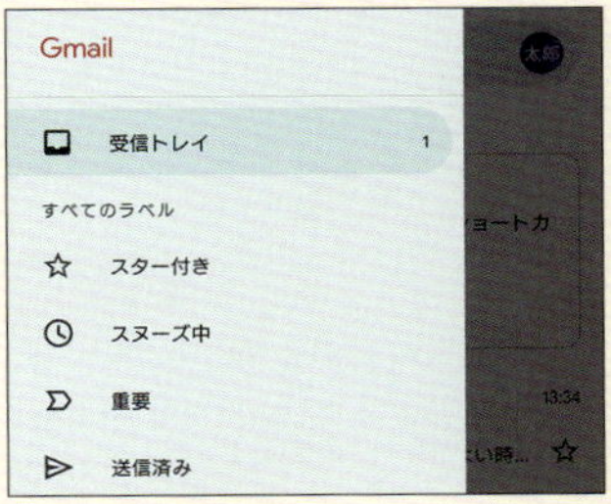

PCメールを設定する

「Gmail」アプリを利用すれば、パソコンで使用しているメールを送受信することができます。ここでは、PCメールの追加方法を解説します。

PCメールを設定する

① あらかじめ、プロバイダーメールなどのアカウント情報を準備しておきます。「Gmail」アプリを起動し、≡をタップして、[設定] をタップします。

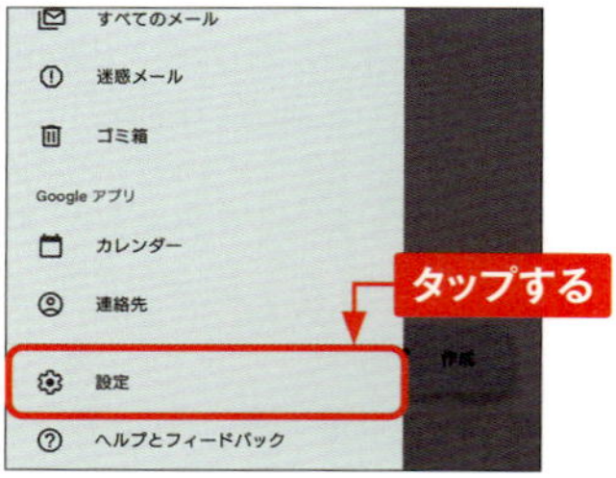

② [アカウントを追加する] をタップします。

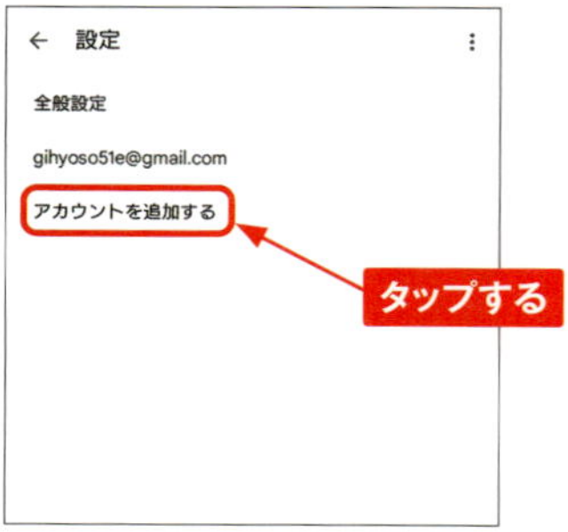

③ [その他] をタップします。

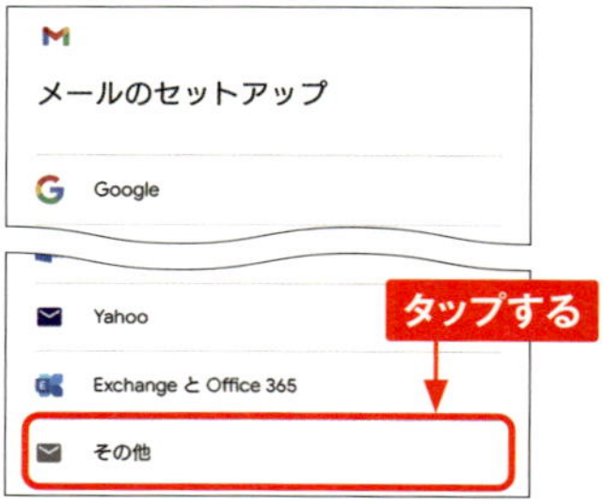

MEMO アカウント設定時の注意点

手順③の画面では、OutlookやYahoo、Exchangeなどのアカウント名をタップすることで、該当するアカウントをユーザー名とパスワードの入力だけで設定できます。なお、Yahoo!メールのアカウントは設定できないことがあるので、その場合は [その他] からPCメールと同様の手順で設定してください。

4 PCメールのメールアドレスを入力して、［次へ］をタップします。

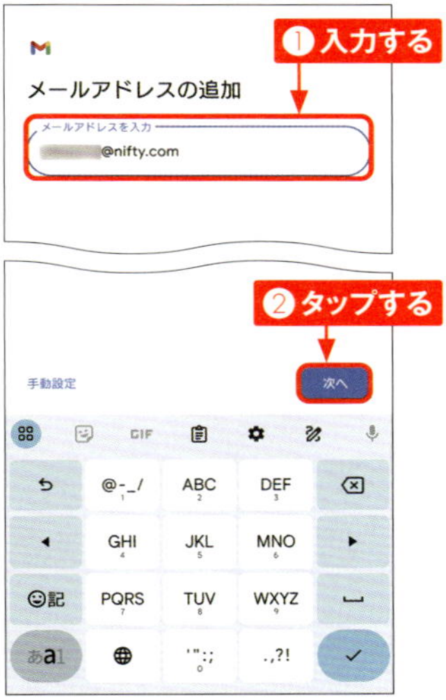

5 アカウントの種類を選択します。ここでは、［個人用（POP3）］をタップします。

6 パスワードを入力して、［次へ］をタップします。

7 ユーザー名や受信サーバーを入力して、［次へ］をタップします。

3

8 ユーザー名や送信サーバーを入力して、［次へ］をタップします。

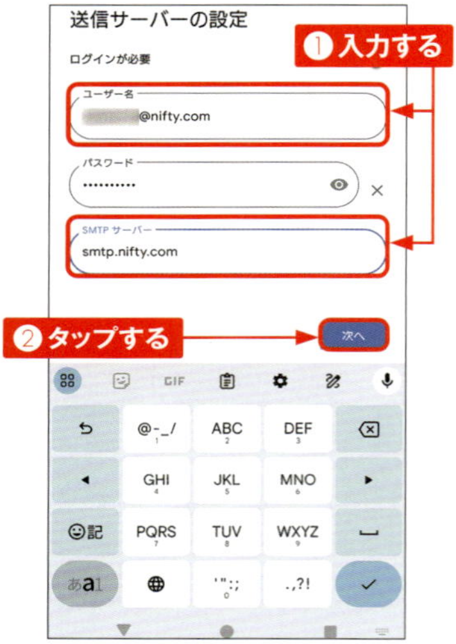

9 「アカウントのオプション」画面が設定されます。［次へ］をタップします。

10 アカウントの設定が完了します。［次へ］をタップします。

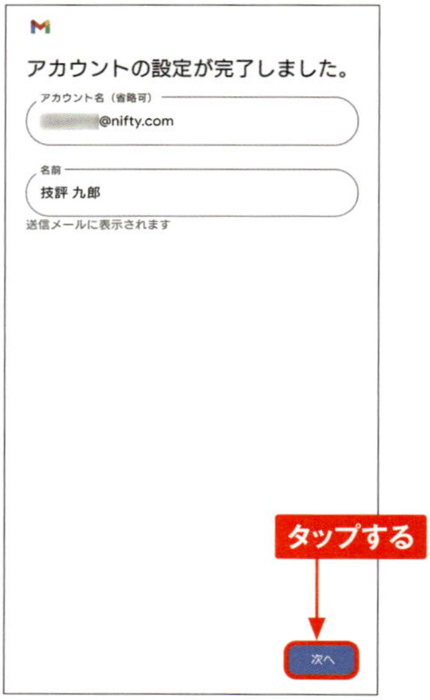

MEMO **アカウントの表示切り替え**

設定したアカウントに表示を切り替えるには、P.88手順②の画面で右上のアカウントのアイコンをタップし、切り替えたいアカウントをタップします。

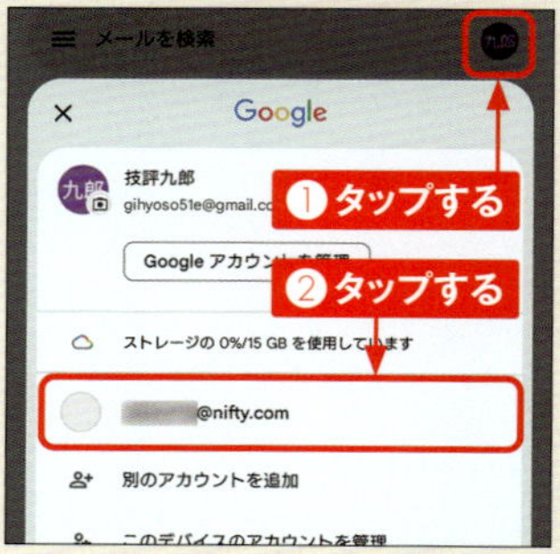

Chapter 4

Googleのサービスを使いこなす

Section 31　Google Playでアプリを検索する
Section 32　アプリをインストール・アンインストールする
Section 33　有料アプリを購入する
Section 34　Googleマップを使いこなす
Section 35　Googleアシスタントを利用する
Section 36　紛失したXperia 1 VIを探す
Section 37　YouTubeで世界中の動画を楽しむ

Section 31

Google Playで アプリを検索する

Google Playに公開されているアプリをインストールすることで、さまざまな機能を利用することができます。まずは、目的のアプリを探す方法を解説します。

アプリを検索する

1 Google Playを利用するには、ホーム画面で［Playストア］をタップします。確認画面が表示されたら、指示に従います。

2 「Playストア」アプリが起動するので、［アプリ］をタップし、［カテゴリ］をタップします。

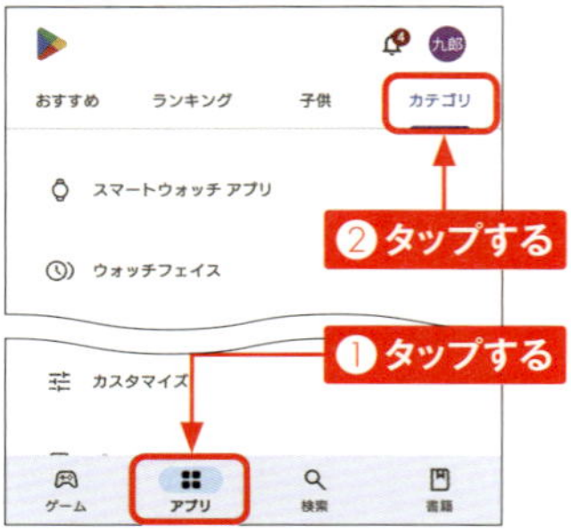

3 アプリのカテゴリが表示されます。画面を上下にスライドします。

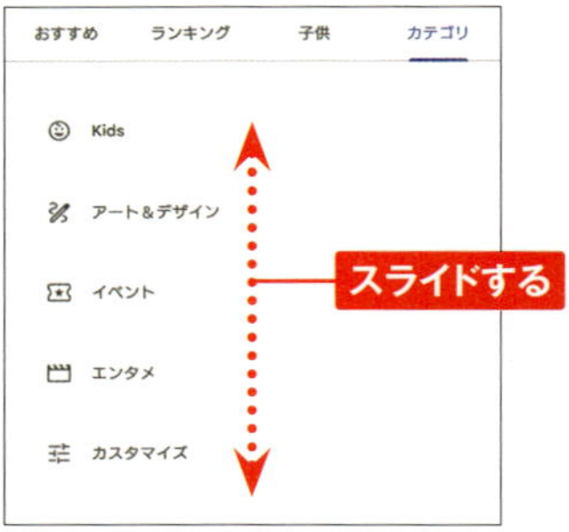

4 見たいジャンル（ここでは［ビジネス］）をタップします。

⑤ 「ビジネス」のアプリが表示されます。上方向にスライドし、ここでは、「人気のビジネスアプリ（無料）」の→をタップします。

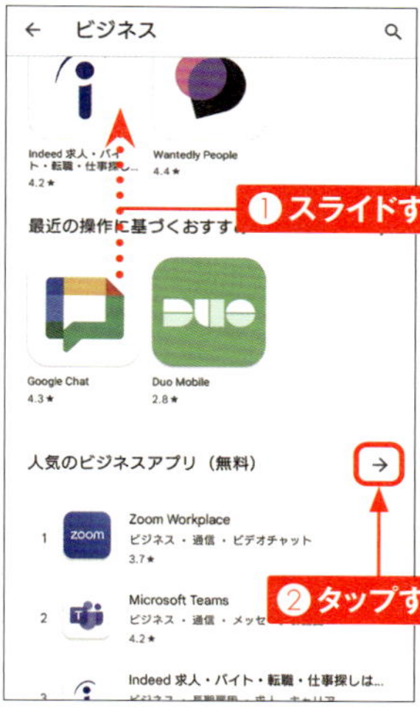

⑥ 「無料」のアプリが一覧で表示されます。詳細を確認したいアプリをタップします。なお、［無料］をタップすると「売上」や「有料」のアプリのランキングに切り替えることができます。

⑦ アプリの詳細な情報が表示されます。人気のアプリでは、ユーザーレビューも読めます。

MEMO キーワードでの検索

Google Playでは、キーワードからアプリを検索できます。検索機能を利用するには、P.94手順②の画面で、下の［検索］をタップして表示された上部の検索ボックスをタップし、キーワードを入力して、キーボードの🔍をタップします。

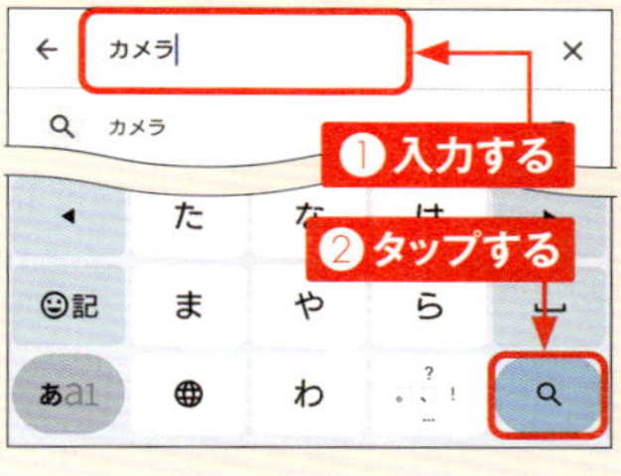

Section 32

アプリをインストール・アンインストールする

Google Playで目的の無料アプリを見つけたら、インストールしてみましょう。なお、不要になったアプリは、Google Playからアンインストール（削除）できます。

アプリをインストールする

① Google Playでアプリの詳細画面を表示し（Sec.31参照）、［インストール］をタップします。

② アプリのダウンロードとインストールが開始されます。

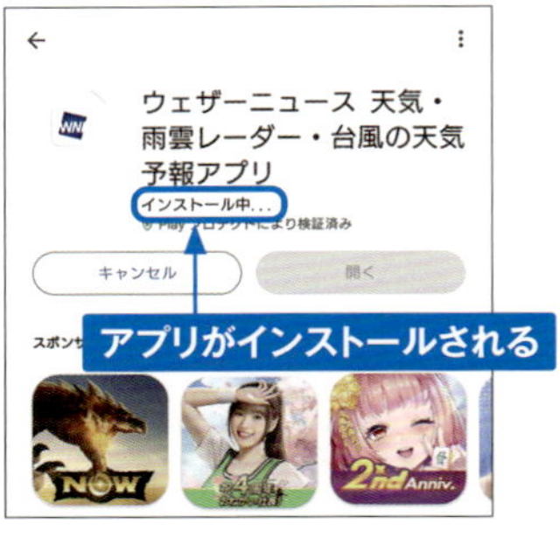

③ アプリを起動するには、インストール完了後、［開く］（ゲームの場合は［プレイ］）をタップするか、「アプリ一覧」画面に追加されたアイコンをタップします。

MEMO 「アカウント設定の完了」が表示されたら

手順①で［インストール］をタップしたあとに、「アカウント設定の完了」画面が表示される場合があります。その場合は、［次へ］→［スキップ］をタップすると、アプリのインストールを続けることができます。

アプリを更新する／アンインストールする

●アプリを更新する

1 P.94手順②の画面で、右上のユーザーアイコンをタップし、表示されるメニューの［アプリとデバイスの管理］をタップします。

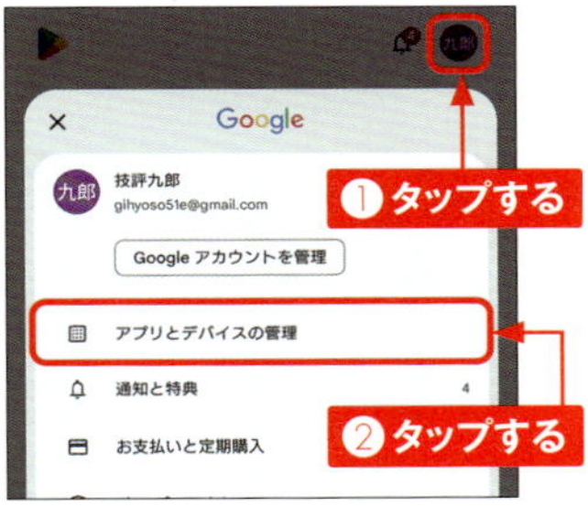

2 更新可能なアプリがある場合、「利用可能なアップデートがあります」と表示されます。［すべて更新］をタップすると、一括で更新されます。

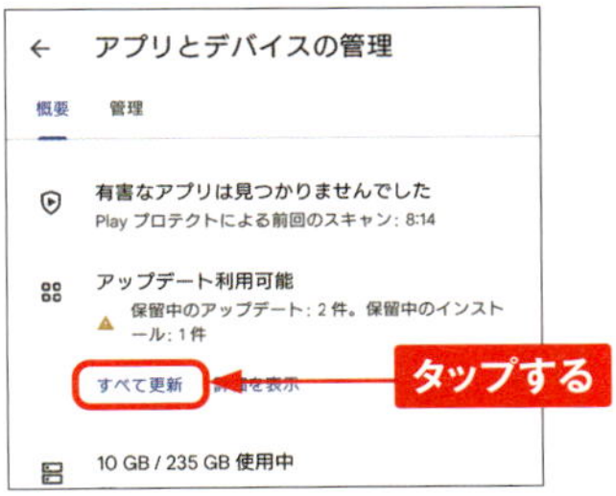

●アプリをアンインストールする

1 左側手順②の画面で［管理］をタップして「このデバイス」を表示し、アンインストールしたいアプリ名をタップします。

2 アプリの詳細が表示されます。［アンインストール］をタップし、［アンインストール］をタップするとアンインストールされます。

MEMO

アプリの自動更新を停止する

初期設定では、Wi-Fi接続時にアプリが自動更新されるようになっています。自動更新しないように設定するには、上記左側の手順①の画面で［設定］→［ネットワーク設定］→［アプリの自動更新］の順にタップし、［アプリを自動更新しない］→［OK］の順にタップします。

有料アプリを購入する

Google Playで有料アプリを購入する場合、キャリアの決済サービスやクレジットカードなどの支払い方法を選べます。ここではクレジットカードを登録する方法を解説します。

クレジットカードで有料アプリを購入する

① 有料アプリの詳細画面を表示し、アプリの価格が表示されたボタンをタップします。

② 支払い方法の選択画面が表示されます。ここでは［カードを追加］をタップします。

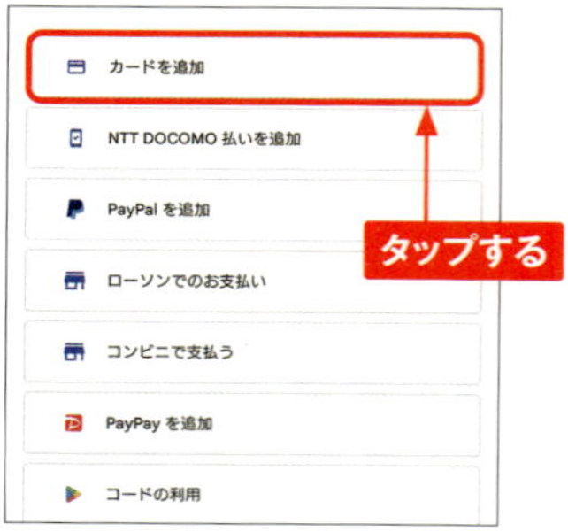

③ カード番号や有効期限などを入力します。［カードをスキャンします］をタップすると、カメラでカード情報を読み取り、入力できます。

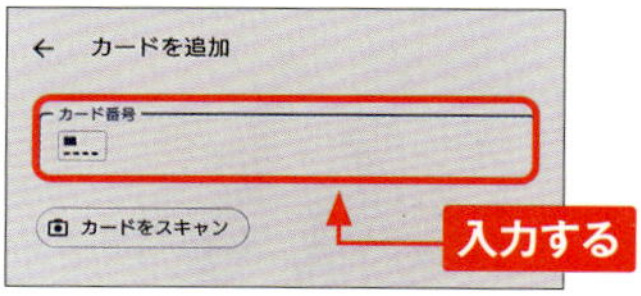

MEMO Google Play ギフトカード

コンビニなどで販売されている「Google Playギフトカード」を利用すると、プリペイド方式でアプリを購入できます。クレジットカードを登録したくないときに使うと便利です。利用するには、手順②で［コードの利用］をタップするか、事前にP.97左側の手順①の画面で［お支払いと定期購入］→［コードを利用］の順にタップし、カードに記載されているコードを入力して［コードを利用］をタップします。

4 名前などを入力し、[保存] をタップします。

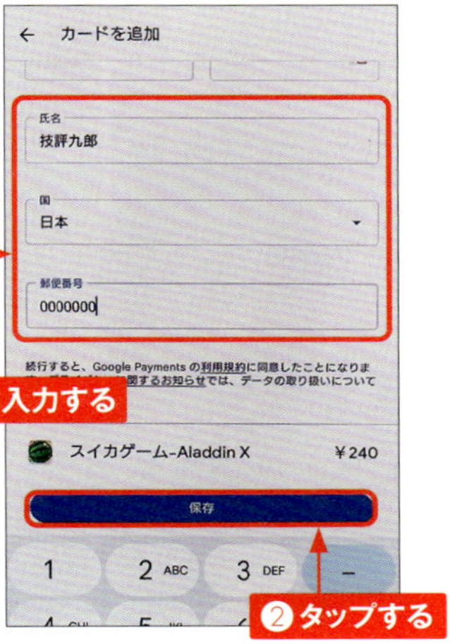

5 [1クリックで購入] をタップします。

6 認証についての画面が表示されたら、[常に要求する] もしくは [要求しない] をタップします。[OK] → [OK] の順にタップすると、アプリのダウンロード、インストールが始まります。

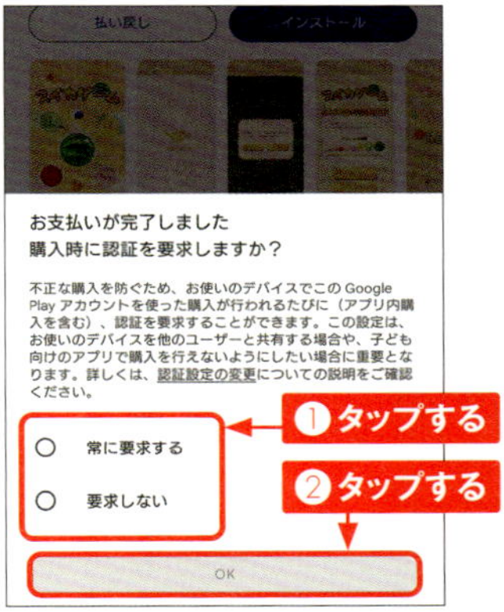

MEMO 購入したアプリを払い戻す

有料アプリは、購入してから2時間以内であれば、Google Play から返品して全額払い戻しを受けることができます。P.97右側の手順を参考に購入したアプリの詳細画面を表示し、[払い戻し] をタップして、次の画面で [払い戻しをリクエスト] をタップします。なお、払い戻しできるのは、1つのアプリにつき1回だけです。

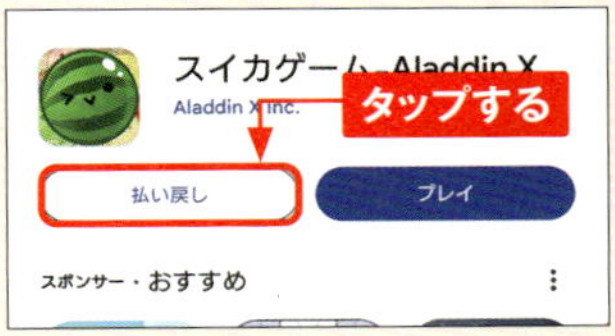

Section 34

Googleマップを使いこなす

Googleマップを利用すれば、自分の今いる場所や、現在地から目的地までの道順を地図上に表示できます。なお、Googleマップのバージョンによっては、本書と表示内容が異なる場合があります。

「マップ」アプリを利用する準備を行う

1 P.18を参考に「設定」アプリを起動して、[位置情報] をタップします。

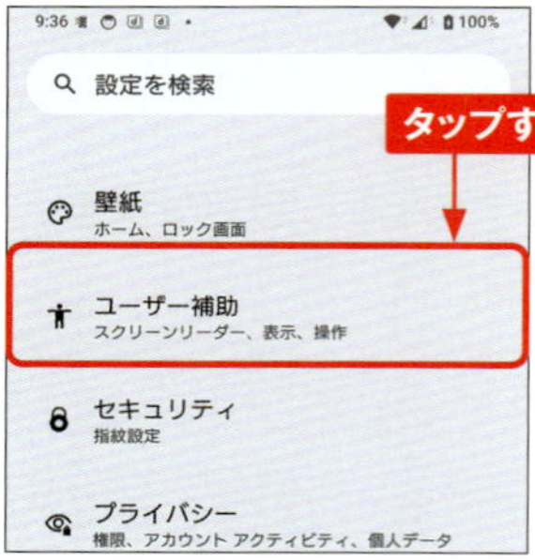

2 [位置情報を使用] が（オフ）の場合はタップします。位置情報についての同意画面が表示されたら、[同意する] をタップします。

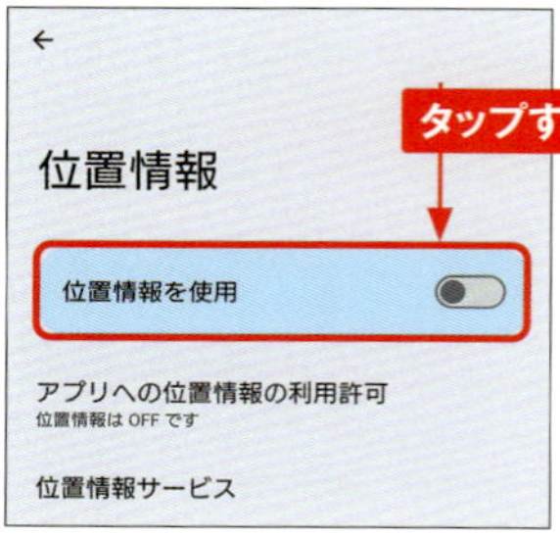

3 （オン）に切り替わったら、[位置情報サービス] をタップします。

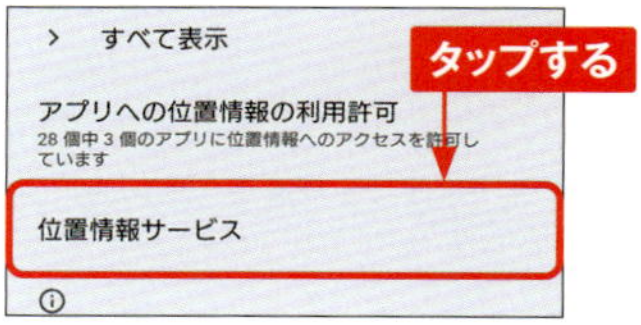

4 「Google位置情報の精度」「Wi-Fiスキャン」「Bluetoothのスキャン」の設定がONになっているると位置情報の精度が高まります。その分バッテリーを消費するので、タップして設定を変更することもできます。

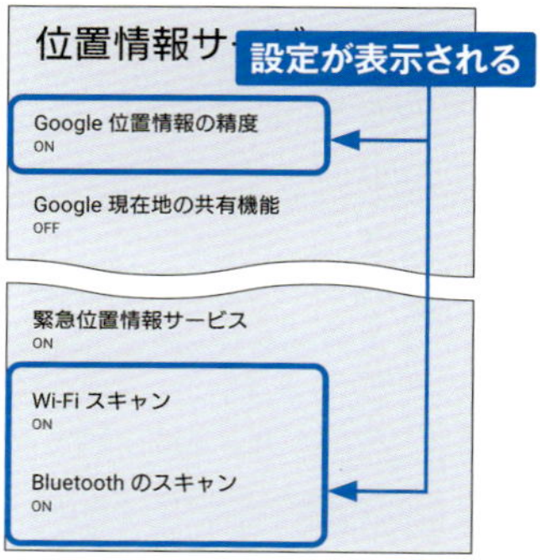

現在地を表示する

① ホーム画面で［Google］→［マップ］とタップします。

② 「マップ」アプリが起動します。をタップします。

③ 初回はアクセス許可の画面が表示されるので、［正確］をタップし、［アプリの使用時のみ］をタップします。

④ 現在地が表示されます。地図の拡大はピンチアウト、縮小はピンチインで行います。スクロールすると表示位置を移動できます。

目的の施設を検索する

1 施設を検索したい場所を表示し、検索ボックスをタップします。

2 探したい施設名などを入力し、🔍をタップします。

3 該当する施設が一覧で表示されます。上下にスクロールして、表示したい施設名をタップします。

4 選択した施設の情報が表示されます。上下にスクロールすると、より詳細な情報を表示できます。

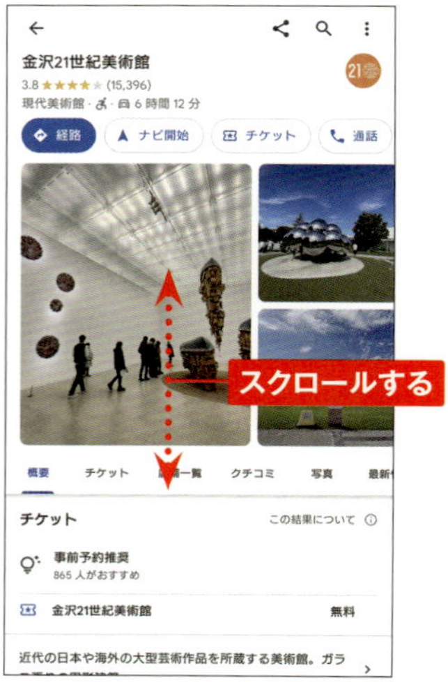

4

目的地までのルートを検索する

1 P.102を参考に目的地を表示し、[経路] をタップします。

2 移動手段（ここでは🚆）をタップします。出発地を現在地から変えたい場合は、[現在地] をタップして変更します。ルートが一覧表示されるので、利用したいルートをタップします。

3 目的地までのルートが地図で表示されます。画面下部を上方向へスクロールします。

4 ルートの詳細が表示されます。下方向へスクロールすると、手順④の画面に戻ります。◀を何度かタップすると、地図に戻ります。

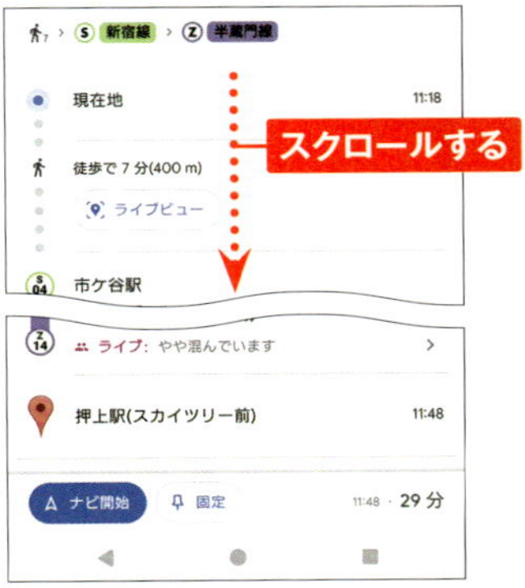

MEMO **ナビの利用**

手順④の画面に表示される [ナビ開始] をタップすると、目的地までのルートを音声ガイダンス付きで案内してくれます。

4

Section 35

Googleアシスタントを利用する

Xperia 1 VIでは、Googleの音声アシスタントサービス「Googleアシスタント」を利用できます。キーワードによる検索やXperia 1 Vの設定変更など、音声でさまざまな操作をすることができます。

Googleアシスタントを利用する

① 電源キーを長押しするか、■をロングタッチします。

② Googleアシスタントの開始画面が表示され、Googleアシスタントが利用できるようになります。

MEMO Googleアシスタントから利用できないアプリ

Googleアシスタントで「○○さんにメールして」と話しかけると、「Gmail」アプリ（P.88参照）が起動するため、ドコモの「ドコモメール」アプリ（P.72参照）は利用できません。GoogleアシスタントではGoogleのアプリが優先されるので、ドコモなどの一部のアプリはGoogleアシスタントからは利用できないことがあります。

Googleアシスタントへの問いかけ例

Googleアシスタントを利用すると、キーワードによる検索だけでなく予定やリマインダーの設定、電話やメールの発信など、さまざまなことがXperia 1 VIに話しかけるだけで行えます。まずは、「何ができる?」と聞いてみましょう。

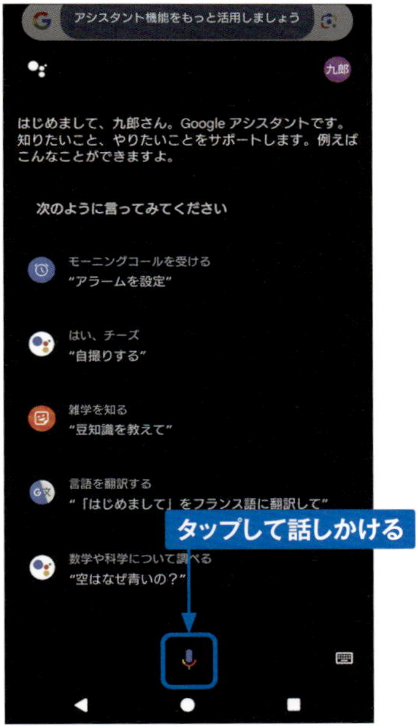
アシスタント機能をもっと活用しましょう
九郎
はじめまして、九郎さん。Google アシスタントです。知りたいこと、やりたいことをサポートします。例えばこんなことができますよ。
次のように言ってみてください
モーニングコールを受ける
“アラームを設定”
はい、チーズ
“自撮りする”
雑学を知る
“豆知識を教えて”
言語を翻訳する
“「はじめまして」をフランス語に翻訳して”
タップして話しかける
数学や科学について調べる
“空はなぜ青いの？”

●調べ物

「東京スカイツリーの高さは?」
「大谷翔平の身長は?」

●スポーツ

「ワールドカップの試合はいつ?」
「セントラルリーグの順位表は?」

●経路案内

「最寄りの駅までナビして」

●楽しいこと

「パンダの鳴き声を教えて」
「コインを投げて」

●設定

「アラームを設定して」

MEMO

音声でGoogleアシスタントを起動

自分の音声を登録すると、Xperia 1 VIの起動中に「OK Google（オーケーグーグル）」もしくは「Hey Google（ヘイグーグル）」と発声して、すぐにGoogleアシスタントを使うことができます。P.18を参考に「設定」アプリを起動し、[Google]→[Googleアプリの設定]→[検索、アシスタントと音声]→[Googleアシスタント]→[「OK Google」とVoice Match]の順にタップして、[Hey Google]を有効にし、画面に従って音声を登録します。

アシスタントに声を認識させましょう
「Hey Google」と話しかけるとアシスタントが応答し、あなたの声を認識します。

Section 36

紛失したXperia 1 VIを探す

Xperia 1 VIを紛失してしまっても、パソコンからXperia 1 VIがある場所を確認できます。この機能を利用するには事前に「位置情報を使用」を有効にしておく必要があります（P.100参照）。

「デバイスを探す」を設定する

1 P.18を参考にアプリ一覧画面を表示し、［設定］をタップします。

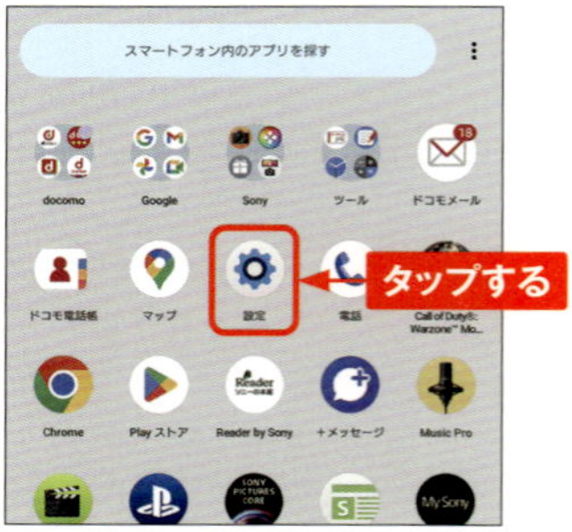

2 ［セキュリティ］をタップします。

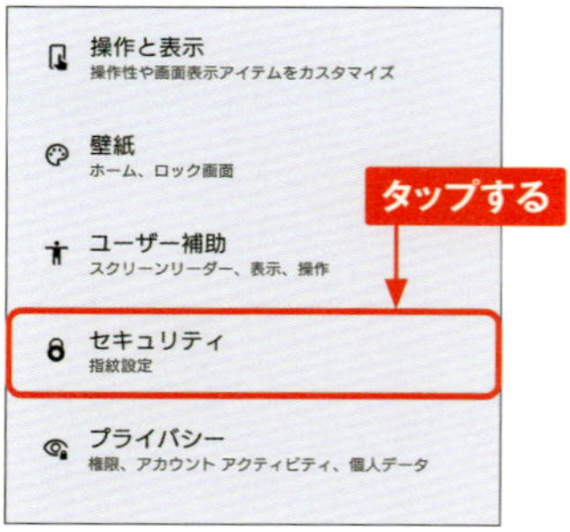

3 ［デバイスを探す］をタップします。

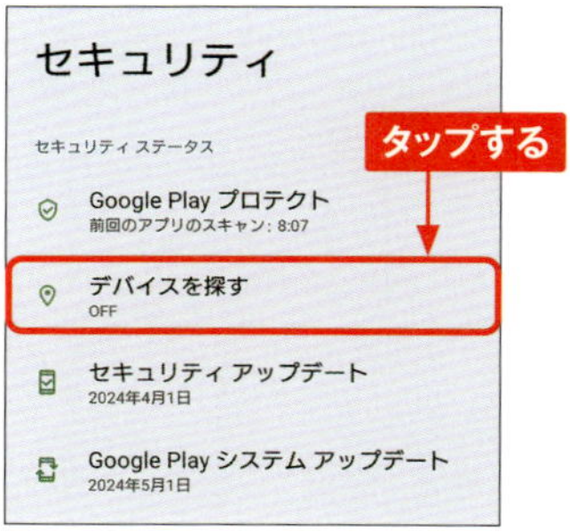

4 の場合は［「デバイスを探す」を使用］をタップして にします。

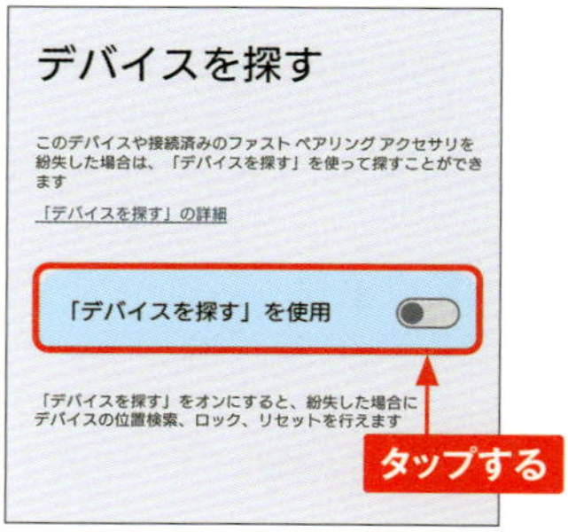

パソコンでXperia 1 VIを探す

① パソコンのWebブラウザでGoogleの「Googleデバイスを探す」(https://android.com/find)にアクセスします。

② ログイン画面が表示されたら、Sec.12で設定したGoogleアカウントを入力し、[次へ]をクリックします。パスワードの入力を求められたらパスワードを入力し、[次へ]をクリックします。

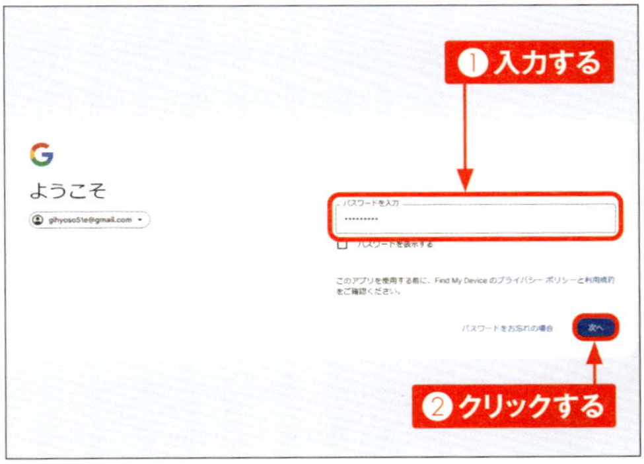

③「Googleデバイスを探す」画面で、地図でXperia 1 VIのおおまかな位置が表示されます。画面左の項目をクリックすると、音を鳴らしたり、ロックをかけたり、Xperia 1 VI内のデータを初期化したりできます。

Section 37

YouTubeで世界中の動画を楽しむ

世界最大の動画共有サイトであるYouTubeでは、さまざまな動画を検索して視聴することができます。横向きでの全画面表示や、一時停止、再生速度の変更なども行えます。

YouTubeの動画を検索して視聴する

1 ホーム画面で［Google］フォルダをタップして、［YouTube］をタップします。

2 通知や新機能に関する画面が表示された場合は、画面の指示に従ってタップします。初めての場合は「まずは検索してみましょう」と表示されます。

3 検索したいキーワード（ここでは「技術評論社」）を入力して、🔍をタップします。

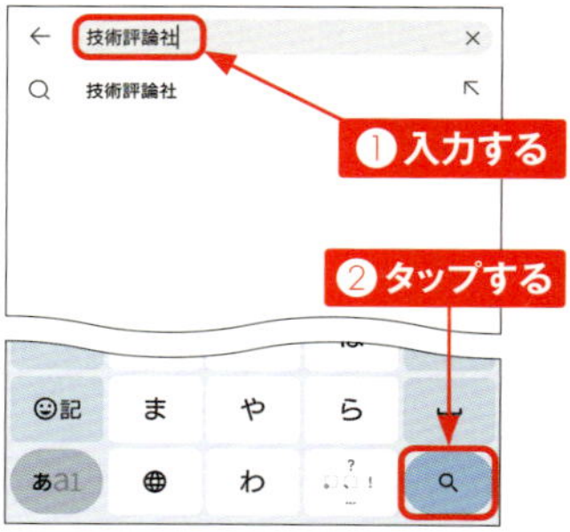

4 検索結果一覧の中から、視聴したい動画のサムネイルをタップします。

5 動画の再生が始まります。画面をタップします。

6 メニューが表示されます。をタップすると一時停止します。をタップすると横向きの全画面表示になります。をタップします。

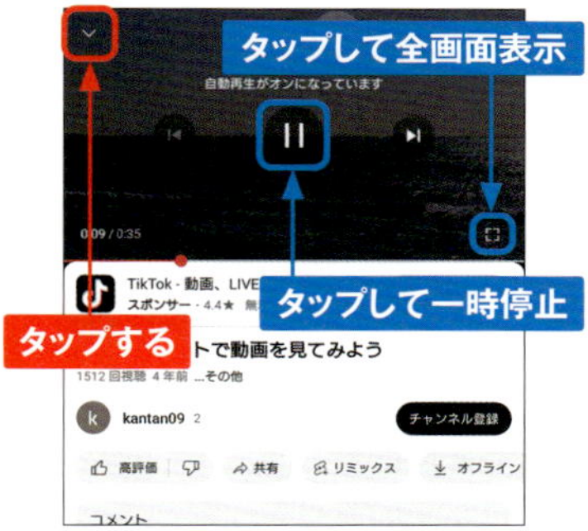

7 再生画面が画面下にウィンドウ化して表示され、動画を視聴しながら別の動画をタップして選択できます。再生を終了するには、◀を何度かタップしてアプリを終了します。

YouTubeの操作（全画面表示の場合）

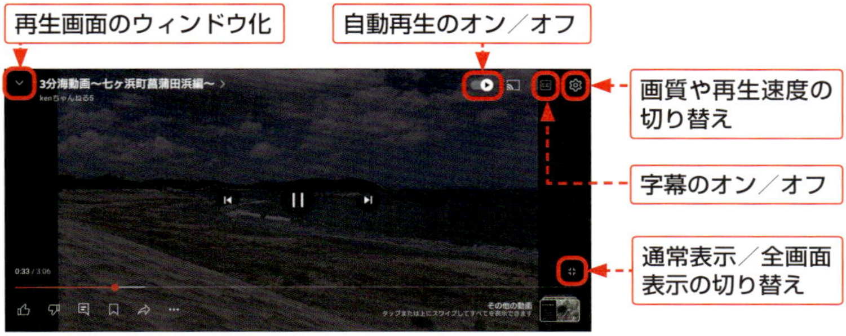

MEMO そのほかのGoogleサービスアプリ

本章で紹介したもの以外にも、たくさんのGoogleサービスのアプリが公開されています。無料で利用できるものも多いので、Google Playからインストールして試してみてください。

Google翻訳

100種類以上の言語に対応した翻訳アプリ。音声入力やカメラで撮影した写真の翻訳も可能。

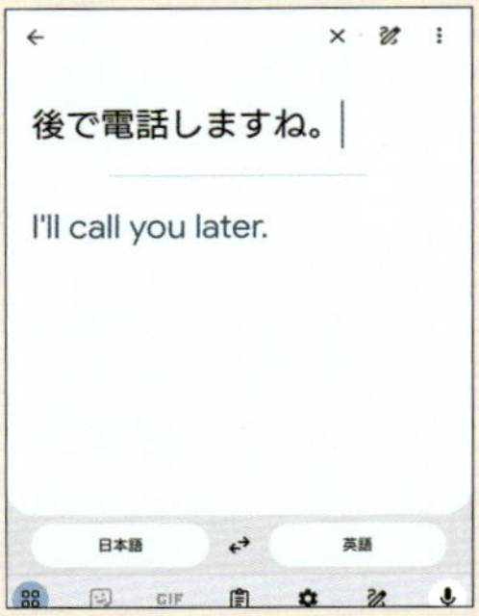

Google Meet

無料版では最大100名で60分までのビデオ会議が行えるアプリ。「Gmail」アプリからも利用可能。

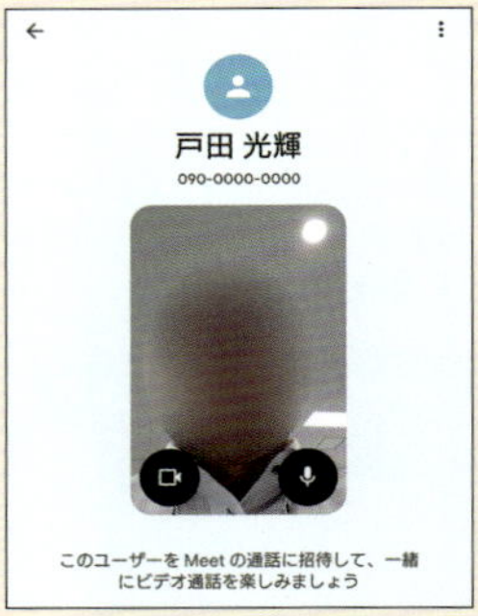

Googleドライブ

無料で15GBの容量が利用できるオンラインストレージアプリ。ファイルの保存・共有・編集ができる。

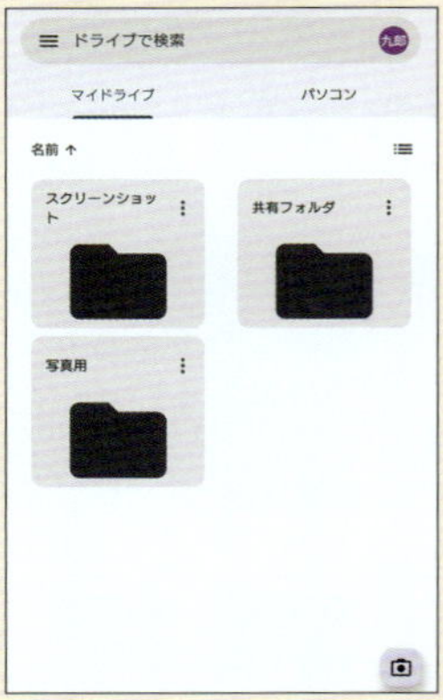

Googleカレンダー

Web上のGoogleカレンダーと同期し、同じ内容を閲覧・編集できるカレンダーアプリ。

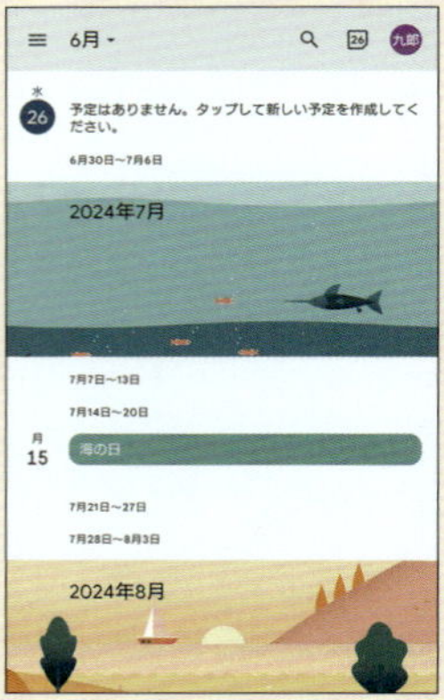

Chapter 5

ドコモのサービスを使いこなす

Section 38　dメニューを利用する
Section 39　my daizを利用する
Section 40　My docomoを利用する
Section 41　d払いを利用する
Section 42　SmartNews for docomoでニュースを読む
Section 43　ドコモのアプリをアップデートする

Section 38

dメニューを利用する

Xperia 1 VIでは、NTTドコモのポータルサイト「dメニュー」を利用できます。dメニューでは、ドコモのさまざまなサービスにアクセスしたり、Webページやアプリを探したりすることができます。

5

メニューリストからWebページを探す

1 ホーム画面で［dメニュー］をタップします。「dメニューお知らせ設定」画面が表示された場合は、［OK］をタップします。

2 「Chrome」アプリが起動し、dメニューが表示されます。画面左上の≡をタップします。

3 ［メニューリスト］をタップします。

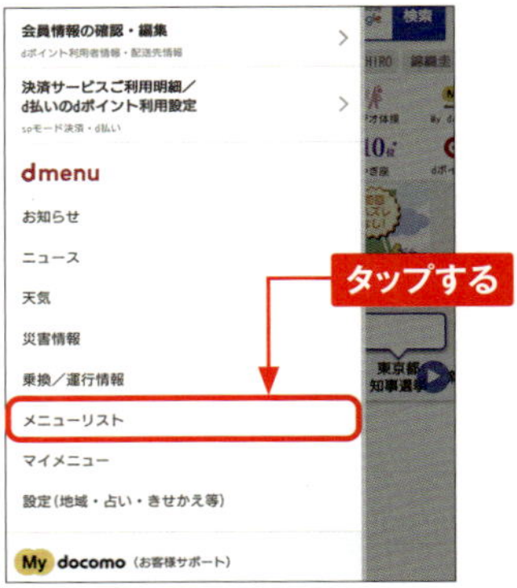

MEMO

dメニューとは

dメニューは、ドコモのスマートフォン向けのポータルサイトです。ドコモおすすめのアプリやサービスなどをかんたんに検索したり、利用料金の確認などができる「My docomo」（Sec.40参照）にアクセスしたりできます。

④ 画面を上方向にスクロールし、閲覧したいWebページのジャンルをタップします。

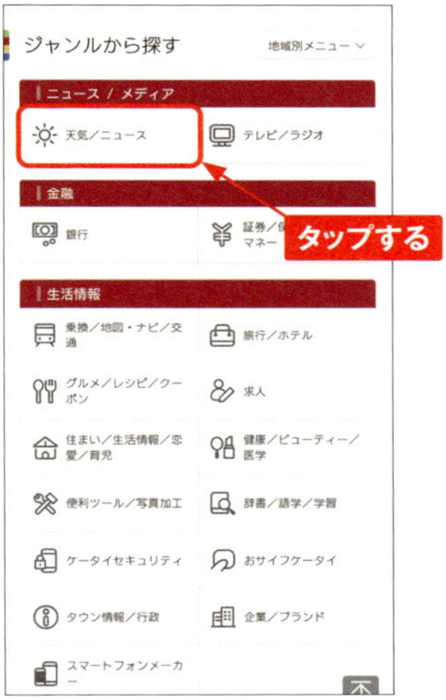

⑤ 一覧から、閲覧したいWebページのタイトルをタップします。アクセス許可が表示された場合は、［許可］をタップします。

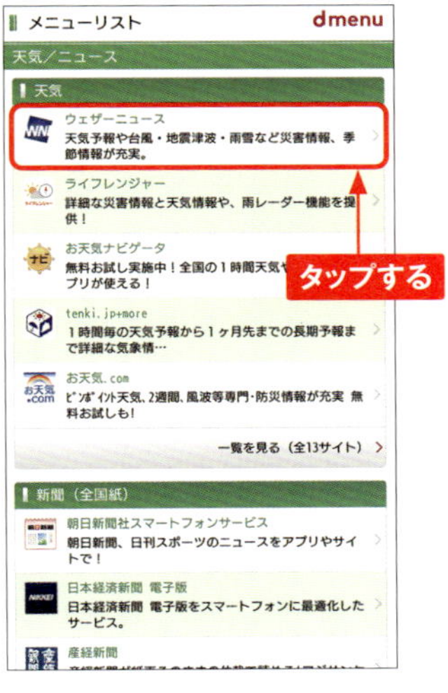

⑥ 目的のWebページが表示されます。◀を何回かタップすると一覧に戻ります。

MEMO マイメニューの利用

P.112手順③で［マイメニュー］をタップしてdアカウントでログインすると、「マイメニュー」画面が表示されます。登録したアプリやサービスの継続課金一覧、dメニューから登録したサービスやアプリを確認できます。

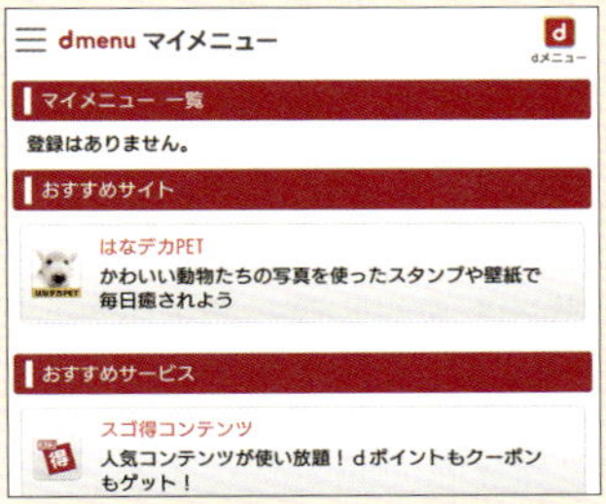

Section 39

my daizを利用する

「my daiz」は、話しかけるだけで情報を教えてくれたり、ユーザーの行動に基づいた情報を自動で通知してくれたりするサービスです。使い込めば使い込むほど、さまざまな情報を提供してくれます。

5

my daizの機能

my daizは、登録した場所やプロフィールに基づいた情報を表示してくれるサービスです。有料版を使用すれば、ホーム画面のmy daizのアイコンが先読みして教えてくれるようになります。また、直接my daizと会話して質問したり本体の設定を変更したりすることもできます。

●アプリで情報を見る

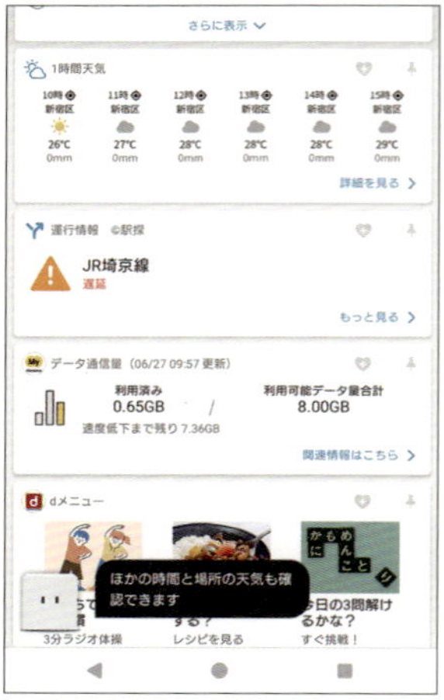

「my daiz」アプリで「NOW」タブを表示すると、道路の渋滞情報を教えてくれたり、帰宅時間に雨が降りそうな場合に傘を持っていくよう提案してくれたりなど、ユーザーの登録した内容と行動に基づいた情報が先読みして表示されます。

●my daizと会話する

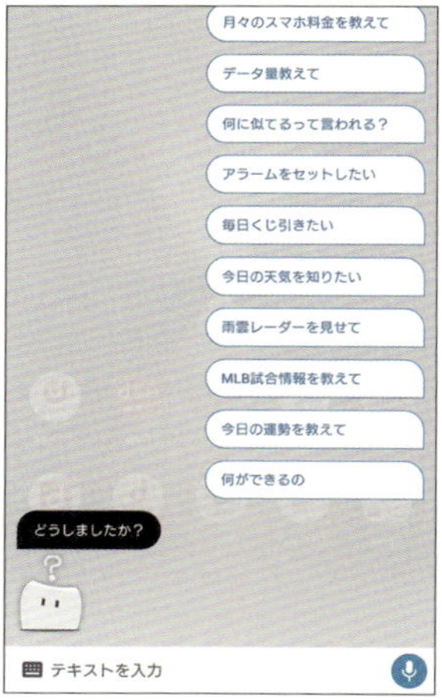

「my daiz」アプリを起動して「マイデイズ」と話しかけると、対話画面が表示されます。マイクアイコンをタップして話しかけたり、文字を入力したりすることで、天気予報の確認や調べ物、アラームやタイマーなどの設定ができます。

my daizを利用できるようにする

① ホーム画面やロック画面でマチキャラをタップします。

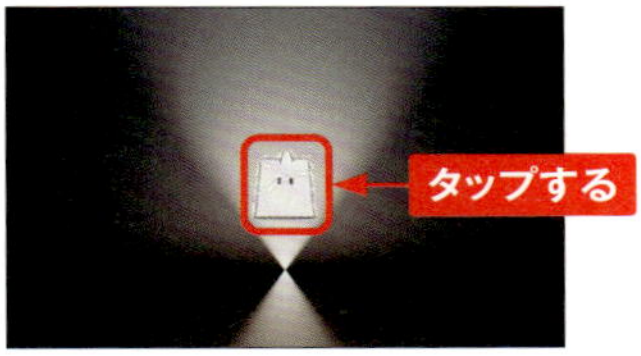

② 初回起動時は機能の説明画面が表示されます。[はじめる]→[次へ] の順にタップし、[アプリの使用時のみ] をタップし、[許可] を数回タップします。さらに、画面の指示に従って進めます。

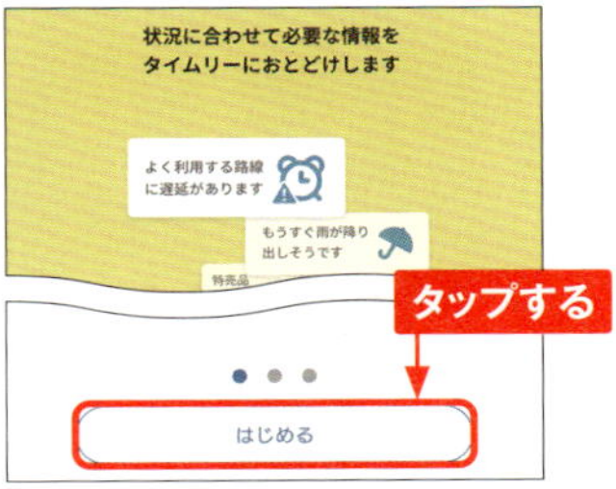

③ 初回は利用規約が表示されるので、上方向にスライドして「上記事項に同意する」のチェックボックスをタップしてチェックを付け、[同意する] → [あとで設定] の順にタップします。

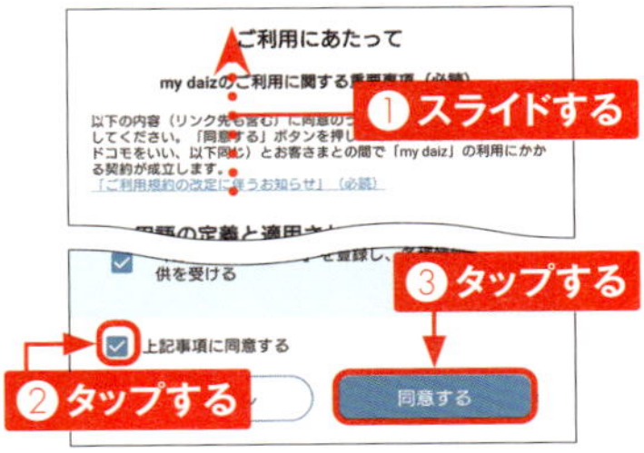

④ 「my daiz」が起動します。≡をタップしてメニューを表示し、[設定] をタップします。

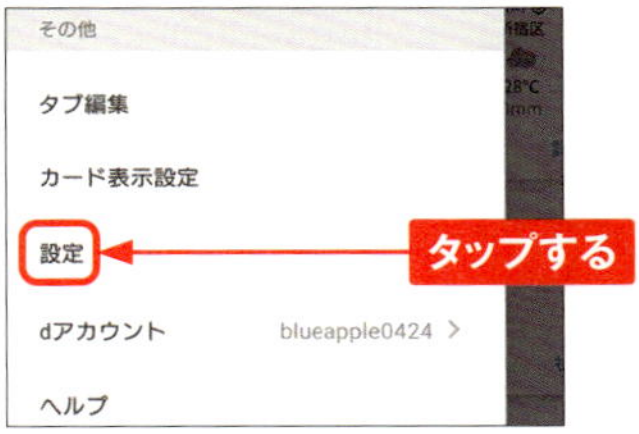

⑤ [プロフィール] をタップしてdアカウントのパスワードを入力すると、さまざまな項目の設定画面が表示されます。未設定の項目は設定を済ませましょう。

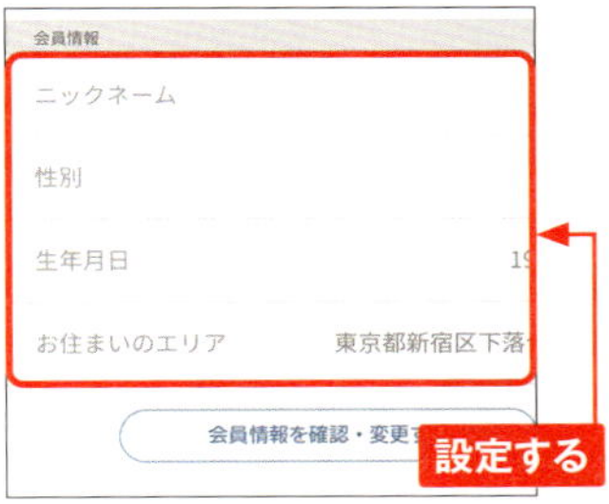

⑥ 手順④の画面で [設定] → [コンテンツ・機能] をタップすると、ジャンル別にカードの表示や詳細を設定できます。

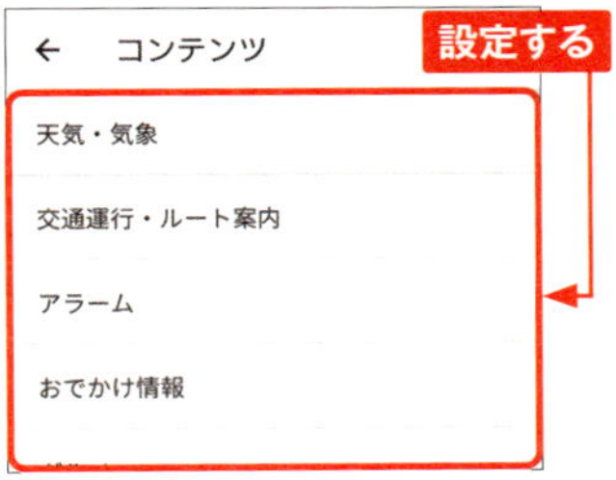

Section 40

My docomoを利用する

「My docomo」アプリでは、契約内容の確認・変更などのサービスが利用できます。利用の際には、dアカウントのパスワードやネットワーク暗証番号（P.38参照）が必要です。

契約情報を確認・変更する

① ホーム画面で［My docomo］をタップします。表示されていない場合は、P.124を参考にアップデートを行います。インストールやアップデート、各種許可の画面が表示されたら、画面の指示に従って設定します。

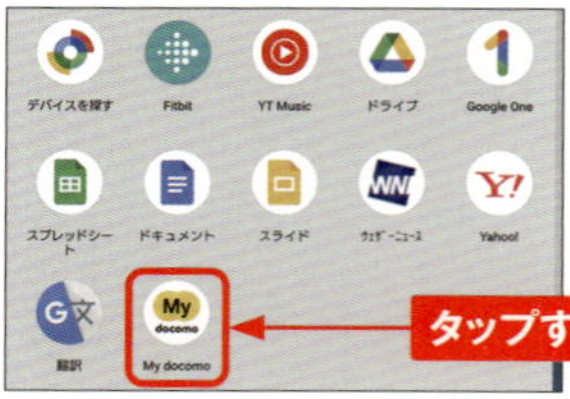

② ［規約に同意して利用を開始］をタップします。

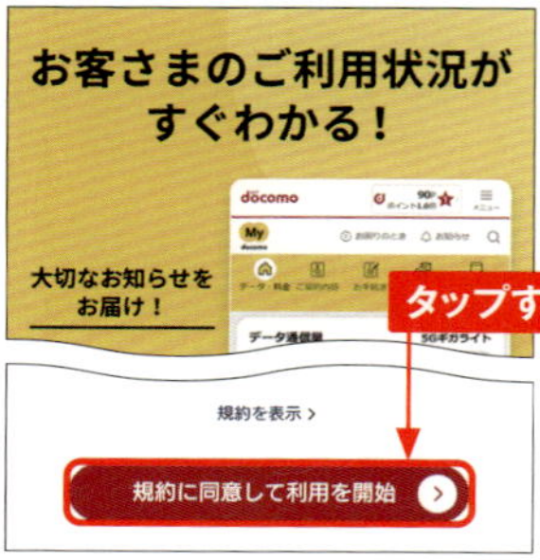

③ ［dアカウントでログイン］をタップします。確認画面が表示されたら［OK］をタップします。

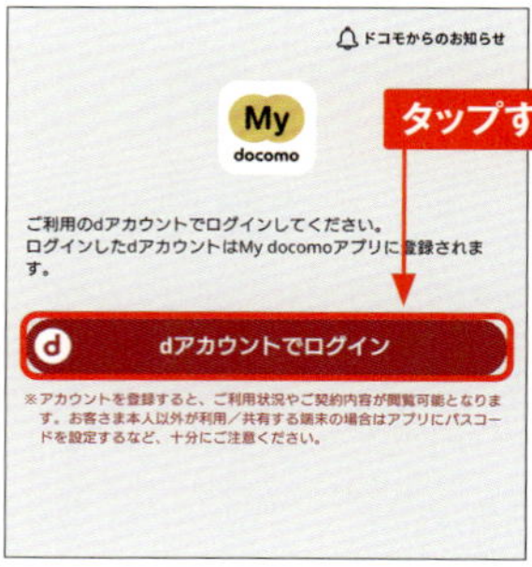

④ dアカウントのIDを入力し、［次へ］をタップします。

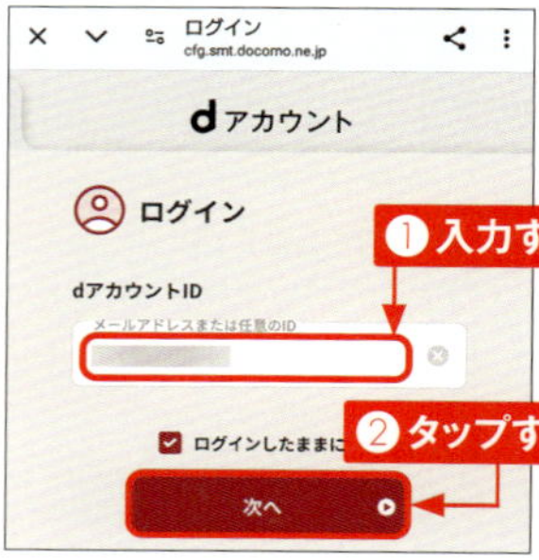

5 パスワードを入力して、［ログイン］をタップします。

6 2段階認証用のセキュリティコードが送られてくるので、入力して［次へ］をタップします。

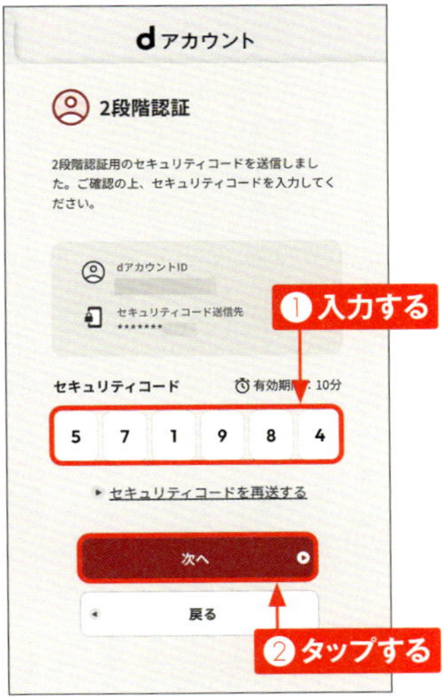

7 ［ログイン］をタップします。

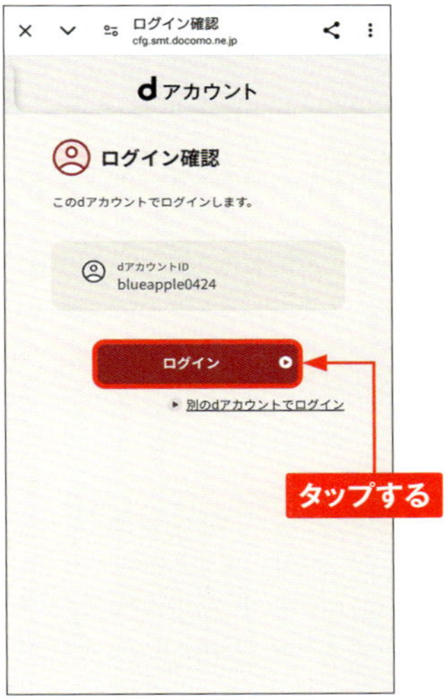

8 確認画面で［OK］をタップすると。dアカウントの設定が完了します。［OK］→［OK］とをタップして進めます。

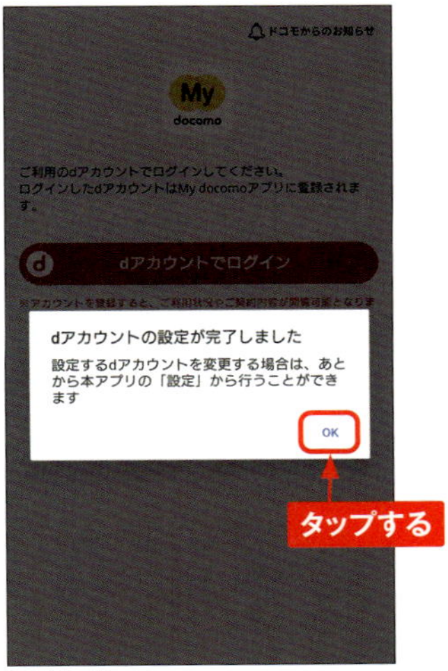

9 アプリのバックグラウンド実行についての確認画面が表示されます。ここでは［許可しない］をタップします。

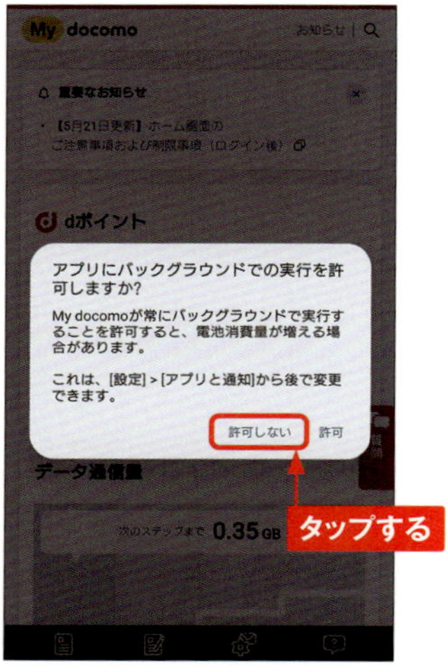

10 「通知の受け取り」画面が表示されます。ここでは［今はしない］をタップします。

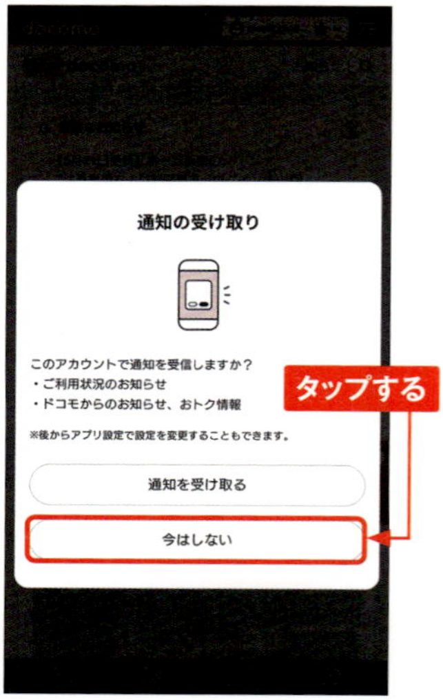

11 「パスコードロック機能の設定」画面が表示されます。ここでは［今はしない］をタップします。

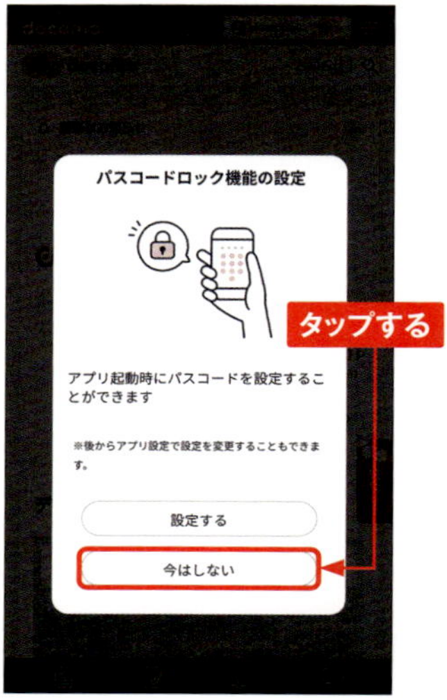

12 「My docomo」のホーム画面が表示され、データ通信量や利用料金が確認できます。

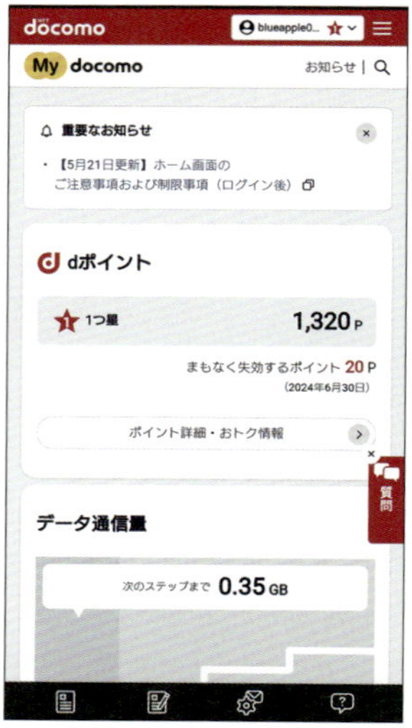

5

料金プランやオプション契約を確認・変更する

●料金プランを変更する

1 P.178を参考にWi-Fiをオフにしておきます。P.118手順⑫の画面で≡→［お手続き］→［契約・料金］→［契約プラン／料金プラン変更］→［お手続きする］の順にタップします。

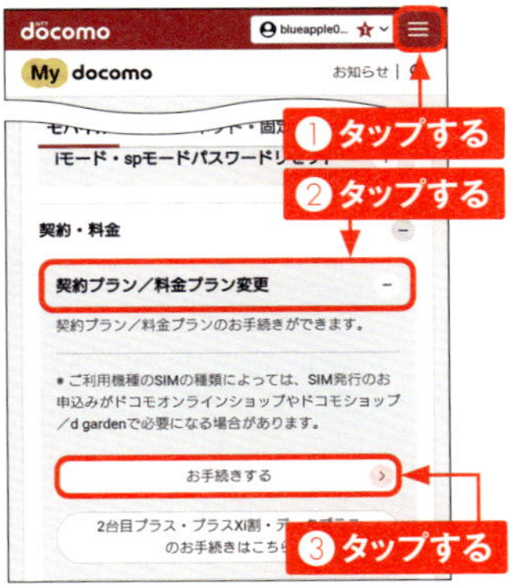

2 dアカウントのログイン画面が表示された場合はログインすると、契約中の料金プランの確認と変更が行えます。

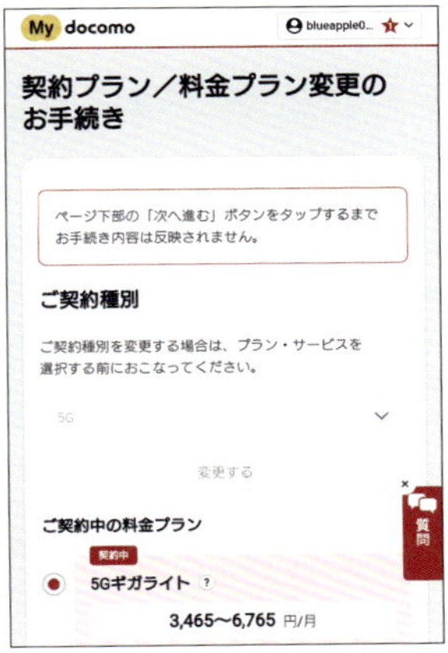

●オプション契約を変更する

1 P.178を参考にWi-Fiをオフにしておきます。P.118手順⑫の画面で≡→［お手続き］→［オプション］の順にタップします。

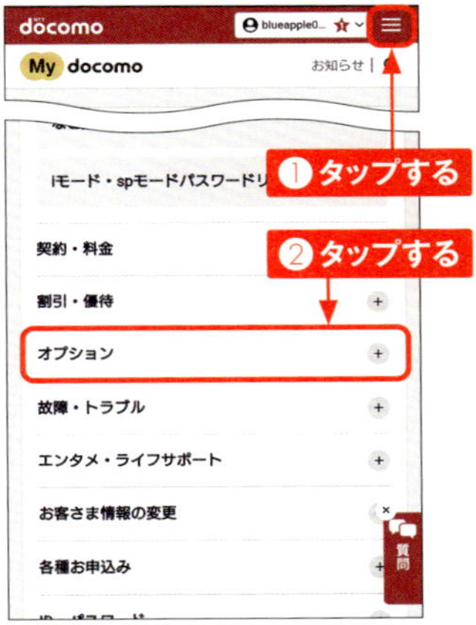

2 有料オプションの一覧が表示されます。オプション名をタップし、［お手続きする］をタップすることで、オプションの契約や解約が行えます。

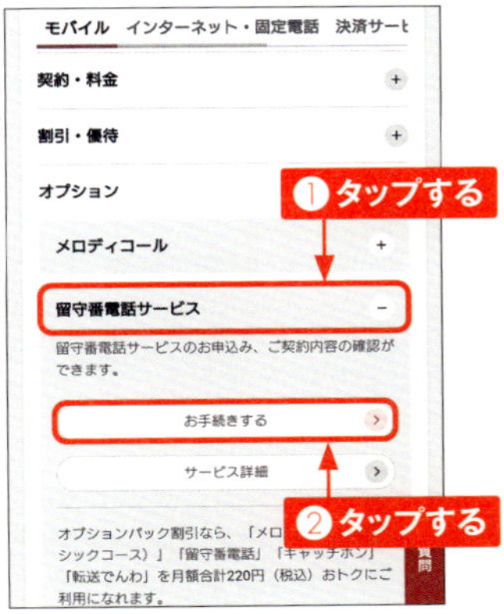

Section 41

d払いを利用する

「d払い」は、NTTドコモが提供するキャッシュレス決済サービスです。お店でバーコードを見せるだけでスマホ決済を利用できるほか、Amazonなどのネットショップの支払いにも利用できます。

d払いとは

「d払い」は、以前からあった「ドコモケータイ払い」を拡張して、ドコモ回線ユーザー以外も利用できるようにした決済サービスです。ドコモユーザーの場合、支払い方法に電話料金合算払いを選べ、より便利に使えます（他キャリアユーザーはクレジットカードが必要）。

「d払い」アプリでは、バーコードを見せるか読み取ることで、キャッシュレス決済が可能です。支払い方法は、電話料金合算払い、d払い残高（ドコモ口座)、クレジットカードから選べるほか、dポイントを使うこともできます。

画面から［クーポン］をタップすると、クーポンの情報が一覧表示されます。ポイント還元のキャンペーンはエントリー操作が必須のものが多いので、こまめにチェックしましょう。

d払いの初期設定を行う

1 Wi-Fiに接続している場合はP.178を参考にオフにしてから、ホーム画面で［d払い］をタップします。アップデートが必要な場合は、［アップデート］をタップして、アップデートします。

2 サービス紹介画面で［次へ］をタップして、続けて［アプリの使用時のみ］をタップします。

3 「ご利用規約」画面で［同意して次へ］をタップして、「ログインして始めよう」画面で［dアカウントでログイン］をタップします。

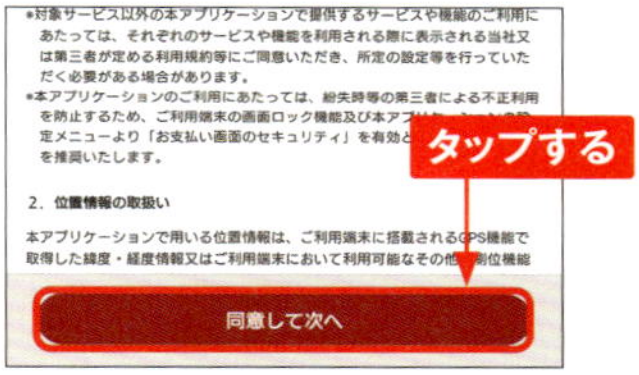

4 「ログイン」画面で、ネットワーク暗証番号を入力し、［ログイン］→［ログイン］→［次へ］→［許可］とタップすると、設定が完了します。

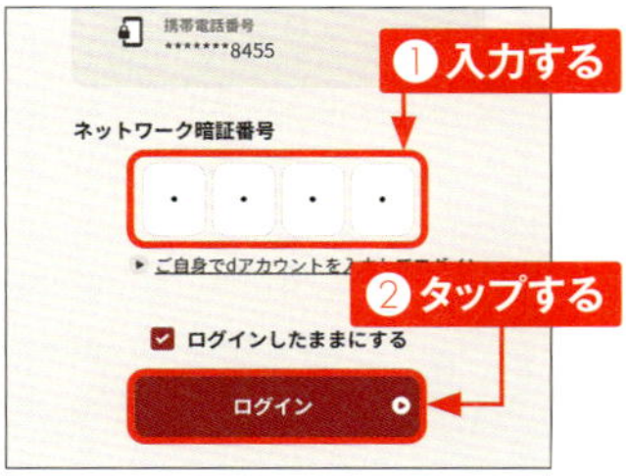

MEMO dポイントカード

「d払い」アプリの画面右下の［dポイントカード］をタップすると、モバイルdポイントカードのバーコードを表示できます。dポイントカードが使える店では、支払い前にdポイントカードを見せて、d払いで支払うことで、二重にdポイントを貯めることができます。

SmartNews for docomoでニュースを読む

SmartNews for docomoは、さまざまなニュースをジャンルごとに選んで読むことができるサービスです。天気情報やクーポン、dポイントがたまるキャンペーンの利用ができます。

5

好きなニュースを読む

1 ホーム画面でをタップします。

2 初回は確認画面が表示されるので、［はじめる］をタップして、画面に従って進めます。

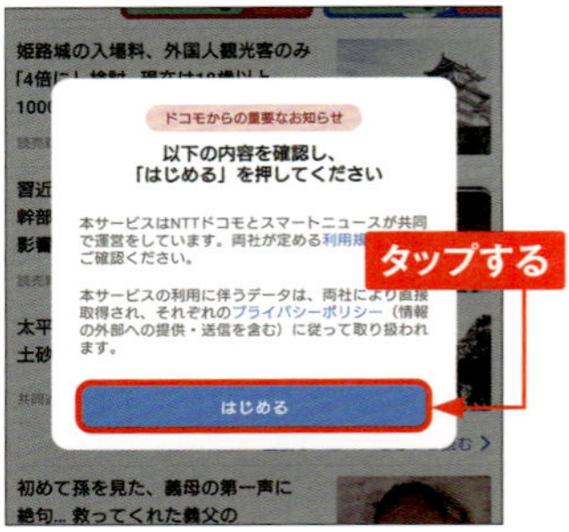

3 画面を左右にスワイプして、ニュースのジャンルを切り替え、読みたいニュースをタップします。

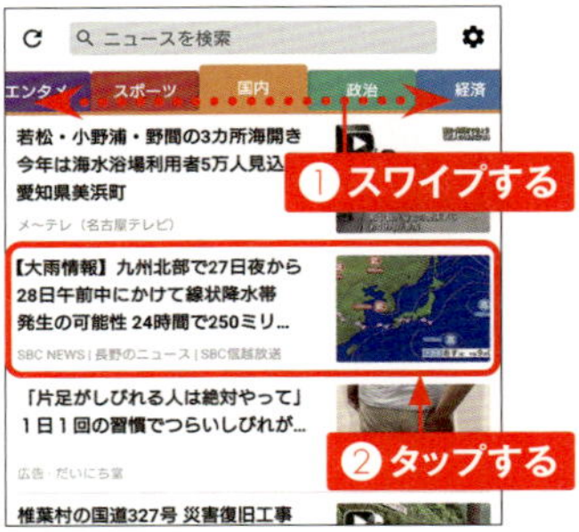

4 ニュースの内容が表示されます。［オリジナルサイトで読む］をタップします。

5 元記事のあるWebページが表示され、オリジナルサイトの記事を読むことができます。←をタップしてニュースの一覧画面に戻ります。

6 画面下の［天気］をタップすると、現在地などの天気情報を確認することができます。

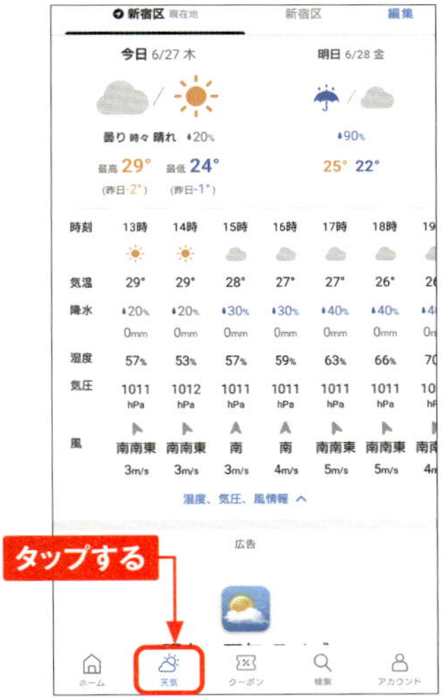

7 画面下の［クーポン］をタップすると、クーポン、dポイントが当たるキャンペーン情報などのお得な情報が表示されます。

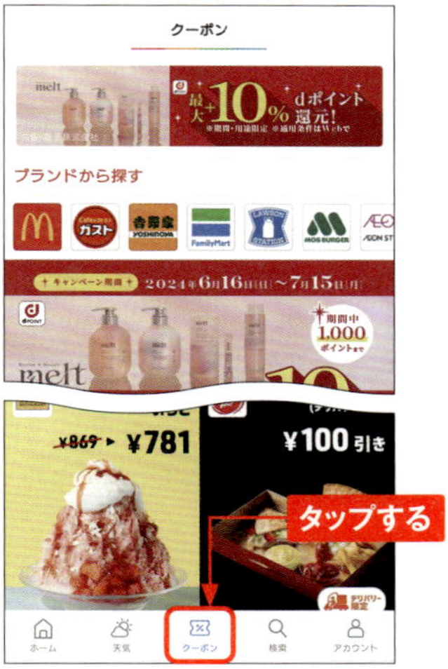

8 画面下の［検索］をタップすると、指定したキーワードに関する記事を検索することができます。

Section 43

ドコモのアプリをアップデートする

ドコモから提供されているアプリの一部は、Google Playではアップデートできない場合があります。ここでは、「設定」アプリからドコモアプリをアップデートする方法を解説します。

ドコモのアプリをアップデートする

1 P.18を参考に「設定」アプリを起動して、[ドコモのサービス/クラウド] → [ドコモアプリ管理] の順にタップします。

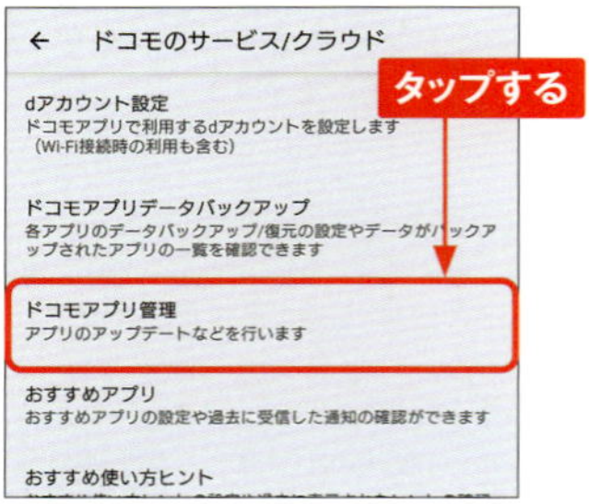

2 パスワードを求められたら、パスワードを入力して[OK]をタップします。アップデートできるドコモアプリの一覧が表示されるので、[すべてアップデート] をタップします。

3 それぞれのアプリで「ご確認」画面が表示されたら、[同意する] をタップします。

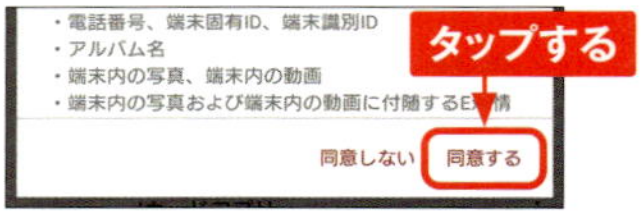

4 [複数アプリのダウンロード] 画面が表示されたら、[今すぐ] をタップします。アプリのアップデートが開始されます。

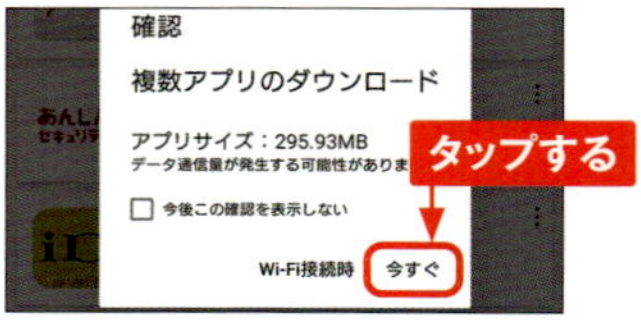

MEMO ドコモアプリのアンインストール

ドコモのアプリをアンインストールしたい場合は、P.155を参考にホーム画面でアイコンをロングタッチし、[アプリ情報] → [アンインストール] をタップします。

Chapter 6

音楽や写真・動画を楽しむ

Section 44　パソコンから音楽・写真・動画を取り込む
Section 45　音楽を聴く
Section 46　ハイレゾ音源を再生する
Section 47　「カメラ」アプリで写真や動画を撮影する
Section 48　プロモードで写真や動画を撮影する
Section 49　「Video Creator」でショート動画を作成する
Section 50　写真や動画を閲覧・編集する

Section 44

パソコンから音楽・写真・動画を取り込む

Xperia 1 VIはUSB Type-Cケーブルでパソコンと接続して、本体メモリやmicroSDカードに各種ファイルを転送することができます。お気に入りの音楽や写真、動画を取り込みましょう。

パソコンとXperia 1 VIを接続する

1 パソコンとXperia 1 VIをUSB Type-Cケーブルで接続します。パソコンでドライバーソフトのインストール画面が表示された場合はインストール完了まで待ちます。Xperia 1 VIのステータスバーを下方向にドラッグします。

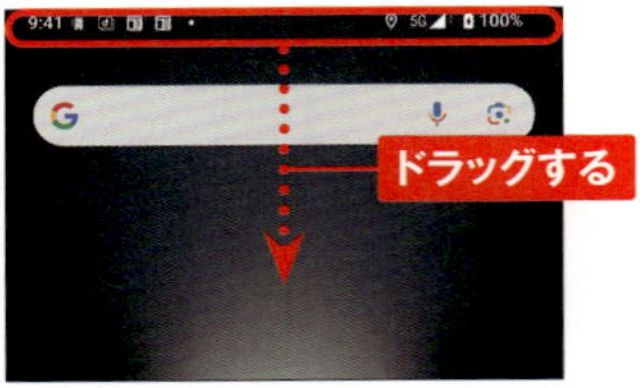

2 ［このデバイスをUSBで充電中］をタップします。

3 通知が展開されるので、再度［このデバイスをUSBで充電中］をタップします。

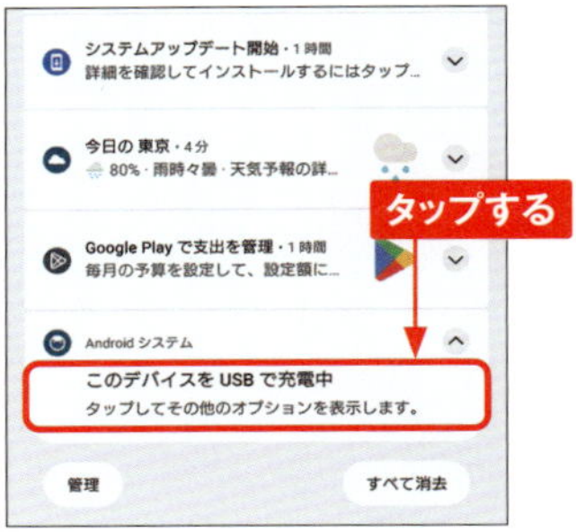

4 「USBの設定」画面が表示されるので、［ファイル転送］をタップすると、パソコンからXperia 1 VIにデータを転送できるようになります。

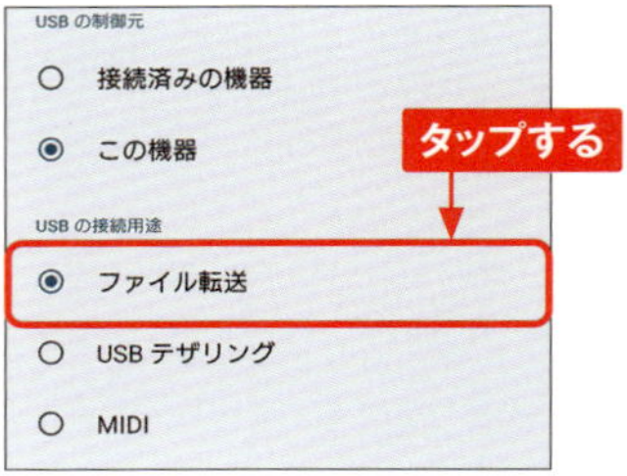

パソコンからファイルを転送する

1 パソコンでエクスプローラーを開き、「PC」にある［SO-51E］をクリックします。

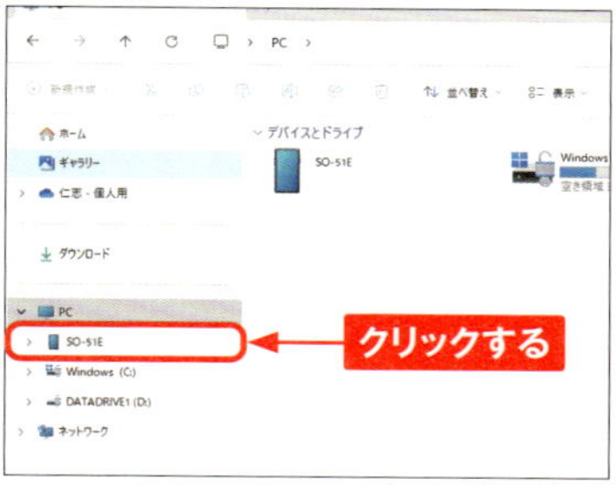

2 ［内部共有ストレージ］をダブルクリックします。microSDカードをXperia 1 VIに挿入している場合は、「disk」と「内部共有ストレージ」が表示されます。

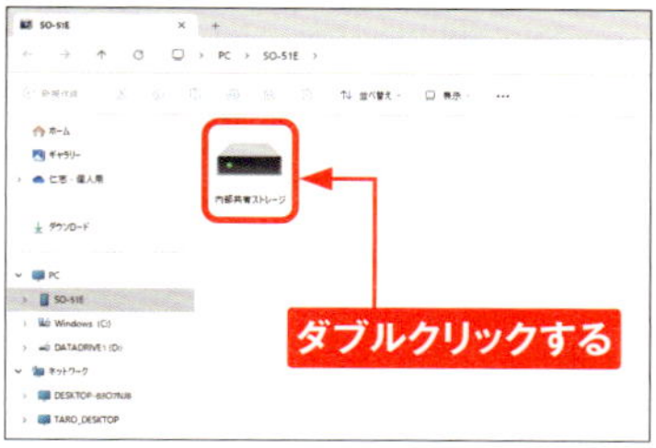

3 Xperia 1 VI内のフォルダやファイルが表示されます。

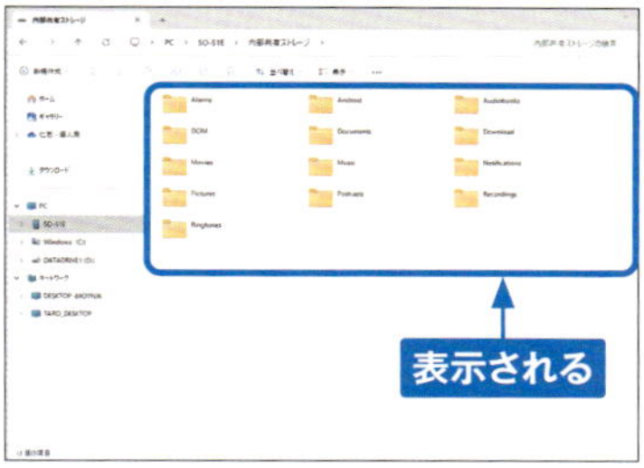

4 パソコンからコピーしたいファイルやフォルダをドラッグします。ここでは、写真ファイルが入っている「ねこ」というフォルダを「Picture」フォルダにコピーします。

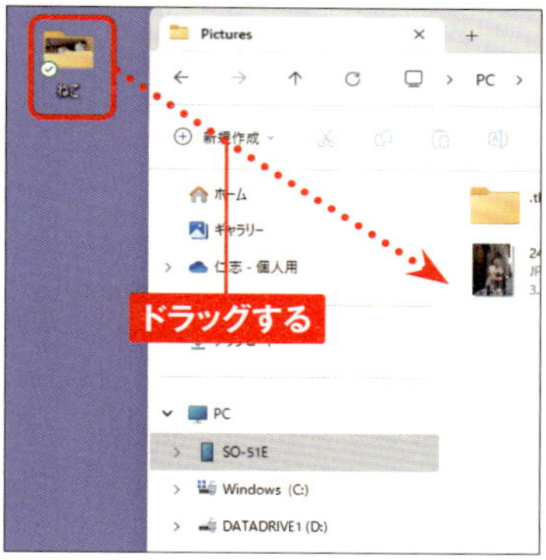

5 コピーが完了したら、パソコンからUSB Type-Cケーブルを外します。画面はコピーしたファイルをXperia 1 VIの「フォト」アプリで表示したところです。

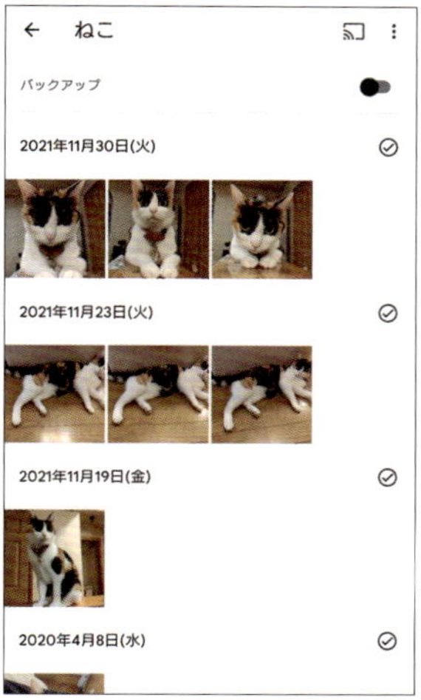

6

Section 45

音楽を聴く

購入したり本体内に転送した音楽ファイルは「ミュージック」アプリで再生することができます。ここでは、「ミュージック」アプリでの再生方法を紹介します。

6

音楽ファイルを再生する

① アプリ一覧画面で［Sony］フォルダをタップして、［ミュージック］をタップします。初回起動時は、［許可］をタップします。

② ホーム画面が表示されます。画面左上の☰をタップします。

③ メニューが表示されるので、ここでは［アルバム］をタップします。

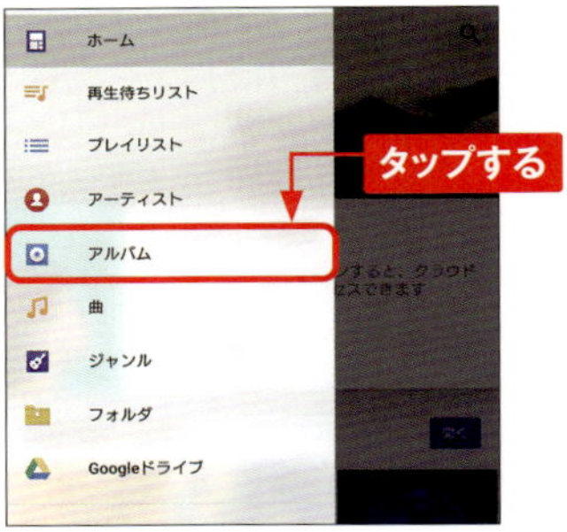

④ 端末に保存されている楽曲がアルバムごとに表示されます。再生したいアルバムをタップします。

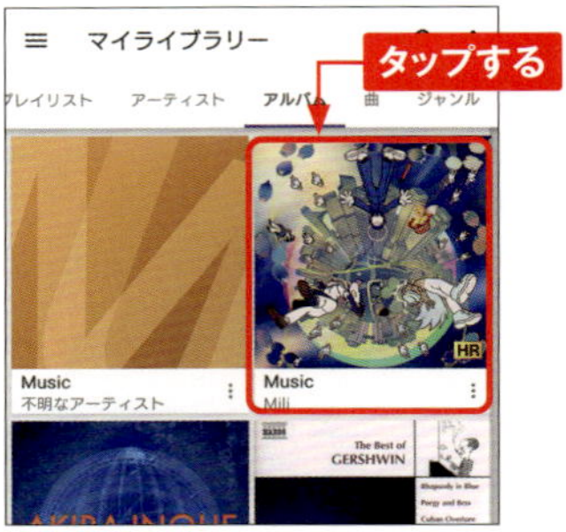

5 アルバム内の楽曲が表示されます。ハイレゾ音源（P.130参照）の場合は、曲名の右に「HR」と表示されています。再生したい楽曲をタップします。

6 楽曲が再生され、画面下部にコントローラーが表示されます。サムネイル画像をタップすると、ミュージックプレイヤー画面が表示されます。

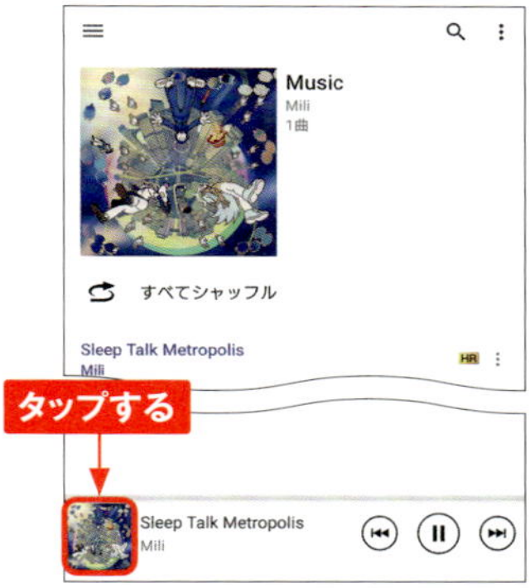

ミュージックプレイヤー画面の見方

タップすると、手順⑥の画面を表示します。

楽曲情報の表示などができます。

楽曲名、アーティスト名が表示されます。タップすると、次に再生する楽曲が一覧で表示されます。

アルバムアートワークがあればジャケットが表示されます。左右にスワイプすると、次曲／前曲を再生できます。

左右にドラッグすると、楽曲の再生位置を調整できます。

プレイリストに追加できます。

楽曲の全体時間が表示されます。

楽曲の経過時間が表示されます。

各ボタンをタップして、楽曲の再生操作を行えます。

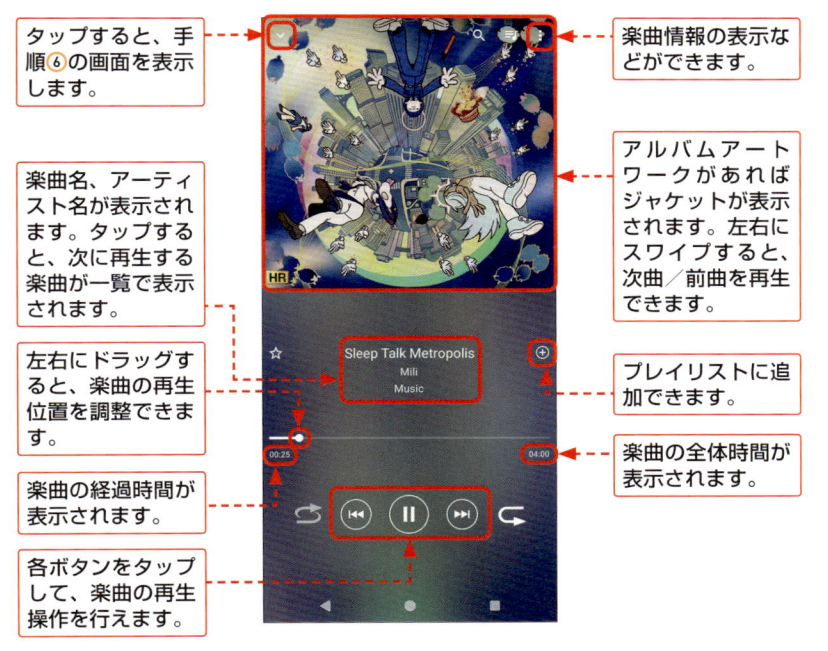

Section 46

ハイレゾ音源を再生する

「ミュージック」アプリでは、ハイレゾ音源を再生することができます。また、設定により、通常の音源でもハイレゾ相当の高音質で聴くことができます。

ハイレゾ音源の再生に必要なもの

Xperia 1 VIでは、本体上部のヘッドセット接続端子にハイレゾ対応のヘッドホンやイヤホンを接続したり、ハイレゾ対応のBluetoothヘッドホンを接続したりすることで、高音質なハイレゾ音楽を楽しむことができます。

ハイレゾ音源は、Google Play（P.94参照）でインストールできる「mora」アプリやインターネット上のハイレゾ音源販売サイトなどから購入することができます。ハイレゾ音源の音楽ファイルは、通常の音楽ファイルに比べてファイルサイズが大きいので、microSDカードを利用して保存するのがおすすめです。

また、ハイレゾ音源ではない音楽ファイルでも、DSEE Ultimateを有効にすることで、ハイレゾ音源に近い音質（192kHz/24bit）で聴くことが可能です（P.131参照）。

「mora」の場合、Webサイトのストアでハイレゾ音源の楽曲を購入し、「mora」アプリでダウンロードを行います。

MEMO 音楽ファイルをmicroSDカードに移動するには

本体メモリ（内部共有ストレージ）に保存した音楽ファイルをmicroSDカードに移動するには、「設定」アプリを起動して、［ストレージ］→［音声］→［続行］（初回のみ）の順にタップします。移動したいファイルをロングタッチして選択したら、⋮→［移動］→［SDカード］→転送したいフォルダ→［ここに移動］の順にタップします。これにより、本体メモリの容量を空けることができます。

通常の音源をハイレゾ音源並の高音質で聴く

1 P.18を参考に［設定］アプリを起動して、［音設定］→［再生音質］の順にタップします。

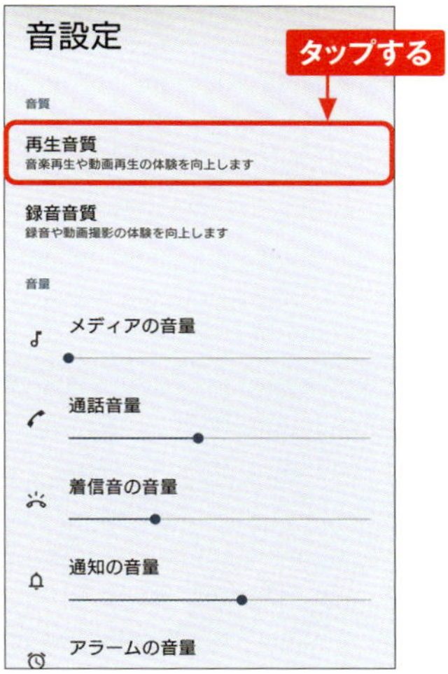

2 ［オーディオエフェクト］をタップして、を に切り替え、カスタムにチェックを入れて をタップします。

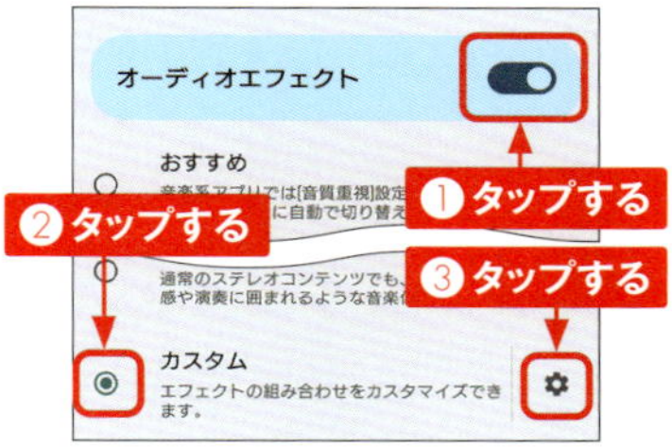

3 「カスタム」画面で［DSEE Ultimate］をタップして を に切り替えます。

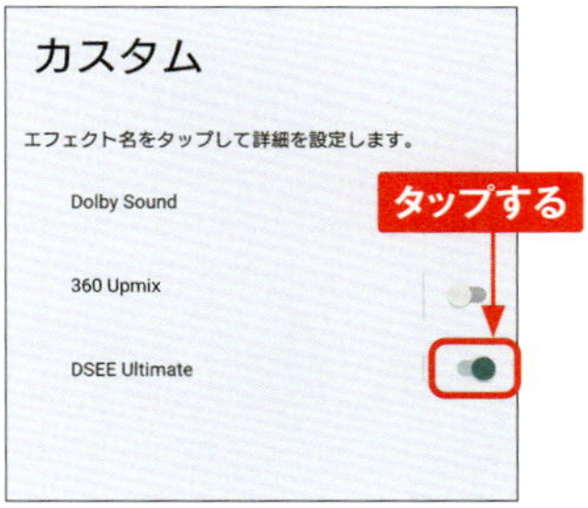

MEMO DSEE Ultimateとは

DSEEはソニー独自の音質向上技術で、音楽や動画・ゲームの音声を、ハイレゾ音質に変換して再生することができます。MP3などの音楽のデータは44.1kHzまたは48kHz/16bitで、さらに圧縮されて音質が劣化していますが、これをAI処理により補完して192kHz/24bitのデータに拡張してくれます。DSEE Ultimateではワイヤレス再生にも対応しており、LDACに対応したBluetoothヘッドホンでも効果を体感できます。

MEMO ［360 Upmix］と［Dolby Sound］

手順③の画面で［360 Upmix］をタップしてオンにすると、ヘッドホン限定で通常の音楽ファイルを立体音響で楽しむことができます。なお、［Dolby Sound］をオンにすると、動画やゲームなどのサウンドも立体的に鳴らすことが可能です。

Section 47

「カメラ」アプリで写真や動画を撮影する

Xperia 1 VIでは、これまでの「Photo Pro」など撮影関係のいくつかのアプリが「カメラ」アプリとして統合されました。ここでは、基本的な操作方法を解説します。

「カメラ」アプリを起動する

1 ホーム画面で［カメラ］をタップします。

2 初回起動時は許可確認の画面が続くので、画面に従って進めます。

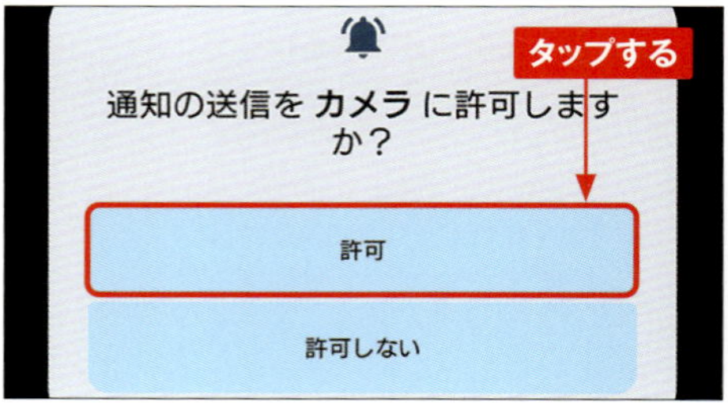

3 「カメラ」アプリが起動しました。

写真モードの画面の見方

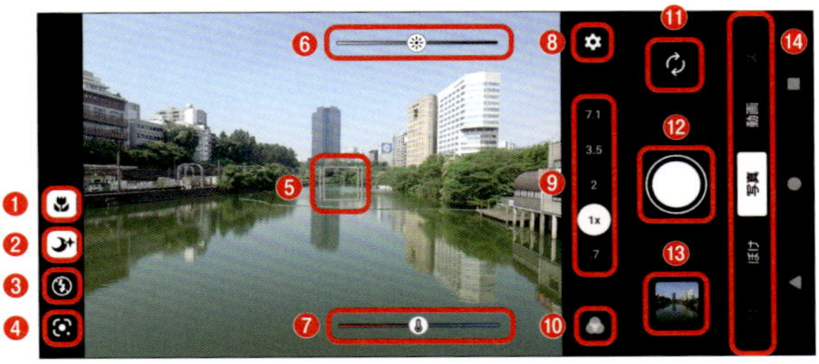

❶	被写体が近づいたときに自動的に超広角レンズに切り替わり、近接撮影状態になったことを示すアイコンです。タップしてオフにすることもできます。※説明のために表示しています。
❷	暗い場所でナイト撮影の状態になったことを示すアイコンです。タップしてオフにすることもできます。※説明のために表示しています。
❸	タップしてフラッシュのモードを切り替えます。
❹	Googleレンズを起動します。
❺	タップして表示されるオートフォーカス枠です。タップしなくても被写体の顔を検出すると、自動的に顔の位置に表示されます。
❻	タップして表示される明るさを調整するバーです。
❼	タップして表示される色味を調整するバーです。
❽	タップすると「縦横比」「タイマー」「フラッシュ」のクイックメニューが表示されます。
❾	レンズのズーム倍率を、0.7倍／1倍／2倍／3.5倍／7.1倍から変更します。
❿	クリエイティブ。タップして、表示されたプリセットから好みの雰囲気を選んで撮影ができます。
⓫	タップするたびにメインカメラとフロントカメラを切り替えます。
⓬	シャッター。タップして写真を撮影します。
⓭	直前に撮影した写真のサムネイルが表示されます。
⓮	撮影モードを「プロ」「ぼけ」「写真」「動画」「スロー」「その他」から切り替えます。

MEMO

ジオタグの有効／無効

標準では、撮影した写真に自動的に撮影場所の情報（ジオタグ）が記録されます。自宅や職場など、位置を知られたくない場所で撮影する場合は、オフにしましょう。ジオタグのオン／オフは、クイックメニューを表示→［メニュー］→［位置情報を保存］とタップすると変更できます。

6

写真モードで写真を撮影する

1 P.132を参考にして、「カメラ」アプリを起動します。ピンチイン／ピンチアウトするか、倍率表示部分をタップしてレンズを切り替えると、ズームアウト／ズームインできます。

2 画面をタップすると、タップした対象に追尾フォーカスが設定されます。明るさと色味を調整するバーも表示されます。

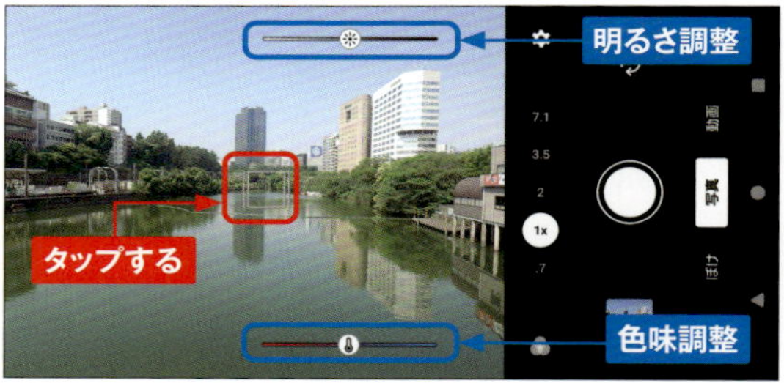

3 をタップすると写真を撮影し、撮影した写真のサムネイルが表示されます。撮影を終了するにはをタップします。

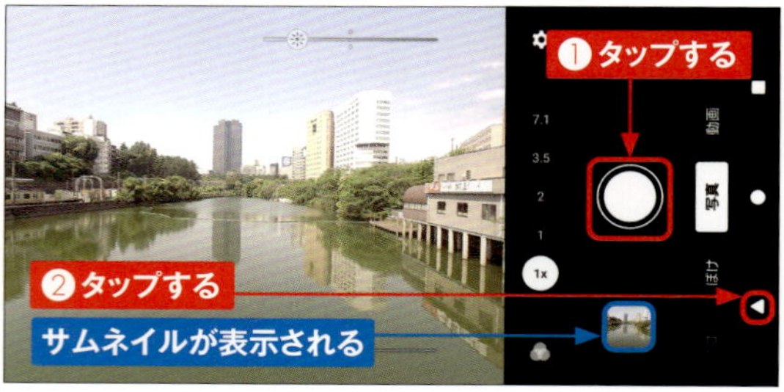

MEMO

本体キーを使った撮影

Xperia 1 VIIは、本体のシャッターキーや音量キー／ズームキー（P.8参照）を使って撮影することができます。標準では、シャッターキーを長押しすると、「カメラ」アプリが写真モードで起動します。音量キー／ズームキーを押してズームを調整し、シャッターキーを半押しして緑色のフォーカス枠が表示されたら、そのまま押すことで撮影できます。

その他の機能で写真を撮影する

●ぼけモードで撮影する

1 撮影モードの［ぼけ］をタップしてぼけモードにして、をタップします。

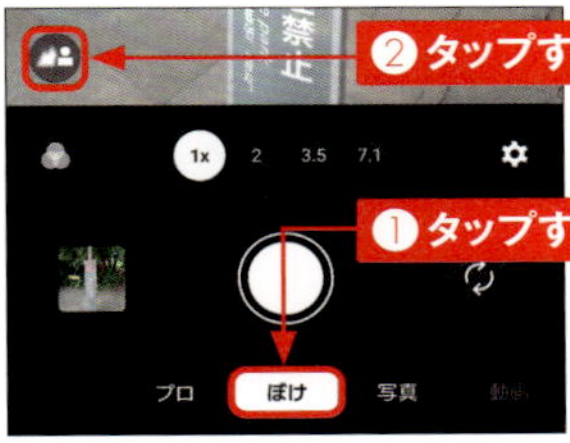

2 スライダーをドラッグしてぼかしの強さを調節したら、をタップします。

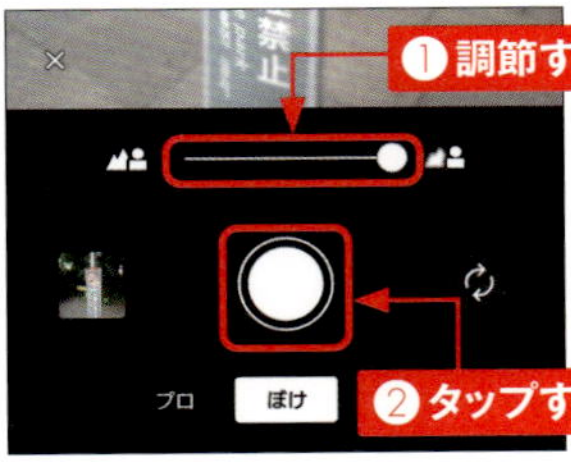

MEMO **ぼけ動画**

撮影モードの［その他］→［ぼけ動画］をタップすると、ぼけ動画を撮影するモードになります。

●テレマクロで撮影する

1 テレマクロは望遠レンズで接写する機能です。［その他］をタップして、［テレマクロ］をタップします。

2 被写体に接近したら、スライダーを動かしてピントを合わせたら、をタップします。

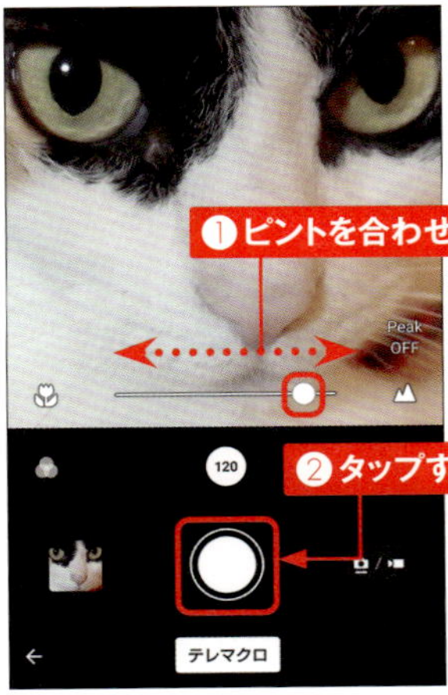

6

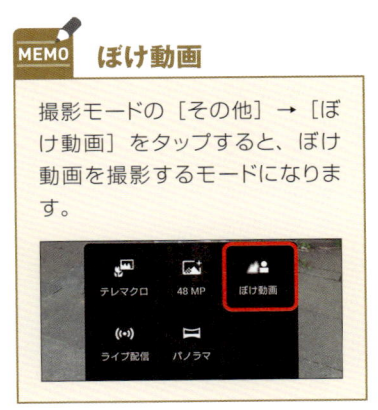

動画モードの画面の見方

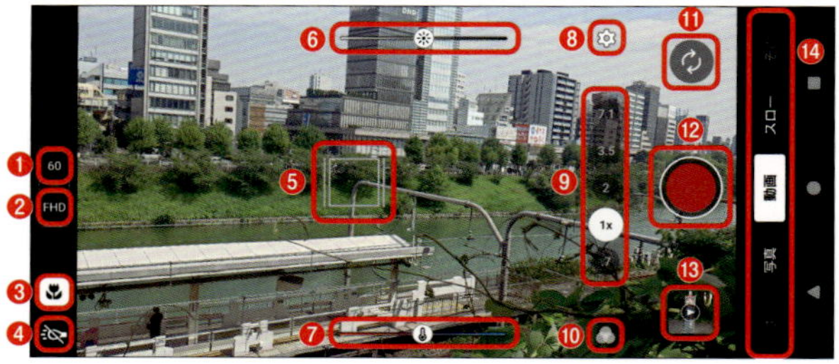

❶	タップするたびに「24」「30」「60」「120」と、フレームレートの設定値が切り替わります。
❷	タップするたびに「HD」「FDH」「4K」と解像度が切り替わります。
❸	被写体が近づいたときに自動的に超広角レンズに切り替わり、近接撮影状態になったことを示すアイコンです。タップしてオフにすることもできます。※説明のために表示しています。
❹	ライトのオン／オフをタップして切り替えます。
❺	タップして表示されるオートフォーカス枠です。タップしなくても被写体の顔を検出すると、自動的に顔の位置に表示されます。
❻	タップして表示される明るさを調整するバーです。
❼	タップして表示される色味を調整するバーです。
❽	タップすると「解像度」「フレームレート」「ライト」「商品レビュー」のクイックメニューが表示されます。
❾	レンズのズーム倍率を、0.7倍／1倍／2倍／3.5倍／7.1倍から変更します。
❿	クリエイティブ／シネマティック。タップして表示されるプリセットから好みの雰囲気やシネマティックな会長、色表現などを選択できます。
⓫	タップするたびにメインカメラとフロントカメラを切り替えます。
⓬	タップして動画撮影を開始します。撮影中にタップすると停止します。
⓭	直前に撮影した動画のサムネイルが表示されます。
⓮	撮影モードを「プロ」「ぼけ」「写真」「動画」「スロー」「その他」から切り替えます。

6

MEMO

保存先の変更

標準では撮影した写真／動画は本体に保存されます。保存先を変更するには、クイックメニューを表示→［メニュー］→［保存先］とタップして、［SDカード］をタップします。

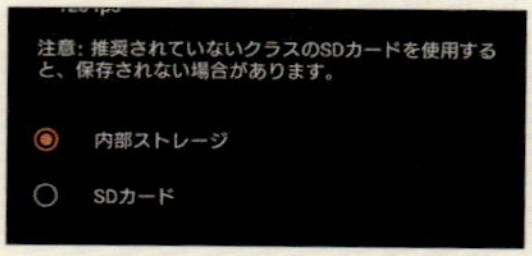

動画モードで動画を撮影する

1 「カメラ」アプリを起動し、[動画]をタップし、動画モードに切り替えます。

2 レンズを切り替えていた場合、広角レンズ(×1.0)に戻ります。●をタップすると、動画の撮影がはじまります。

3 動画の録画中は画面左上に録画時間が表示されます。また、写真モードと同様にズーム操作や、オートフォーカス枠、明るさや色味の変更が行えます。■をタップすると、撮影が終了します。

MEMO

動画撮影中に写真を撮るには

動画撮影中に📷をタップすると、写真を撮影することができます。写真を撮影してもシャッター音は鳴らないので、動画に音が入り込む心配はありません。

6

プロモードで写真や動画を撮影する

ソニーのデジタル一眼カメラ「α」の機能やUIにより寄せているのが「プロモード」です。必要に応じて、「P」「S」「M」の3つの撮影モードを選んで撮影します。

プロモードにして撮影する

1. 「カメラ」アプリを起動して、撮影モードの［プロ］をタップしてプロモードにします。初回は「プロモード」の説明が表示されます。をタップすると写真を撮影します。

2. シャッターをロングタッチしている間は動画を撮影します。そのまま上のにドラッグします。

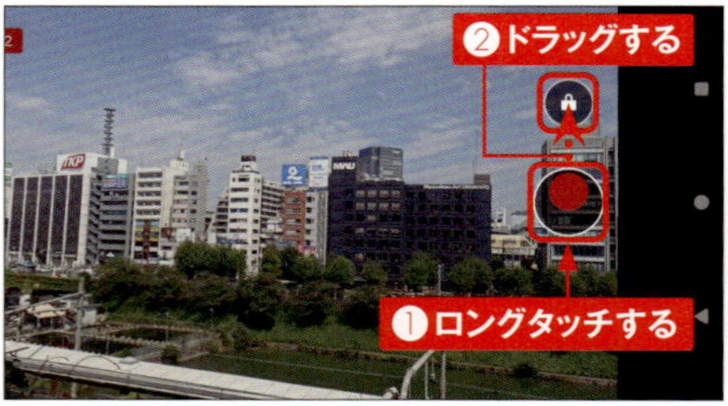

3. すると、指を離しても動画撮影状態になります。

プロモードの画面の見方

❶	タップしてメニューを表示します。メニューは「撮影」「演出／色」「フォーカス」「セットアップ」とカテゴリ分けされています。
❷	タップしてフラッシュのオート／オフを切り替えます。
❸	撮影モードを「P」（プログラムオート）、「S」（シャッタースピード優先）、「M」（マニュアル露出）から選ぶことができます。
❹	撮影データの保存先、保存先ストレージの空き容量、保存形式、位置情報の保存（ジオタグ）などのステータス情報が表示されます。
❺	タップして表示されるオートフォーカス枠です。タップしなくても被写体の顔を検出すると、自動的に顔の位置に表示されます。
❻	撮影時のシャッタースピードを表示します。下線表示時はタップして値を変更することができます。
❼	撮影時の絞り値を表示します。
❽	撮影時の露出値を表示します。下線表示時タップして値を変更することができます。
❾	撮影時のISO感度を表示します。下線表示時タップして値を変更することができます。
❿	タップしてレンズを「16mm」「24mm」「48mm」「85mm」「170mm」と切り替えることができます。
⓫	SS（シャッタースピード）、EV（露出補正）、ISO（ISO感度）の調節ができます。撮影モードにより調節できる要素が変わります。
⓬	DISP。タップすると、撮影画面に表示されている設定アイコンや情報を表示／非表示にすることができます。
⓭	Fn。タップするとファンクションメニューが表示されます。
⓮	シャッター。タップして写真を撮影します。ロングタッチ時は動画撮影になり、そのまま上の◉にドラッグすると、指を離しても動画撮影が続きます。
⓯	直前に撮影した写真／動画のサムネイルが表示されます。
⓰	撮影モードを「プロ」「ぼけ」「写真」「動画」「スロー」「その他」から切り替えます。

※画面は撮影モードが「P」（プログラムオート）の状態の場合です。

撮影モードを切り替える

1 「カメラ」アプリを起動して、プロモードにします。［P］をタップします。

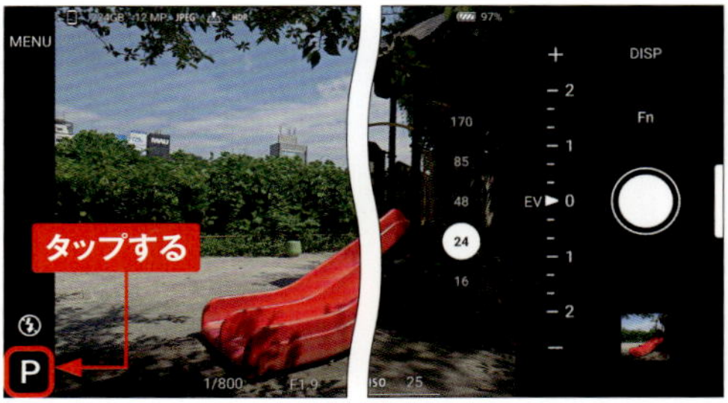

2 撮影モードの選択画面が表示されるので、タップして切り替えます。ここでは［S］をタップしました。

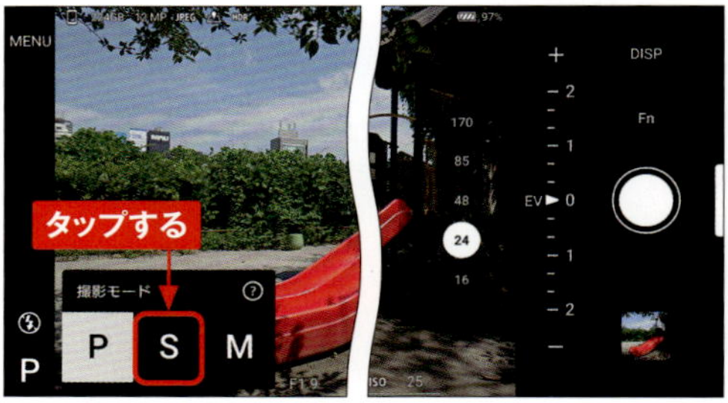

3 「S」（シャッタースピード優先）の撮影モードになりました。画面構成も一部変わっています。

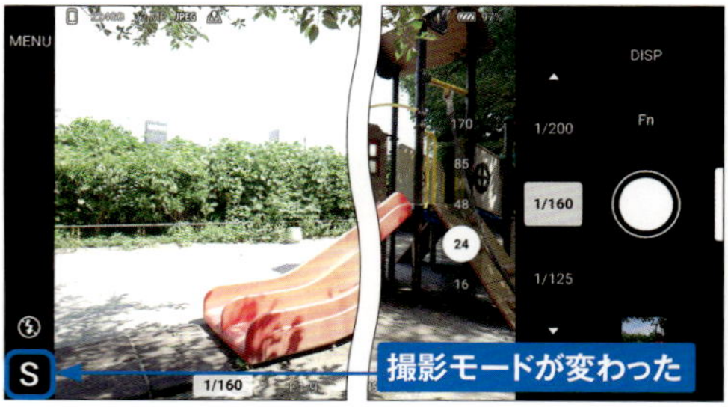

MEMO プロモードの撮影モード

プロモードでは、「P」（プログラムオート）、「S」（シャッタースピード優先）、「M」（マニュアル露出）と、撮影モードを切り替えることができます。「P」はシャッタースピード、絞り値を自動調整して、その他は好みの設定ができます。「S」はシャッタースピードを手動で調整できます。「M」はシャッタースピードとISO感度を手動で調整できます。

ファンクションメニューで設定を変更する

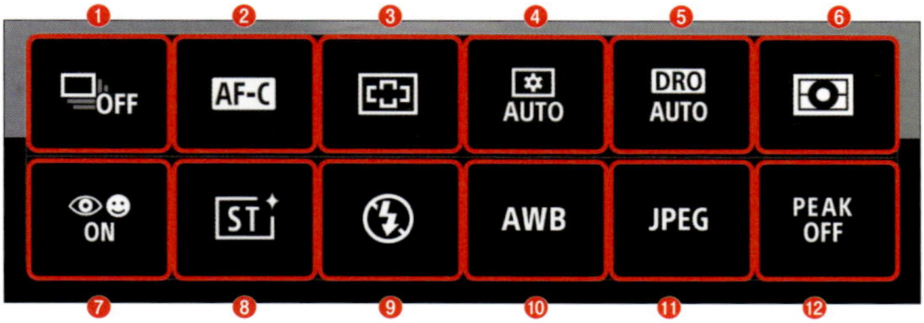

❶	ドライブモード。連続撮影やセルフタイマーの撮影方法を設定します。
❷	フォーカスモード。オートフォーカスの種類やマニュアルフォーカスを設定します。
❸	フォーカスエリア。オートフォーカスで撮影する場合の、フォーカス枠の種類を設定します。
❹	コンピュテーショナルフォト。ブレや白飛びなどを抑えたオート撮影のオン／オフを設定します。
❺	DRO／オートHDR。階調を最適化する機能のオン／オフなどを設定します。
❻	測光モード。測光方法を設定します。
❼	顔／瞳AF。人間や動物の顔または瞳を検出してピントを自動で合わせる機能のオン／オフを設定します。
❽	クリエイティブルック。6種類のルックから好みの仕上がりを選択できます。
❾	フラッシュ。フラッシュの発光方法を選択して設定します。
❿	ホワイトバランス。オート／曇天／太陽光／蛍光灯／電球／日陰に加えて、色温度、カスタムホワイトバランス、色調などの調整ができます。
⓫	ファイル形式。保存するファイル形式をRAW／RAW+J／JPEGから選択できます。
⓬	ピーキング。ピントが合った部分の輪郭を強調する機能のオン／オフを選択します。

※ファンクションメニュー画面はXperia 1 VIが縦の状態の表示です。横にすると縦表示になります。
※表示されるアイコンは撮影モードによって異なります。
※設定によっては、他の設定や機能と同時に使用できない場合があります。

フォーカスモード

① フォーカスモードはファンクションメニューからAF-CとAF-S、MFの3つを選択できます。

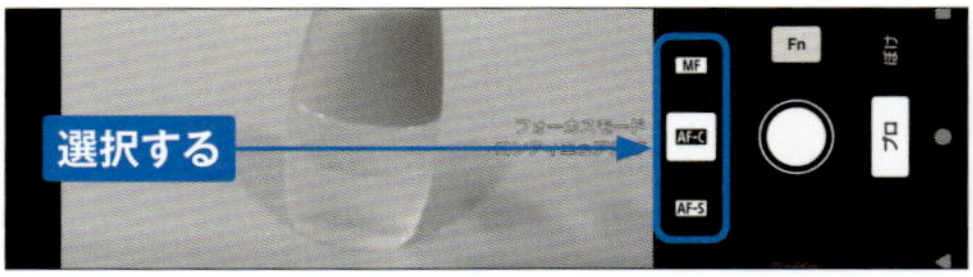

② AF-Cは被写体が動くときに使用するモードで、シャッターキーを半押しの間に被写体にピントが合い続け、深く押すと撮影されます。ピントが合っている部分は、小さい緑の四角（フォーカス枠）で示されます。AF-Sは被写体が動かないときに使用するモードで、シャッターキーを半押ししたときにピントが固定されます。

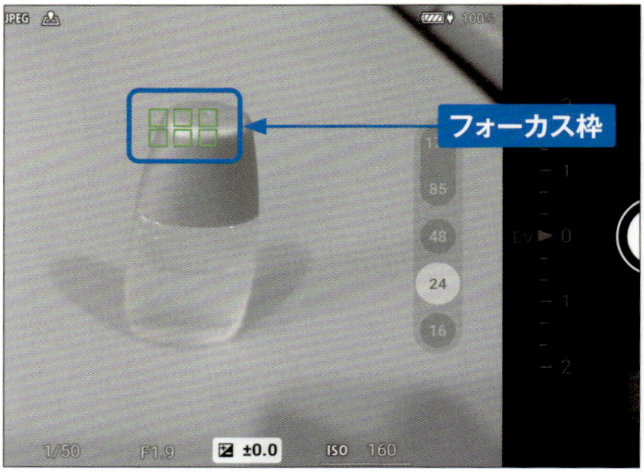

ドライブモード

① セルフタイマーや連続撮影を設定できます。「1枚撮影」「連続撮影:Lo」「連続撮影:Hi」「連続撮影：Hi+」「HDR連続撮影：Lo」「HDR連続撮影：Hi」「セルフタイマー：3秒」「セルフタイマー：10秒」から選択します。

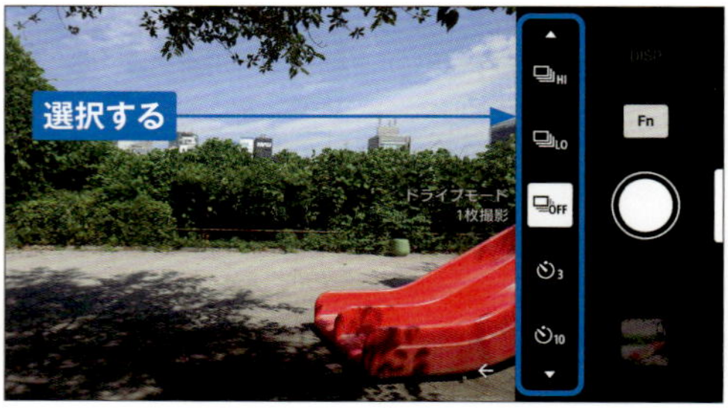

MEMO 写真のファイル形式

写真のファイルは、「JPEG」「RAW」「RAW+JPEG」の3種類の形式が選択できます。RAW形式を選択すれば、未加工の状態で写真を保存することができるので、Adobe LightroomなどのRAW現像ソフトを使ってより高度な編集を行うことができます。

クリエイティブルック

1 クリエイティブルックは見た目の雰囲気を好みのルックに設定できます。ファンクションメニューから［クリエイティブルック］をタップして、メニューを表示します。

2 Xpreia 1 VIでは、「ST」「NT」「VV」「FL」「IN」「SH」の6種類のルックがあります。選択してタップ（ここでは［VV］）すると、クリエイティブルックが適用されます。

ホワイトバランス

1 ファンクションメニューから［ホワイトバランス］をタップします。

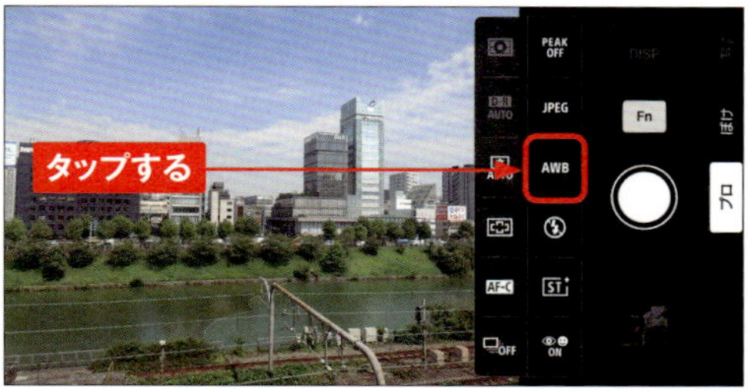

2 「オート」「曇天」「太陽光」「蛍光灯」「電球」「日陰」から選択でき、さらに色温度やカスタムも選択できます。選択してタップ（ここでは［電球］）すると、ホワイトバランスが適用されます。

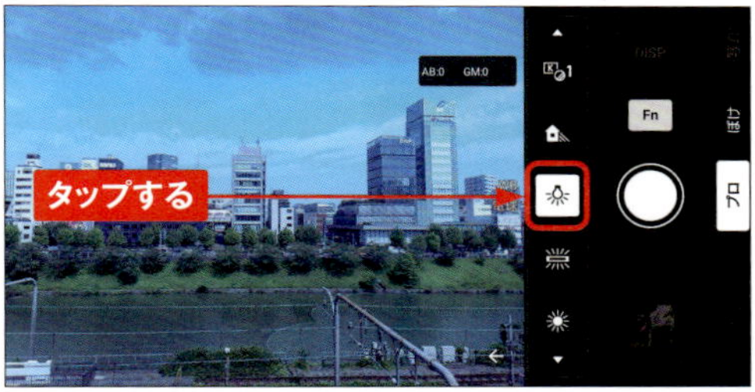

6

Section 49

「Video Creator」でショート動画を作成する

「Video Creator」は、写真／動画や音楽を選択するだけで、すばやくショート動画を作成できるアプリです。かんたんな編集も行えるので、友達に送るだけでなくSNSへの投稿にも適しています。

ショート動画を作成する

1 ホーム画面で［アプリ一覧ボタン］をタップしてアプリ一覧画面を表示し、［Video Creator］をタップします。

2 初回起動時は［開始］をタップします。「利用上の注意」画面が表示されたら同意し、通知やアクセスの許可画面が表示されたらすべて許可します。

3 「Video Creator」アプリのホーム画面が表示されるので、［新しいプロジェクト］をタップします。

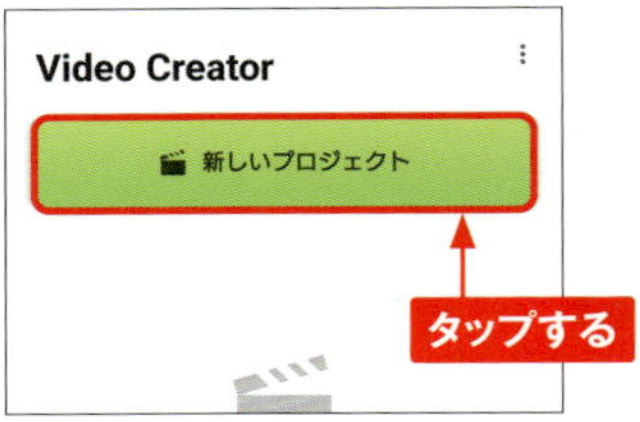

4 使用する写真や動画のサムネイル左上の○をタップして選択し、［おまかせ編集］をタップします。

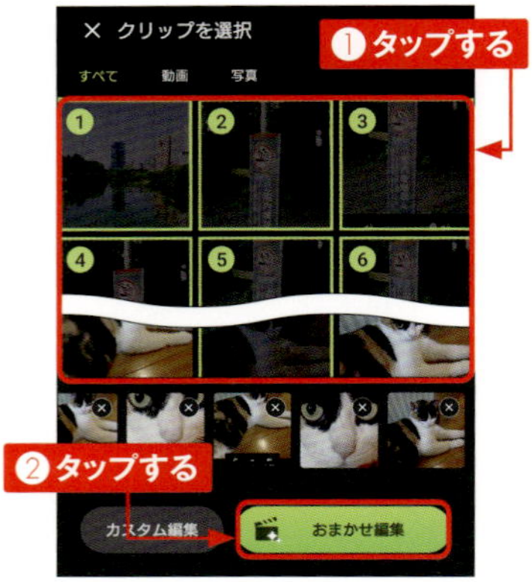

5 動画の長さや使用する音楽をタップして選択し、［開始］をタップします。ここでは、動画の長さは30秒、音楽はランダムに選曲するようにしています。

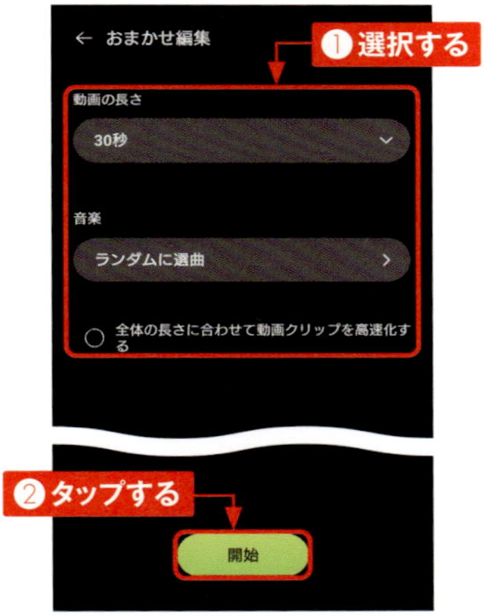

6 動画が自動で作成されます。画面下のメニューをタップすることで、テキストの追加、フィルターの適用、画面の明るさや色の調整などの編集が行えます。

7 編集中に▶をタップすると、動画を再生して編集結果を確認することができます。編集が終わったら、［エクスポート］をタップします。

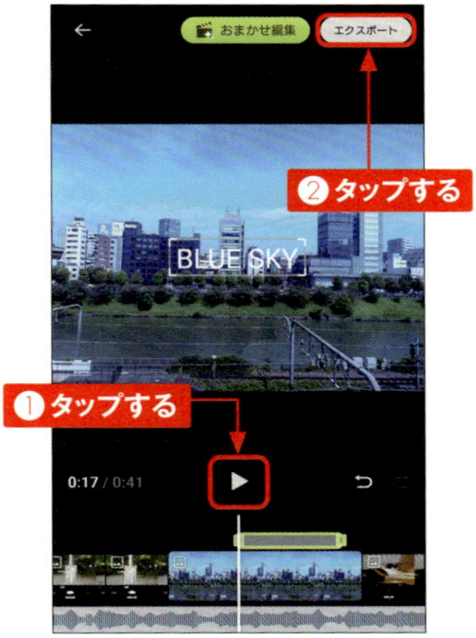

8 動画のエクスポートが行われます。作成された動画は、「フォト」アプリから確認できます。手順③の画面から動画を再編集することも可能です。

6

Section 50

写真や動画を閲覧・編集する

撮影した写真や動画は、「フォト」アプリで閲覧することができます。「フォト」アプリは、閲覧だけでなく、自動的にクラウドストレージに写真をバックアップする機能も持っています。

「フォト」アプリで写真や動画を閲覧する

① ホーム画面で［フォト］をタップします。確認画面が表示されたら［許可］をタップします。

② バックアップの設定をするか聞かれるので、ここではオンにして［開始する］をタップします。

③ 「被写体の顔に基づいて写真を分類」画面が表示されたら［許可しない］［許可］のどちらかをタップして完了です。

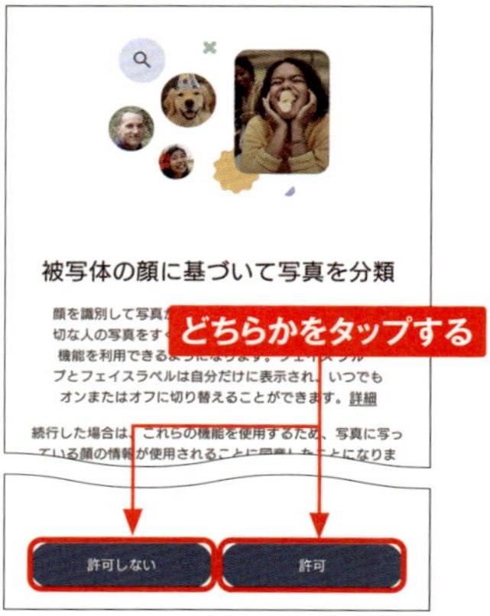

MEMO 保存画質の選択

「フォト」アプリでは、Googleドライブの保存容量の上限（標準で15GB）まで写真をクラウドに保存することができます。保存容量の節約をする場合は、「フォト」アプリの右上のアカウントアイコンをタップして、［バックアップ］→⚙→［バックアップの画質］→［保存容量の節約］→［選択］をタップします。「保存容量の節約」ではオリジナルより画質が少し落ちます。

写真や動画を閲覧する

1 左下の［フォト］をタップすると、本体内の写真や動画が表示されます。動画には右上に撮影時間が表示されています。閲覧したい写真をタップします。

2 写真が表示されます。左右にスワイプすると前後の写真が表示されます。拡大したい場合は、写真をダブルタップします。また、画面をタップすることで、メニューの表示／非表示を切り替えることができます。

3 写真が拡大されました。手順①の画面に戻るときは、←をタップします。

MEMO 動画の再生

手順①の画面で動画をタップすると、動画が再生されます。再生を止めたいときは、動画をタップしてIIをタップします。

6

写真を検索して閲覧する

1 P.146手順①を参考に「フォト」アプリを起動して、［検索］をタップします。

2 ［写真を検索］をタップします。

3 検索したい写真に関するキーワードや日付などを入力して、✓をタップします。

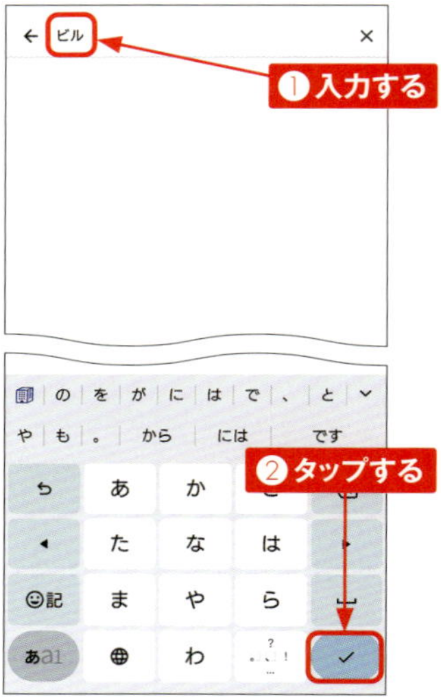

4 検索された写真が一覧表示されます。写真をタップすると、大きく表示されます。

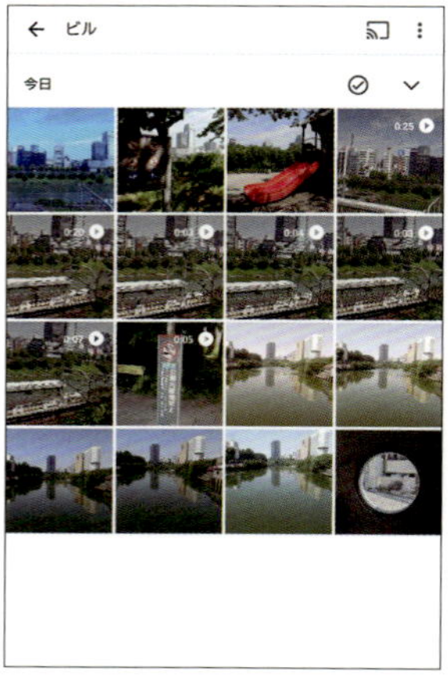

6

Googleレンズで被写体の情報を調べる

① P.147手順④を参考に、情報を調べたい写真を表示し、をタップします。

② 調べたい被写体をタップします。

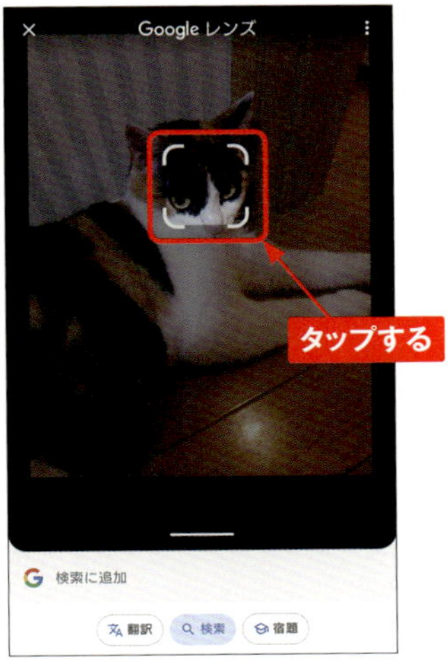

③ 表示される枠の範囲を必要に応じてドラッグして変更すると、画面下に検索結果が表示されるので、上方向にスワイプします。

④ 検索結果が表示されます。◀をタップすると手順③の画面に戻ります。

写真を編集する

① P.147手順①を参考に写真を表示して、をタップします。

② 写真の編集画面が表示されます。［補正］をタップすると、写真が自動で補正されます。

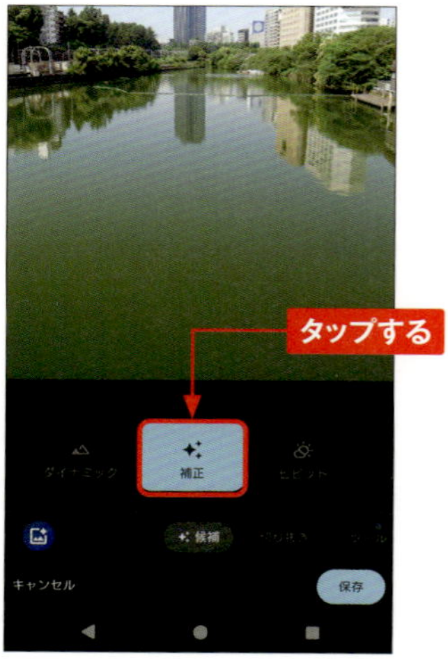

③ 写真にフィルタをかける場合は、画面下のメニュー項目を左右にスクロールして、［フィルタ］を選択します。

④ フィルタを左右にスクロールし、かけたいフィルタ（ここでは［モデナ］）をタップします。

6

5 P.150手順③の画面で［調整］を選択すると、明るさやコントラストなどを調整できます。各項目のダイヤルを左右にドラッグし、［完了］をタップします。

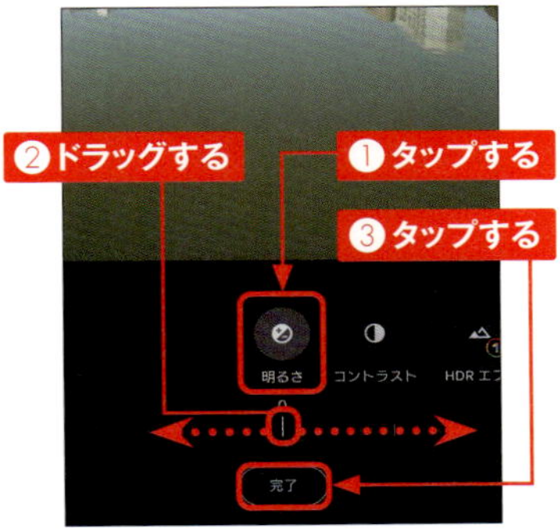

6 P.150手順③の画面で［切り抜き］を選択すると、写真のトリミングや角度調整が行えます。をドラッグしてトリミングを行い、画面下部のダイヤルを左右にスクロールして角度を調整します。

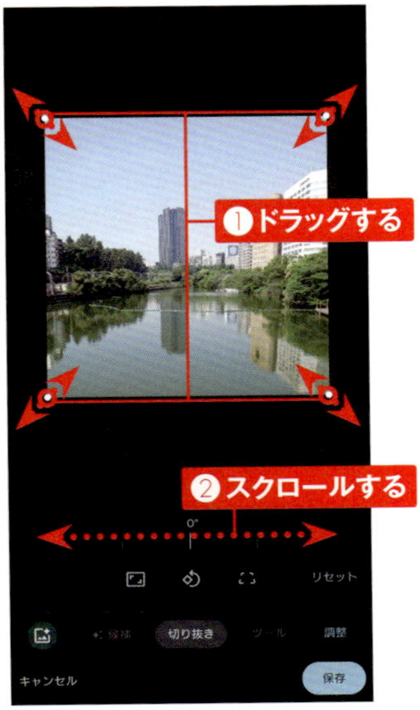

7 編集が終わったら、［保存］をタップし、［保存］もしくは［コピーとして保存］をタップします。

MEMO

そのほかの編集機能

P.150手順③の画面で［ツール］を選択すると、背景をぼかしたり空の色を変えたりすることが可能です。また、［マークアップ］を選択すると入力したテキストや手書き文字などを書き込むことができます。

写真や動画を削除する

1 P.148手順④の画面で、削除したい写真をロングタッチします。

2 写真が選択されます。このとき、日にち部分をタップするか、もしくは手順①で日付部分をロングタッチすると、同じ日に撮影した写真や動画をまとめて選択することができます。［削除］をタップします。

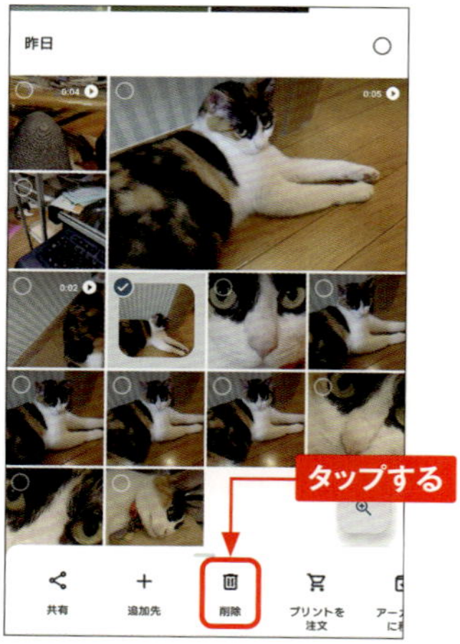

3 初回はメッセージが表示されるので、［OK］をタップします。［ゴミ箱に移動］をタップします。

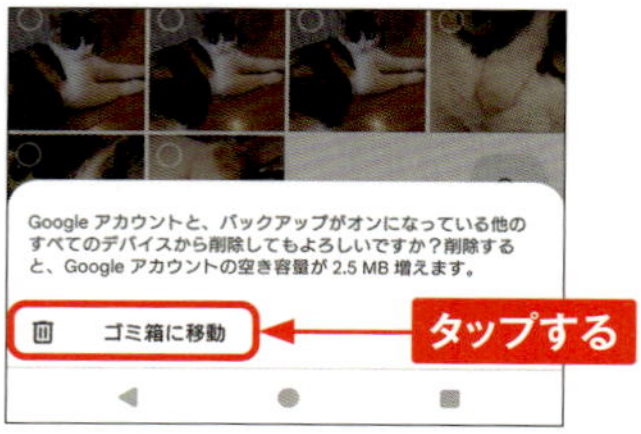

4 写真が削除されます。削除直後に表示される［元に戻す］をタップすると、削除がキャンセルされます。

MEMO 削除した写真や動画の復元

削除した写真はいったんゴミ箱に移動し、60日後（バックアップしていない写真は30日後）に完全に削除されます。削除した写真を復元したい場合は、手順①の画面で［ライブラリ］→［ゴミ箱］をタップし、復元したい写真をロングタッチして選択し、［復元］→［復元］をタップします。

Chapter 7

Xperia 1 VIを使いこなす

Section **51** ホーム画面をカスタマイズする
Section **52** クイック設定ツールを利用する
Section **53** ロック画面に通知が表示されないようにする
Section **54** 不要な通知が表示されないようにする
Section **55** 画面ロックの解除に暗証番号を設定する
Section **56** 画面ロックの解除に指紋認証を設定する
Section **57** スマートバックライトを設定する
Section **58** スリープモードになるまでの時間を変更する
Section **59** ブルーライトをカットする
Section **60** ダークモードを利用する
Section **61** 片手で操作しやすくする
Section **62** スクリーンショットを撮る
Section **63** サイドセンスで操作を快適にする
Section **64** 壁紙を変更する
Section **65** おサイフケータイを設定する
Section **66** Wi-Fiを設定する
Section **67** Wi-Fiテザリングを利用する
Section **68** Bluetooth機器を利用する
Section **69** いたわり充電を設定する
Section **70** おすそわけ充電を利用する
Section **71** STAMINAモードでバッテリーを長持ちさせる
Section **72** 本体ソフトウェアをアップデートする
Section **73** 本体を再起動する
Section **74** 本体を初期化する

ホーム画面をカスタマイズする

アプリ一覧画面にあるアイコンは、ホーム画面に表示することができます。ホーム画面のアイコンは任意の位置に移動したり、フォルダを作成して複数のアプリアイコンをまとめたりすることも可能です。

アプリアイコンをホーム画面に表示する

1 ホーム画面で［アプリ一覧ボタン］をタップしてアプリ一覧画面を表示します。移動したいアプリアイコンをロングタッチし、［ホーム画面に追加］をタップします。

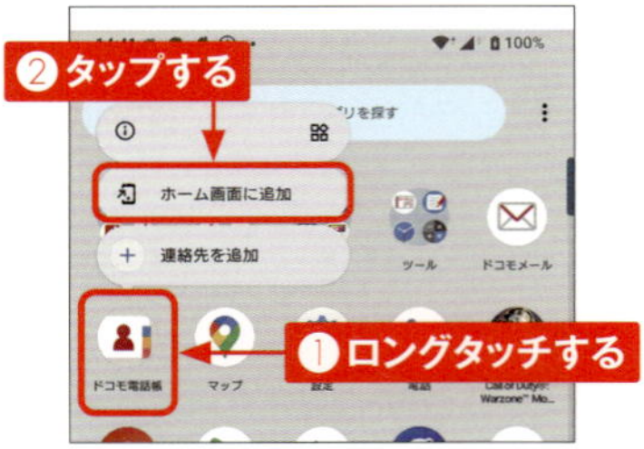

2 アプリアイコンがホーム画面上に表示されます。

3 ホーム画面のアプリアイコンをロングタッチします。

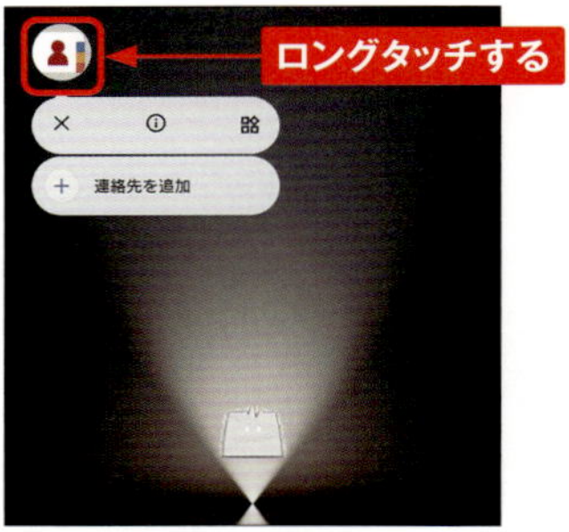

4 ドラッグして、任意の位置に移動することができます。左右のページに移動することも可能です。

アプリアイコンをホーム画面から削除する

1 ホーム画面から削除したいアプリアイコンをロングタッチします。

2 上のほうにドラッグすると、[削除]が表示されるので、[削除]までドラッグします。

3 ホーム画面上からアプリアイコンが削除されます。

MEMO

アイコンの削除とアプリのアンインストール

手順②の画面で「削除」と「アンインストール」が表示される場合、「削除」にドラッグするとアプリアイコンが削除されますが、「アンインストール」にドラッグするとアプリそのものが削除（アンインストール）されます。

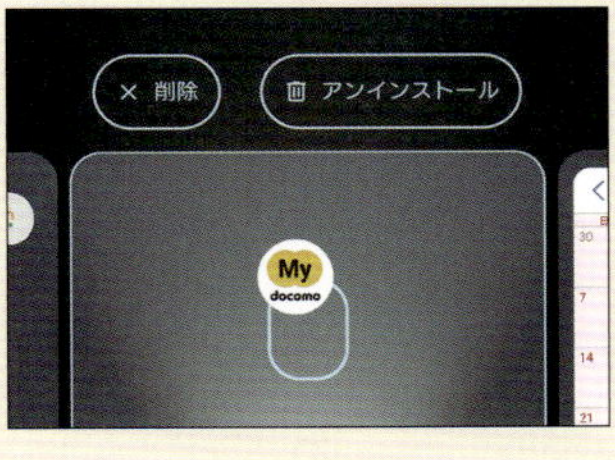

7

フォルダを作成する

1 ホーム画面でフォルダに収めたいアプリアイコンをロングタッチします。

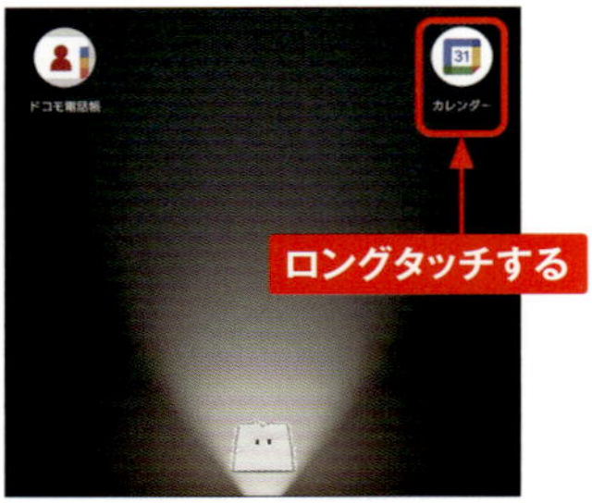

2 同じフォルダに収めたいアプリアイコンの上にドラッグします。

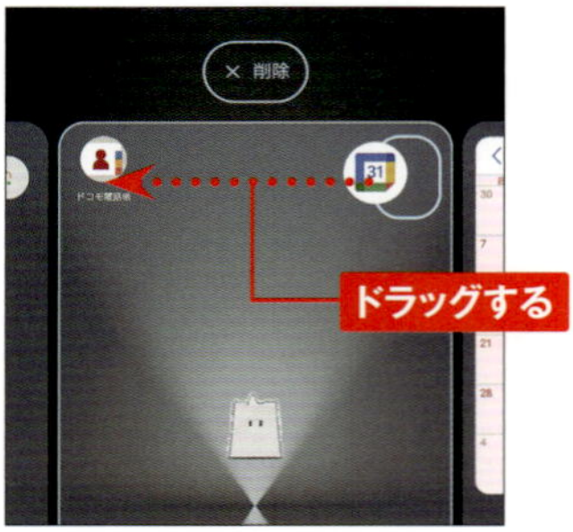

3 確認画面が表示されるので［作成する］をタップすると、フォルダが作成されます。フォルダをタップします。

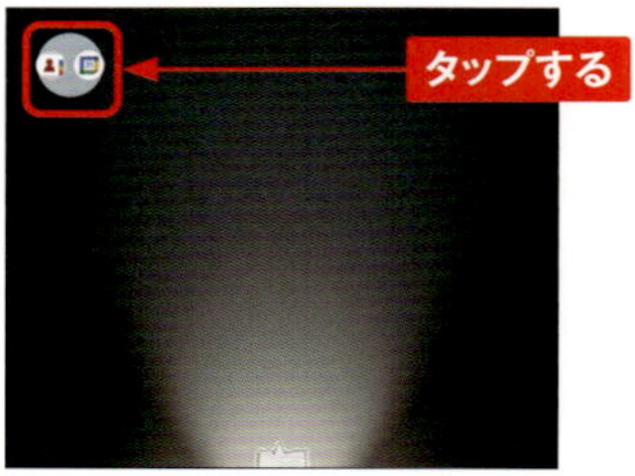

4 フォルダが開いて、中のアプリアイコンが表示されます。フォルダ名をタップして任意の名前を入力し、✓をタップすると、フォルダ名を変更できます。

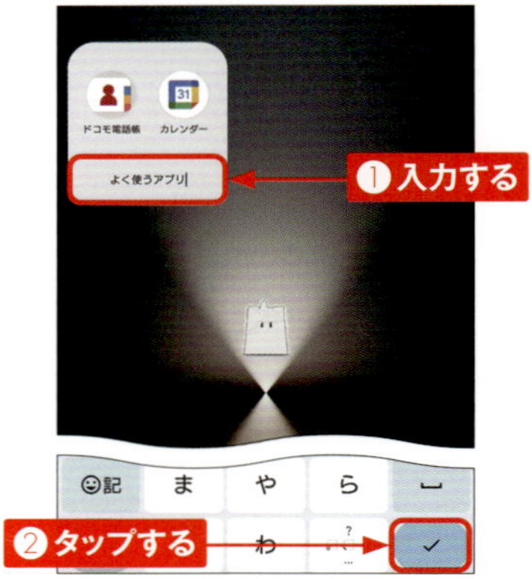

MEMO ドックのアプリアイコンの入れ替え

ホーム画面下部にあるドックのアプリアイコンは、入れ替えることができます。ドックのアプリアイコンを任意の場所にドラッグし、かわりに配置したいアプリアイコンをドックに移動します。

ホームアプリを変更する

① P.18を参考に「設定」アプリを起動し、[アプリ] → [標準のアプリ] → [ホームアプリ] の順にタップします。

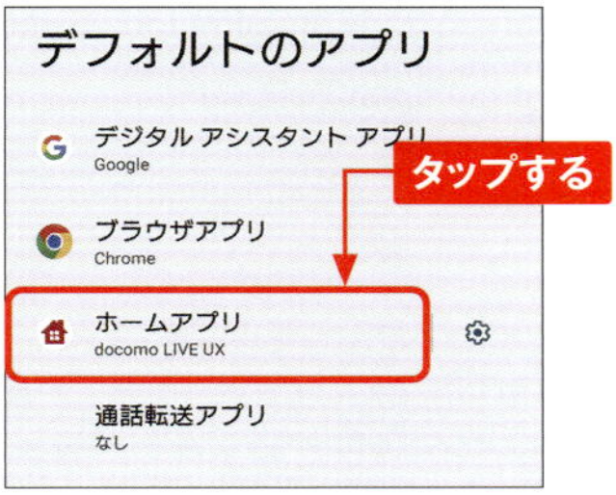

② 好みのホームアプリをタップします。ここでは [Xperiaホーム] をタップします。

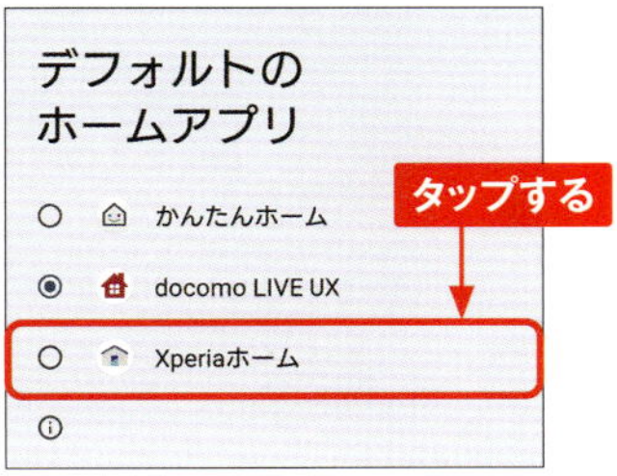

③ ホームアプリが「Xperiaホーム」に変更されます。ホーム画面の操作が一部本書とは異なるので注意してください。なお、標準のホームアプリに戻すには、画面を上方向にスワイプして [設定] をタップし、再度手順②の画面を表示して [docomo LIVE UX] をタップします。

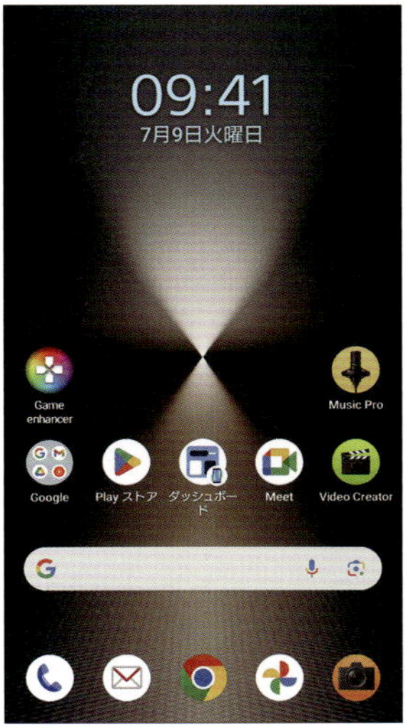

MEMO 「かんたんホーム」とは

手順②で選択できる「かんたんホーム」は、基本的な機能や設定がわかりやすくまとめられたホームアプリです。「かんたんホーム」から標準のホームアプリに戻すには、[設定] → [ホーム切替] → [OK] → [docomo LIVE UX] の順にタップします。

Section 52

クイック設定ツールを利用する

クイック設定ツールは、Xperia 1 VIの主な機能をかんたんに切り替えられるほか、状態もひと目でわかるようになっています。ほかにもドラッグ操作で画面の明るさも調節できます。

クイック設定パネルを展開する

① ステータスバーを2本指で下方向にドラッグします。

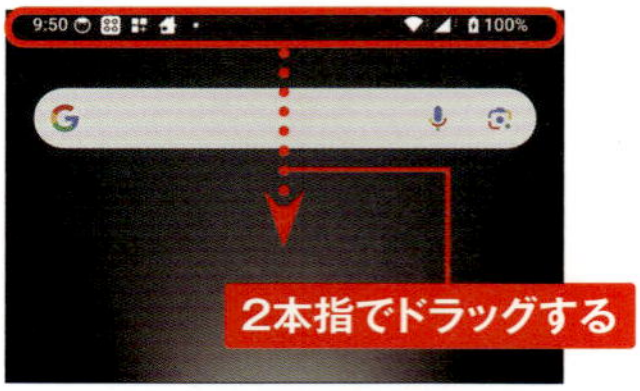

② クイック設定パネルが表示されます。表示されているクイック設定ツールをタップすると、機能のオン／オフを切り替えることができます。

③ クイック設定パネルの画面を左方向にスワイプすると、次のパネルに切り替わります。

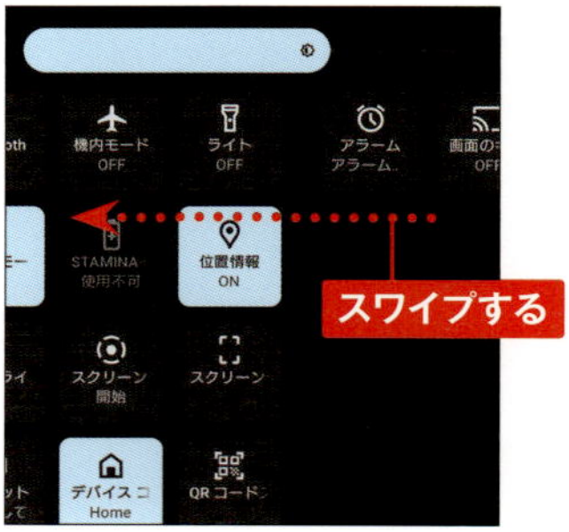

④ ◀を2回タップすると、もとの画面に戻ります。

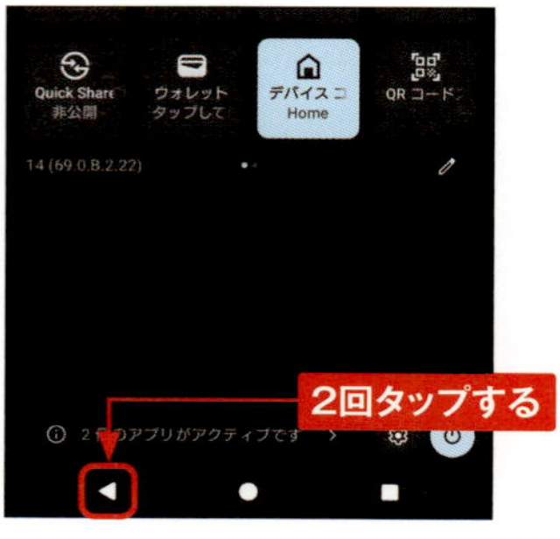

クイック設定ツールの機能

クイック設定パネルでは、タップでクイック設定ツールのオン／オフを切り替えられるだけでなく、ロングタッチすると詳細な設定が表示されるものもあります。

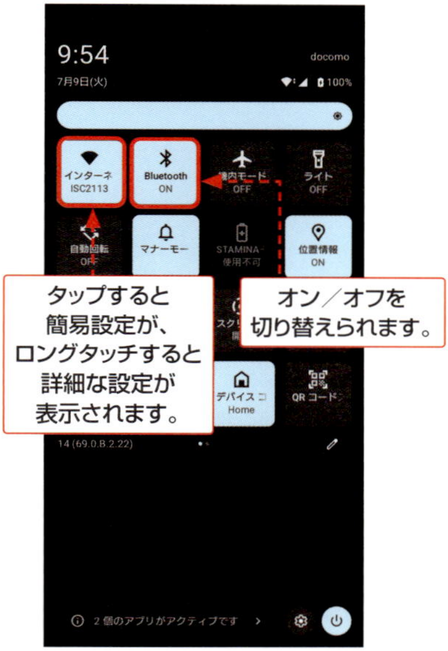

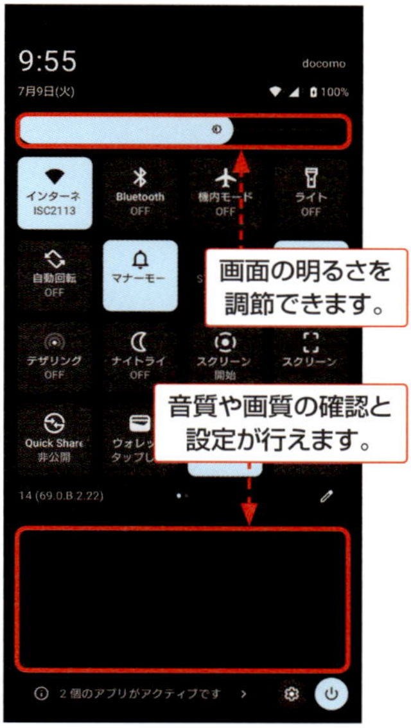

おもなクイック設定ツール	オンにしたときの動作
インターネット	モバイル回線やWi-Fiの接続をオン／オフしたり設定したりできます。（P.178参照）。
Bluetooth	Bluetoothのオン／オフを設定できます（P.182参照）。
自動回転	Xperia 1 VIを横向きにすると、画面も横向きに表示されます。
機内モード	すべての通信をオフにします。
マナーモード	マナーモードを切り替えます（P.60参照）。
位置情報	位置情報をオンにします。
Quick Share	付近の対応機器とファイルを共有します。
ライト	Xperia 1 VIの背面のライトを点灯します。
STAMINAモード	STAMINAモードをオンにします（P.186参照）。
テザリング	Wi-Fiテザリングをオンにします（P.180参照）。
スクリーンレコード開始	表示されている画面を動画で録画します。

Section 53

ロック画面に通知が表示されないようにする

メッセージなどの通知はロック画面にメッセージの一部が表示されるため、他人に見られてしまう可能性があります。設定を変更することで、ロック画面に通知を表示しないようにすることができます。

ロック画面に通知が表示されないようにする

1 P.18を参考に「設定」アプリを起動して、[通知] をタップします。

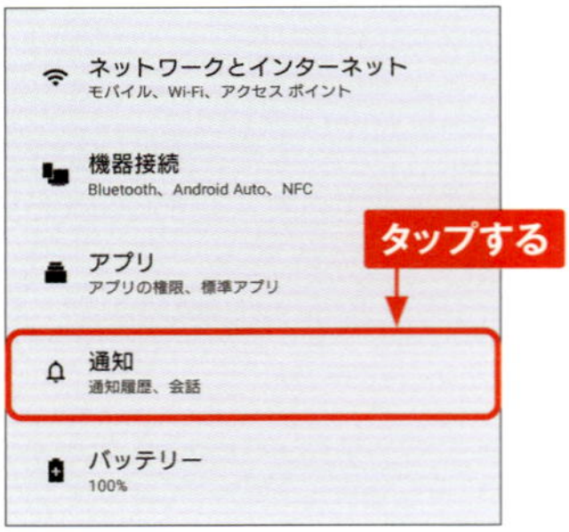

2 上方向にスクロールします。

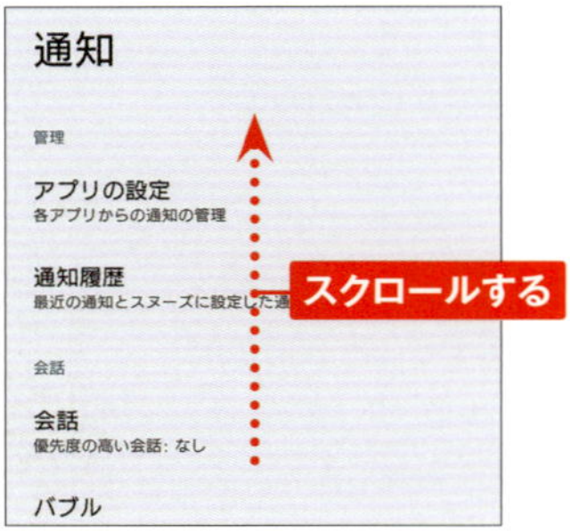

3 [ロック画面上の通知] をタップします。

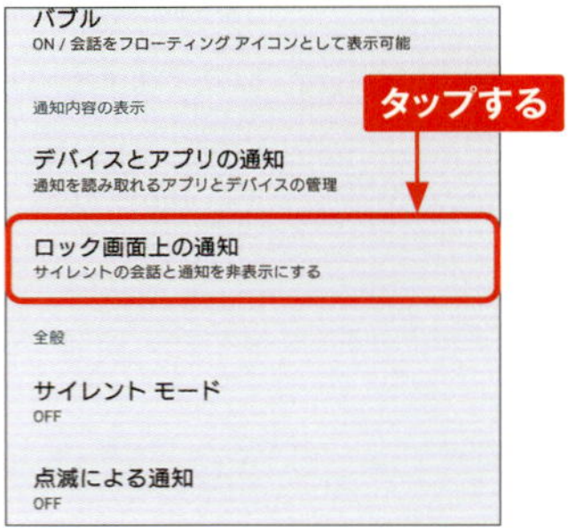

4 [通知を表示しない] をタップすると、ロック画面に通知が表示されなくなります。

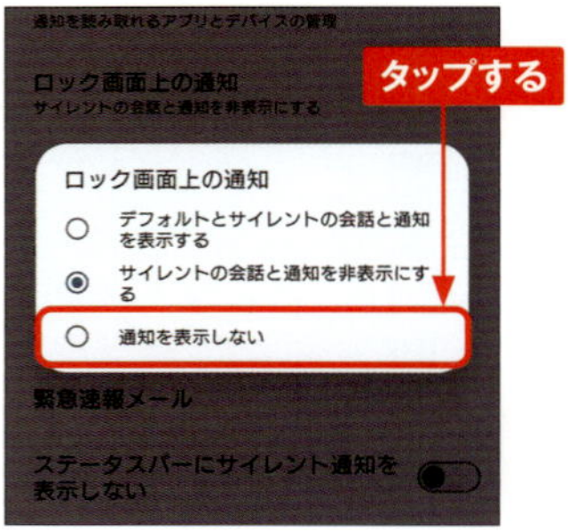

Section 54

不要な通知が表示されないようにする

通知はホーム画面やロック画面に表示されますが、アプリごとに通知のオン／オフを設定することができます。また、通知パネルから通知をロングタッチして、通知をオフにすることもできます。

アプリからの通知をオフにする

① P.18を参考に「設定」アプリを起動して、［通知］→［アプリの設定］の順にタップします。

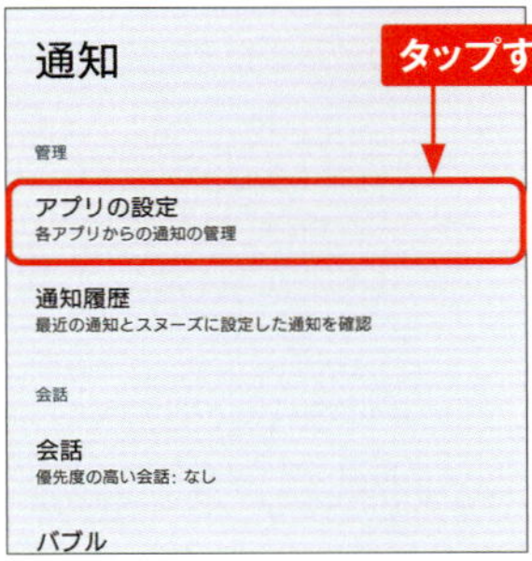

② アプリの一覧が表示されます。通知をオフにしたいアプリ（ここでは［dメニュー］）をタップします。

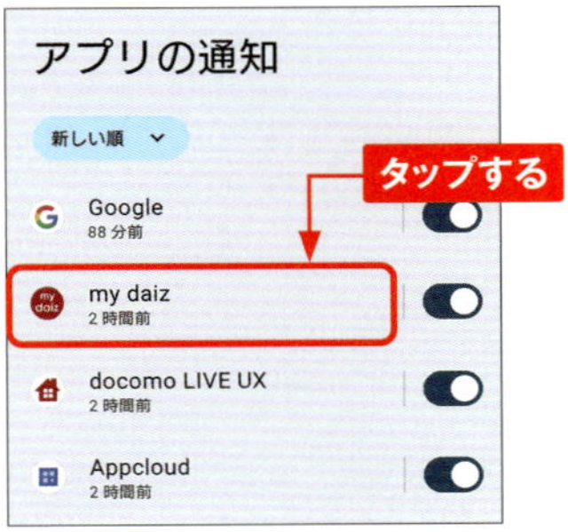

③ 選択したアプリの通知に関する設定画面が表示されるので、［○○のすべての通知］をタップします。

④ がになり、「dメニュー」アプリからの通知がオフになります。なお、アプリによっては、通知がオフにできないものもあります。

MEMO 通知パネルでの設定変更

P.17を参考に通知パネルを表示し、通知をオフにしたいアプリをロングタッチして、［通知をOFFにする］をタップすると、そのアプリからの通知設定が変更できます。

Section 55

画面ロックの解除に暗証番号を設定する

画面ロックの解除に暗証番号を設定することができます。設定を行うと、P.11手順②の画面に［ロックダウン］が追加され、タップすると指紋認証や通知が無効になった状態でロックされます。

画面ロックの解除に暗証番号を設定する

① P.18を参考に「設定」アプリを起動して、［セキュリティ］→［画面のロック］の順にタップします。

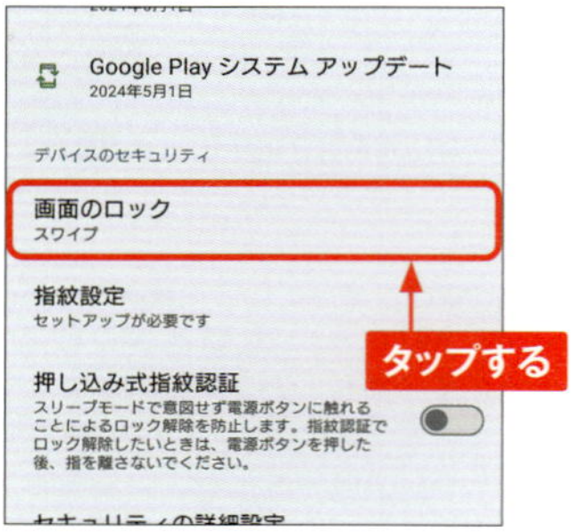

② ［ロックNo.］をタップします。「ロックNo.」とは画面ロックの解除に必要な暗証番号のことです。

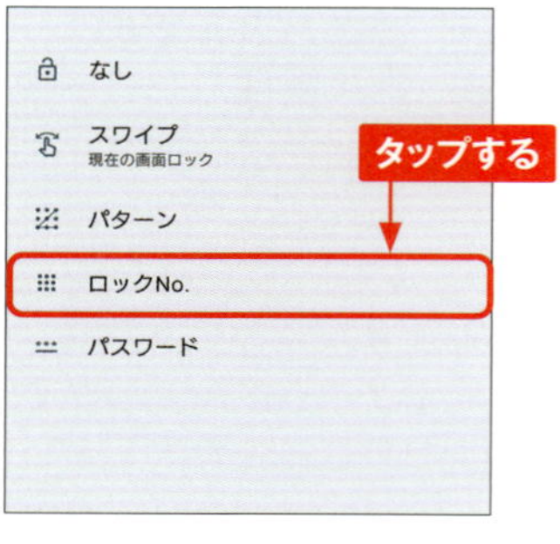

③ テンキーで4桁以上の数字を入力し、［次へ］をタップして、次の画面でも再度同じ数字を入力し、［確認］をタップします。

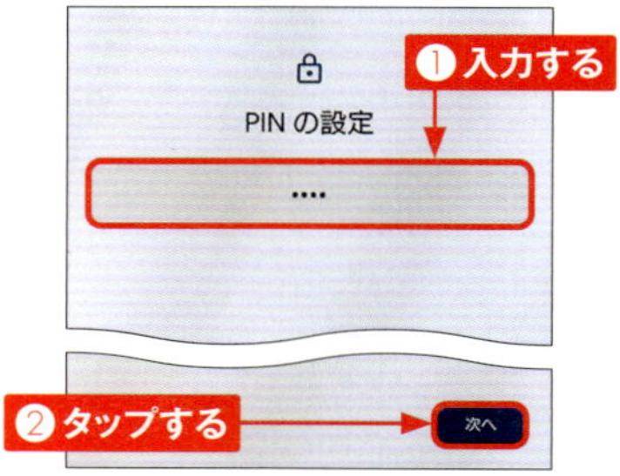

④ ロック画面での通知の表示方法をタップして選択し、［完了］をタップすると、設定完了です。

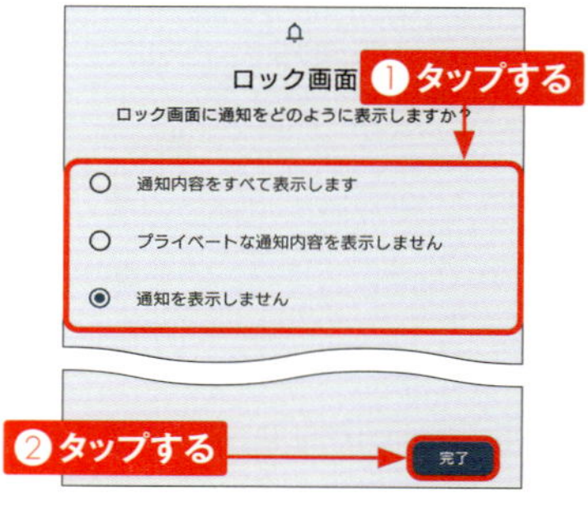

7

暗証番号で画面ロックを解除する

1 スリープモード（P.10参照）の状態で、電源キー／指紋センサーを押します。

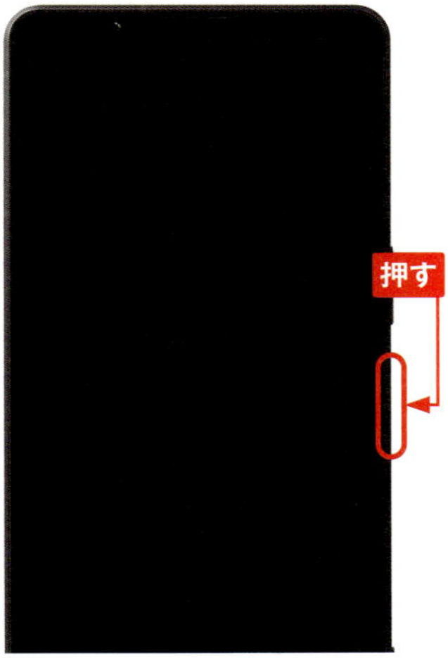

2 ロック画面が表示されます。画面を上方向にスワイプします。

3 P.160手順③で設定した暗証番号（ロックNo.）を入力して、→| をタップすると、画面ロックが解除されます。

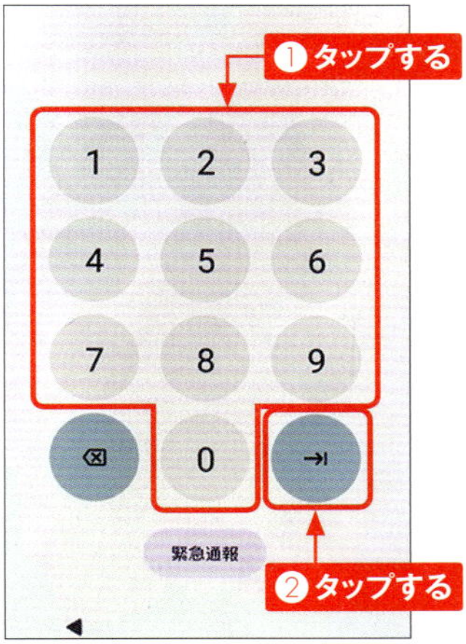

MEMO 暗証番号の変更

設定した暗証番号を変更するには、P.162手順①で［画面のロック］をタップし、現在の暗証番号を入力して →| をタップします。表示される画面で［ロックNo.］をタップすると、暗証番号を再設定できます。初期状態に戻すには、［スワイプ］→［削除］の順にタップします。

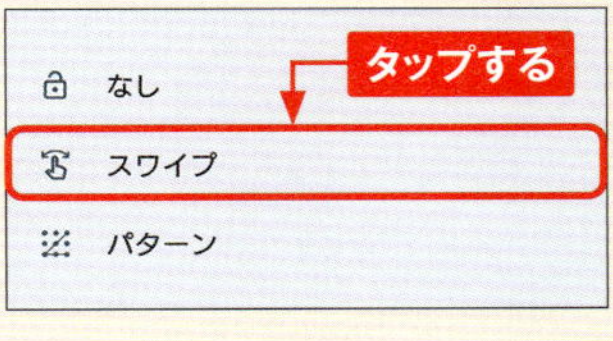

7

Section 56

画面ロックの解除に指紋認証を設定する

Xperia 1 VIは電源キーに指紋センサーが搭載されています。指紋を登録することで、ロックをすばやく解除できるようになるだけでなく、セキュリティも強化することができます。

指紋を登録する

1 P.18を参考に「設定」アプリを起動して、[セキュリティ]をタップします。

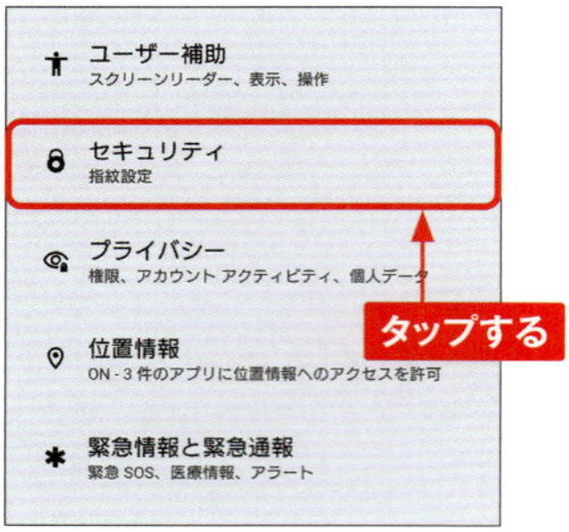

2 [指紋設定]をタップします。

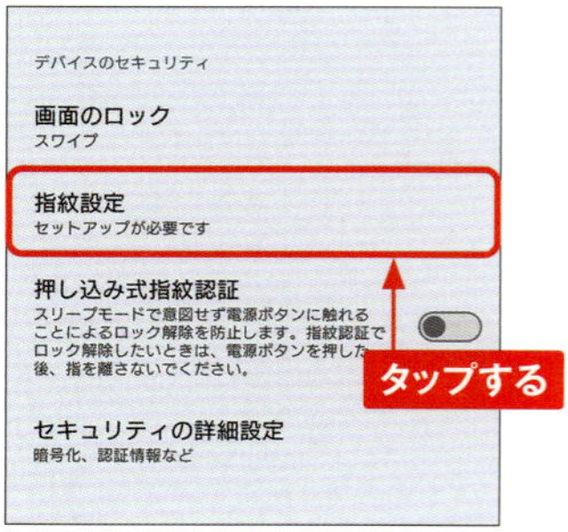

3 画面ロックが設定されていない場合は「画面ロックの選択」画面が表示されるので[指紋+ロックNO.]をタップして、P.162を参考に設定します。画面ロックを設定している場合は入力画面が表示されるので、解除します。

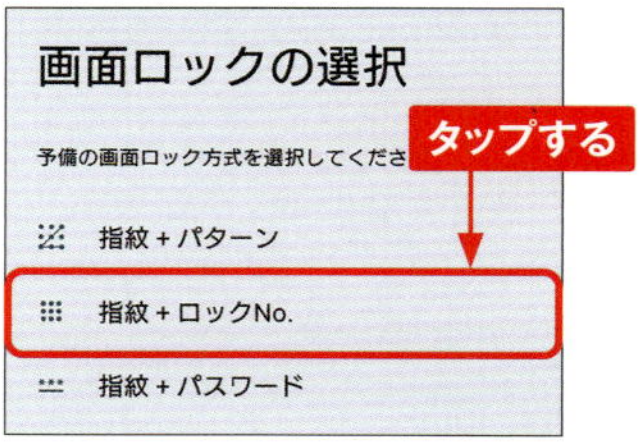

4 「指紋の設定」画面が表示されるので、[もっと見る]→[同意する]→[次へ]の順にタップします。

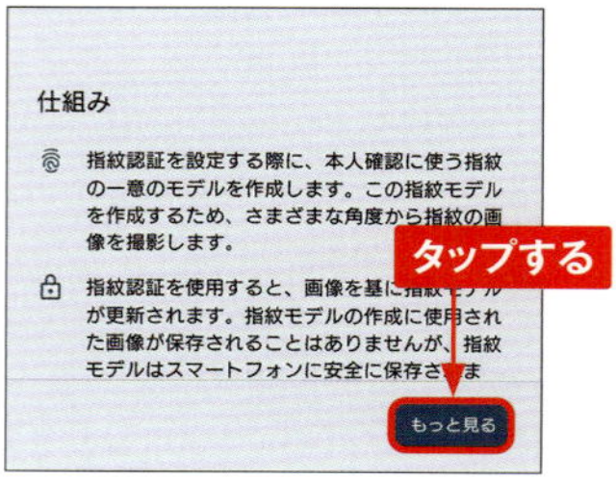

5 いずれかの指を電源キー／指紋センサーの上に置くと、指紋の登録が始まります。画面の指示に従って、指をタッチする、離すをくり返します。

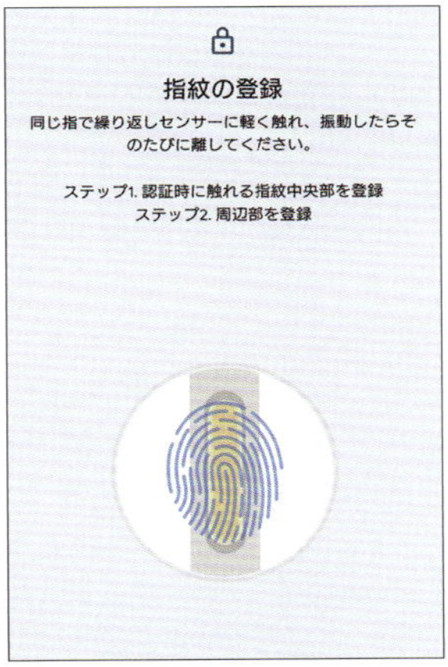

指紋の登録
同じ指で繰り返しセンサーに軽く触れ、振動したらそのたびに離してください。
ステップ1. 認証時に触れる指紋中央部を登録
ステップ2. 周辺部を登録

6 「指紋を追加しました」と表示されたら、［完了］をタップします。

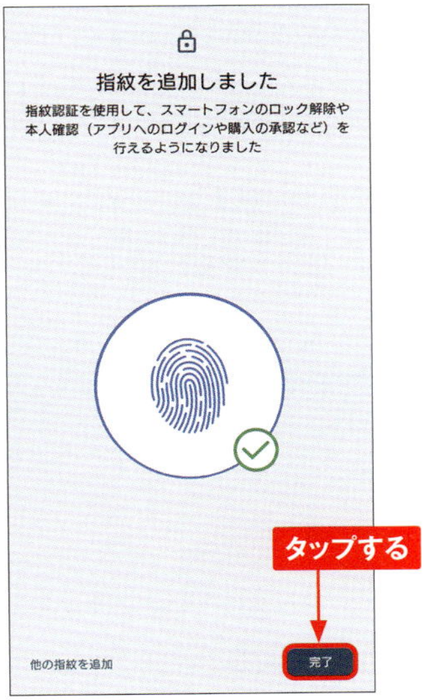

指紋を追加しました
指紋認証を使用して、スマートフォンのロック解除や本人確認（アプリへのログインや購入の承認など）を行えるようになりました
他の指紋を追加
完了
タップする

7 ロック画面を表示して、手順⑤で登録した指を電源キー／指紋センサーの上に置くと、画面ロックが解除されます。

docomo
100%
10:55
7月9日火曜日
指を置く

MEMO

Google Playで指紋認証を利用するには

Google Playで指紋認証を設定すると、アプリを購入する際に、パスワード入力のかわりに指紋認証が利用できます。指紋を設定後、Google Playで画面右上のアカウントアイコンをタップし、［設定］→［購入の確認］→［生体認証システム］の順にタップして、画面の指示に従って設定してください。

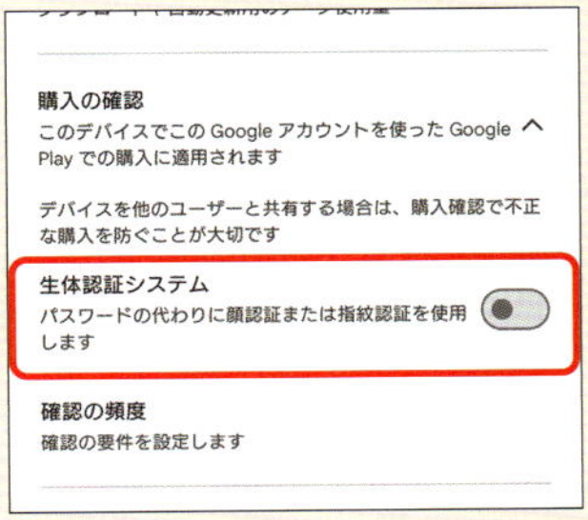

購入の確認
このデバイスでこの Google アカウントを使った Google Play での購入に適用されます
デバイスを他のユーザーと共有する場合は、購入確認で不正な購入を防ぐことが大切です
生体認証システム
パスワードの代わりに顔認証または指紋認証を使用します
確認の頻度
確認の要件を設定します

Section 57

スマートバックライトを設定する

スリープ状態になるまでの時間が短いと、突然スリープ状態になってしまって困ることがあります。スマートバックライトを設定して、手に持っている間はスリープ状態にならないようにしましょう。

スマートバックライトを利用する

1 P.18を参考に「設定」アプリを起動し、[画面設定] をタップします。

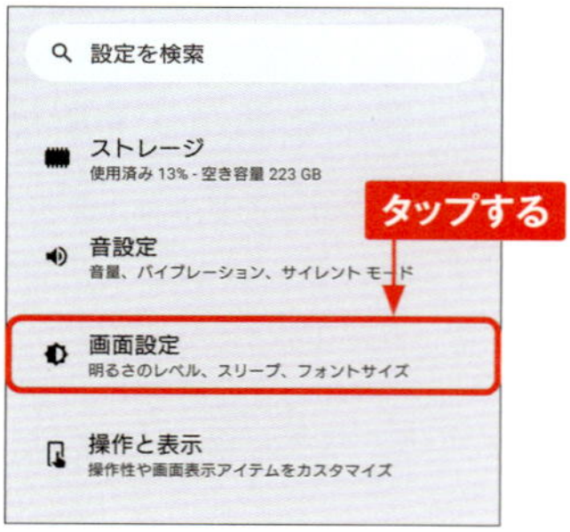

2 [スマートバックライト] をタップします。

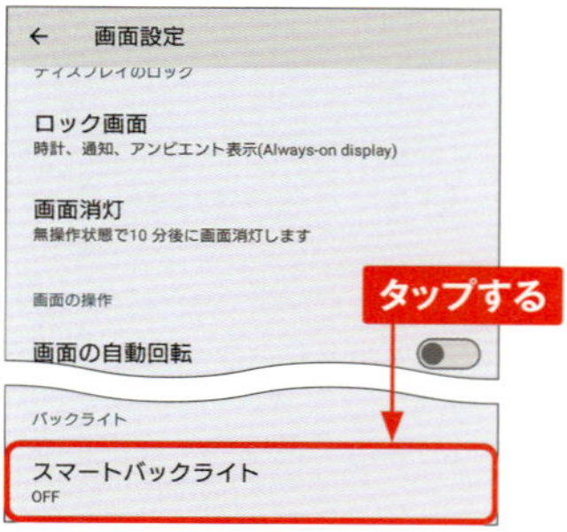

3 スマートバックライトの説明を確認し、[サービスの使用] をタップします。

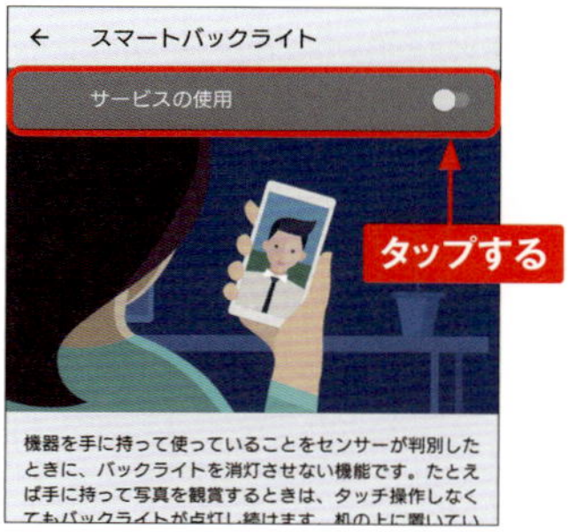

4 が になると設定が完了します。本体を手に持っている間は、スリープ状態にならなくなります。

Section 58

スリープモードになるまでの時間を変更する

スマートバックライトを設定していても、手に持っていない場合はスリープ状態になってしまいます。スリープモードまでの時間が短いなと思ったら、設定を変更して時間を長くしておきましょう。

スリープモードになるまでの時間を変更する

① P.18を参考に「設定」アプリを起動して、[画面設定] → [画面消灯] の順にタップします。

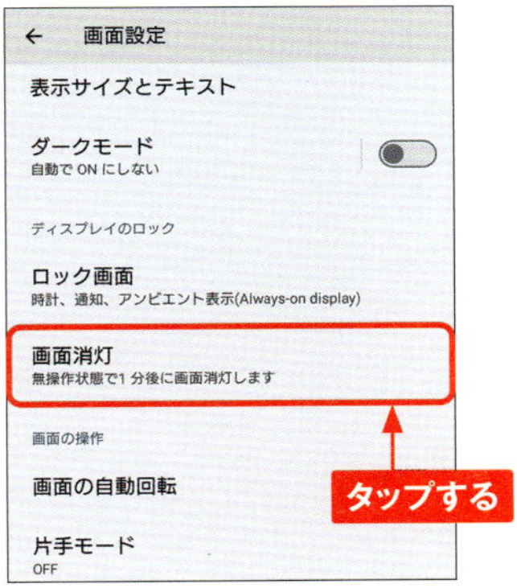

② スリープモードになるまでの時間をタップします。

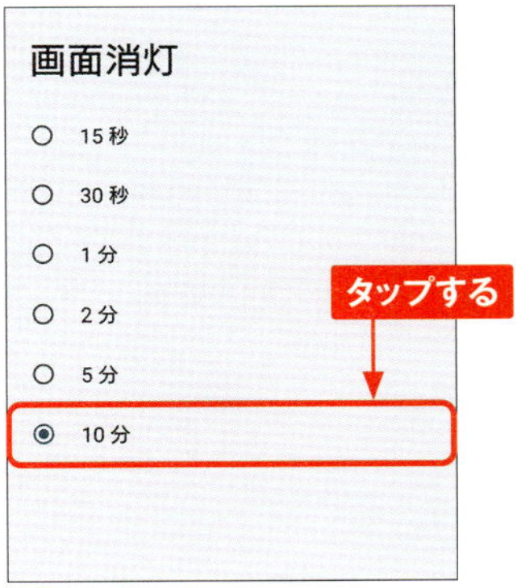

MEMO 画面消灯後のロック時間の変更

画面のロック方法がロックNo.／パターン／パスワードの場合、画面が消えてスリープモードになった後、ロックがかかるまでには時間差があります。この時間を変更するには、P.162手順①の画面を表示して⚙をタップし、[画面消灯後からロックまでの時間] をタップして、ロックがかかるまでの時間をタップします。

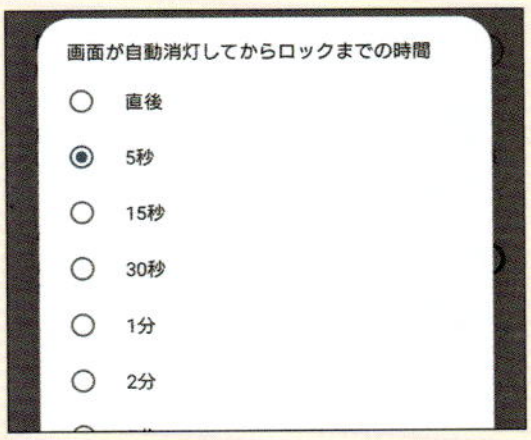

Section **59**

ブルーライトをカットする

Xperia 1 VIには、ブルーライトを軽減できる「ナイトライト」機能があります。就寝時や暗い場所での操作時に目の疲れを軽減できます。また、時間を指定してナイトライトを設定することも可能です。

指定した時間にナイトライトを設定する

1 P.18を参考に「設定」アプリを起動して、[画面設定]→[ナイトライト]の順にタップします。

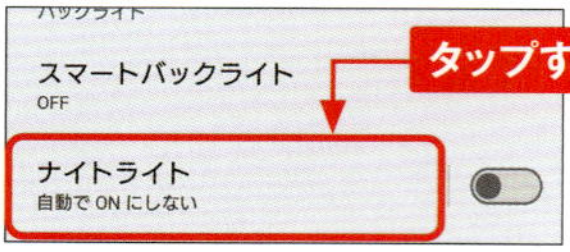

2 [ナイトライトを使用]をタップします。

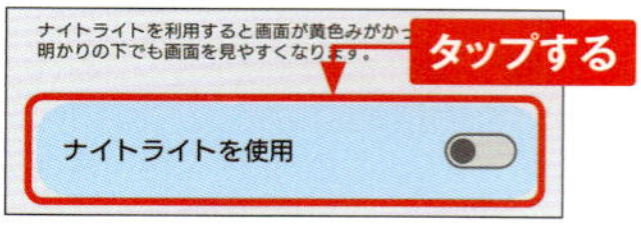

3 ナイトライトがオンになり、画面が黄色みがかった色になります。●を左右にドラッグして色味を調整したら、[スケジュール]をタップします。

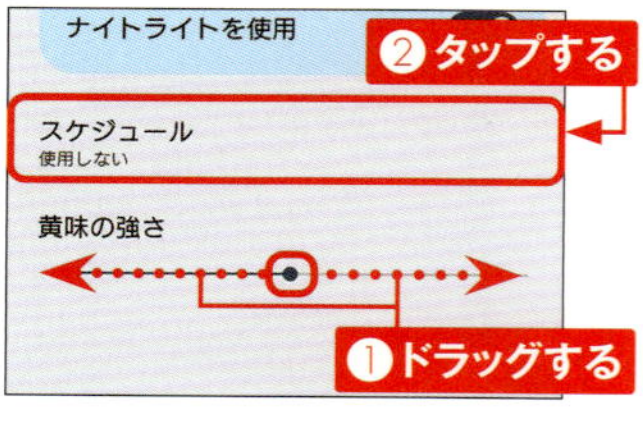

4 [指定した時刻にON]をタップします。[使用しない]をタップすると、常にナイトライトがオンのままになります。

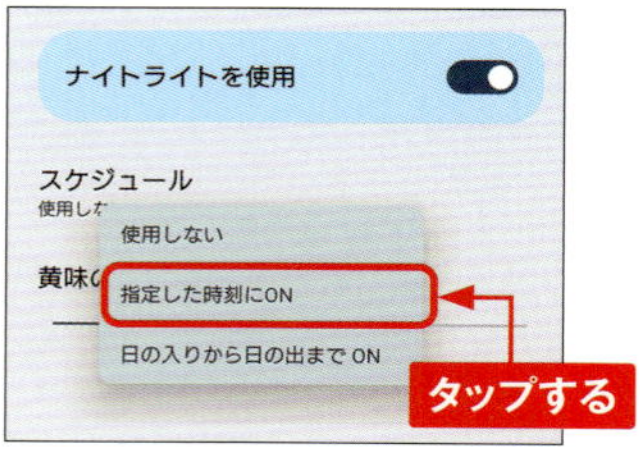

5 [開始時刻]と[終了時刻]をタップして設定すると、指定した時間の間は、ナイトライトがオンになります。

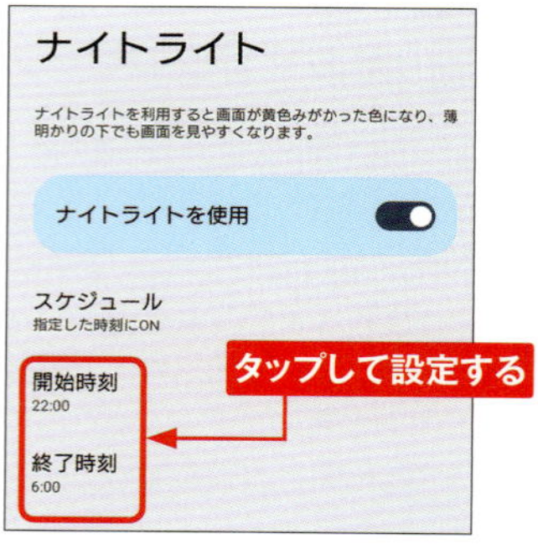

ダークモードを利用する

Xperia 1 VIでは、画面全体を黒を基調とした目に優しく、省電力にもなるダークモードを利用できます。ダークモードに変更すると、対応するアプリもダークモードになります。

ダークモードに変更する

① P.18を参考に「設定」アプリを起動して、［画面設定］をタップします。

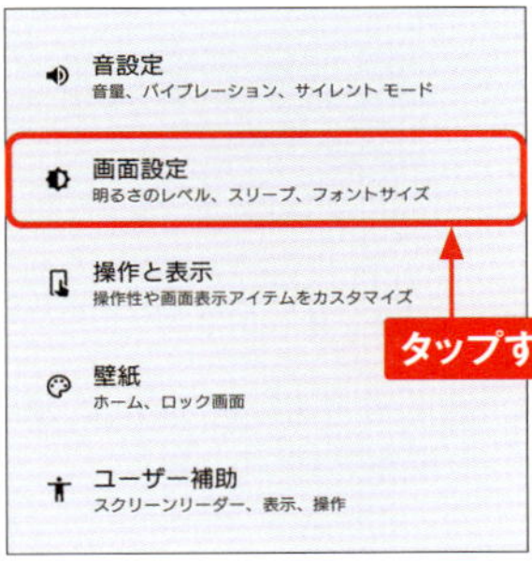

② ［ダークモード］→［ダークモードを使用］の順にタップします。

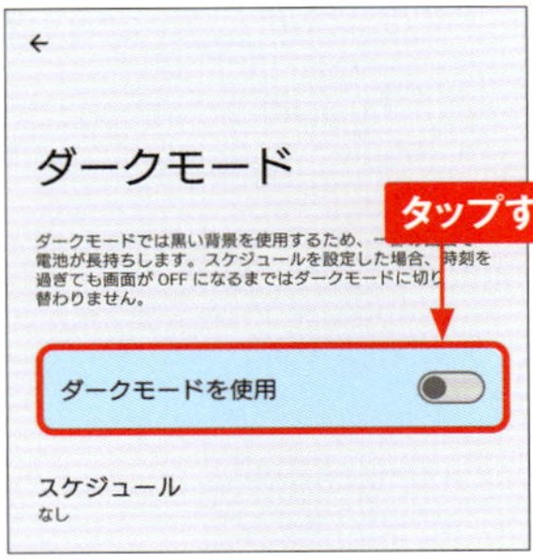

③ 画面全体が黒を基調とした色に変更されます。

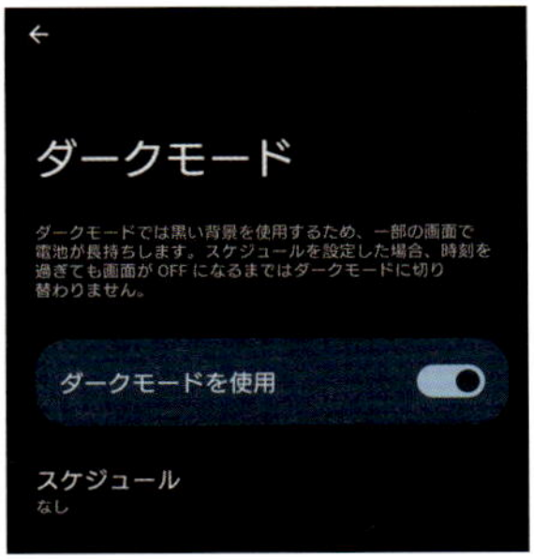

④ 対応するアプリもダークモードで表示されます。もとに戻すには再度手順①～②の操作を行います。

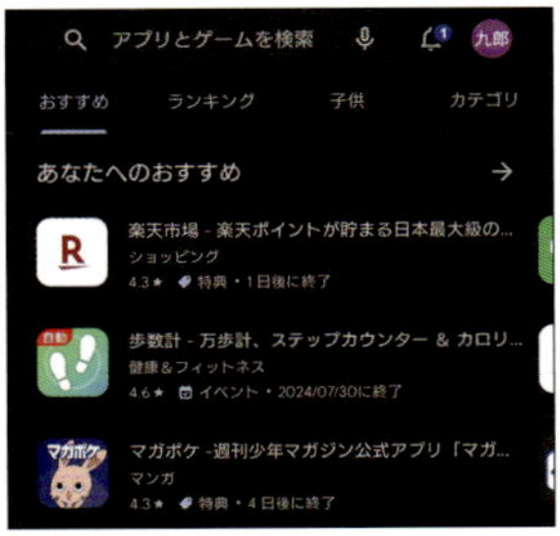

Section 61

片手で操作しやすくする

Xperia 1 VIには「片手モード」という機能があります。ホームボタンをダブルタップすると、片手で操作しやすいように画面の表示が下方向にスライドされ、指が届きやすくなります。

片手モードで表示する

1 P.18を参考に、「設定」アプリを起動し、[画面設定] → [片手モード] とタップします。

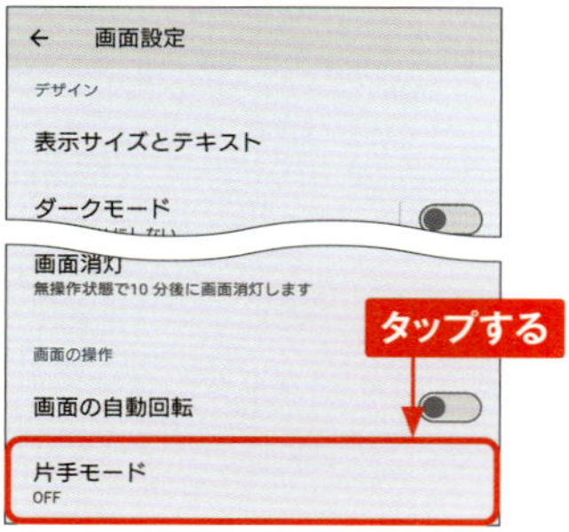

2 [片手モードの使用] をタップして ● にします。

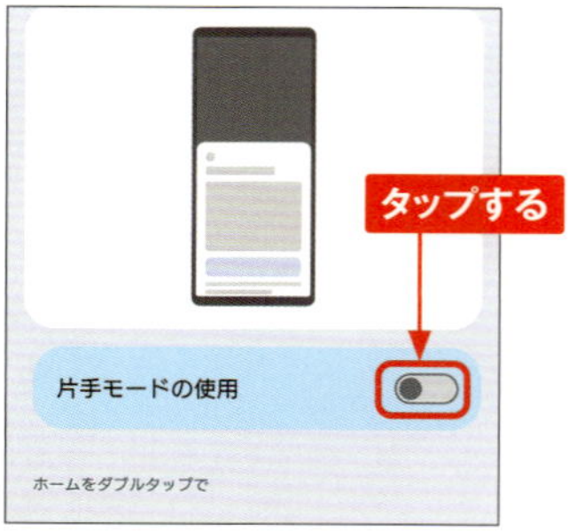

3 ホームボタンをダブルタップすると片手モードになります。

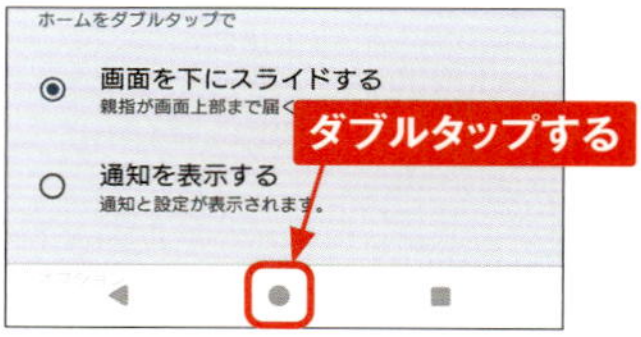

4 画面が下方向にスライドされ、指が届きやすくなります。

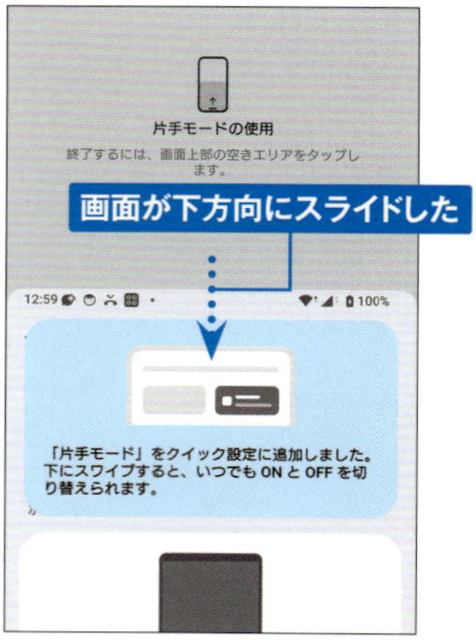

7

スクリーンショットを撮る

Xperia 1 VIでは、表示中の画面をかんたんに撮影（スクリーンショット）できます。撮影できないものもありますが、重要な情報が表示されている画面は、スクリーンショットで残しておくと便利です。

本体キーでスクリーンショットを撮影する

1 撮影したい画面を表示して、電源キー／指紋センサーと音量キーの下側を同時に押します。

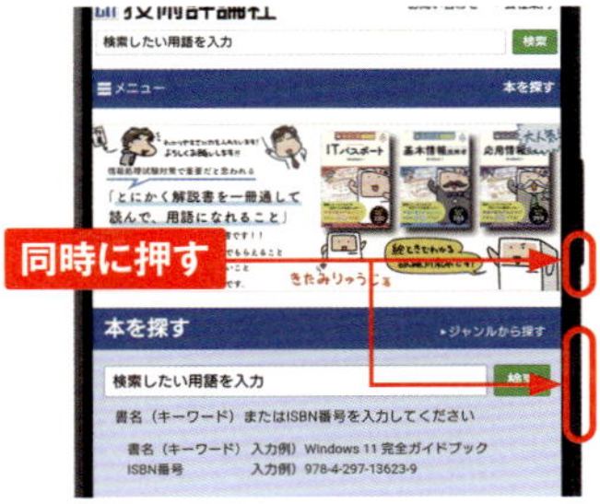

2 画面が撮影され、左下にサムネイルとメニューが表示されます。

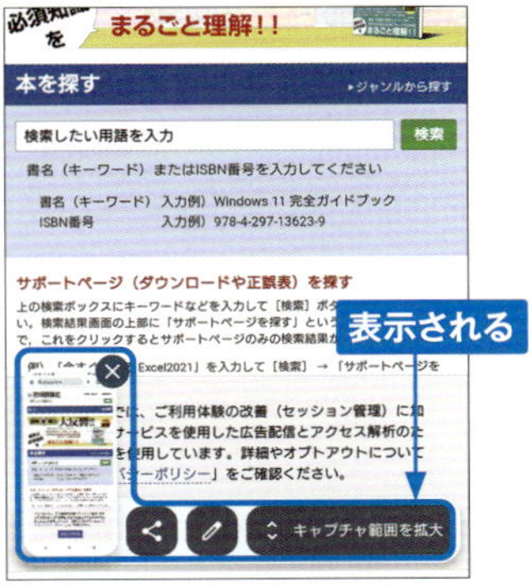

3 ホームボタンをタップしてホーム画面に戻り、P.146を参考に「フォト」アプリを起動します。［ライブラリ］→［Screenshots］の順にタップし、撮影したスクリーンショットをタップすると、撮影した画面が表示されます。

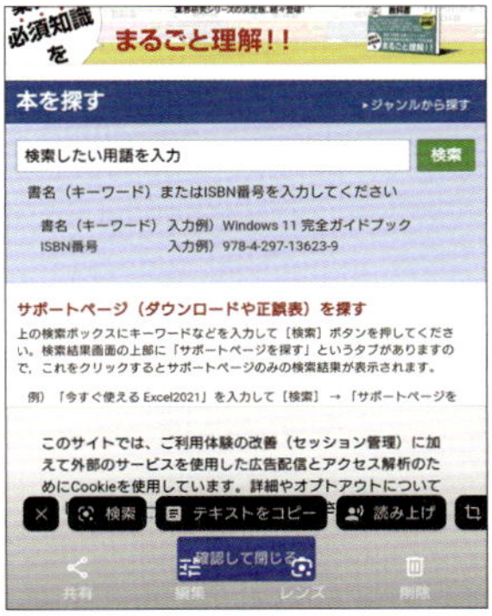

MEMO スクリーンショットの保存場所

撮影したスクリーンショットは、内部共有ストレージの「Pictures」フォルダ内の「Screenshots」フォルダに保存されます。

Section 63

サイドセンスで操作を快適にする

Xperia 1 VIには、「サイドセンス」という機能があります。画面中央右端のサイドセンスバーを上方向にスワイプしてメニューを表示したり、下方向にスワイプしてバック操作をすることが可能です。

サイドセンスを利用する

1 「設定」アプリを起動して［操作と表示］→［サイドセンス］とタップして、［サイドセンスバーを使用する］がオフの場合はタップしてオンにします。

2 ホーム画面などで端にあるサイドセンスバーを上方向にスワイプします。初回は［OK］をタップします。

3 アプリランチャーメニューが表示されます。上下にドラッグして位置を調節し、起動したいアプリ（ここでは［設定］）をタップすると起動します。

MEMO サイドセンスのそのほかの機能

手順③の画面に表示されるサイドセンスメニューには、使用状況から予測されたアプリが自動的に一覧表示されます。そのほか、サイドセンスバーを下方向にスワイプするとバック操作（直前の画面に戻る操作）になり、画面内側にスワイプすると、ダッシュボードが表示されます。

7

サイドセンスの設定を変更する

1 P.172の手順③の画面で⚙をタップします。

メイン画面/ポップアップ
マルチウィンドウ
タップする
my daiz
設定
SmartNews for docomo
フォト
Files
Play ストア
Video Creator
マップ
もっと見る
フォト
Files
マップ
Chrome
カレンダー
もっと見る
サイドセンスを消す

2 [サイドセンス] の設定画面が表示されます。画面をスクロールします。

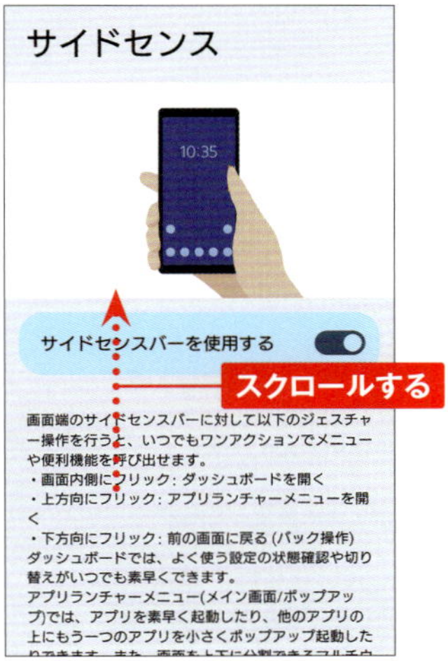

サイドセンス
10:35
サイドセンスバーを使用する
スクロールする
画面端のサイドセンスバーに対して以下のジェスチャー操作を行うと、いつでもワンアクションでメニューや便利機能を呼び出せます。
・画面内側にフリック: ダッシュボードを開く
・上方向にフリック: アプリランチャーメニューを開く
・下方向にフリック: 前の画面に戻る (バック操作)
ダッシュボードでは、よく使う設定の状態確認や切り替えがいつでも素早くできます。
アプリランチャーメニュー(メイン画面/ポップアップ)では、アプリを素早く起動したり、他のアプリの上にもう一つのアプリを小さくポップアップ起動したりできます。

3 [ジェスチャーに割り当てる機能] をタップします。

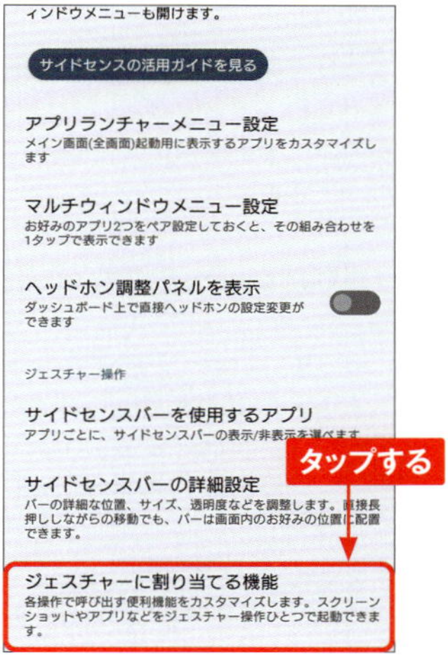

ィンドウメニューも開けます。
サイドセンスの活用ガイドを見る
アプリランチャーメニュー設定
メイン画面(全画面)起動用に表示するアプリをカスタマイズします
マルチウィンドウメニュー設定
お好みのアプリ2つをペア設定しておくと、その組み合わせを1タップで表示できます
ヘッドホン調整パネルを表示
ダッシュボード上で直接ヘッドホンの設定変更ができます
ジェスチャー操作
サイドセンスバーを使用するアプリ
タップする
サイドセンスバーの詳細設定
バーの詳細な位置、サイズ、透明度などを調整します。直接長押ししながらの移動でも、バーは画面内のお好みの位置に配置できます。
ジェスチャーに割り当てる機能
各操作で呼び出す便利機能をカスタマイズします。スクリーンショットやアプリなどをジェスチャー操作ひとつで起動できます。

4 ジェスチャーに割り当てる機能を変更できます。

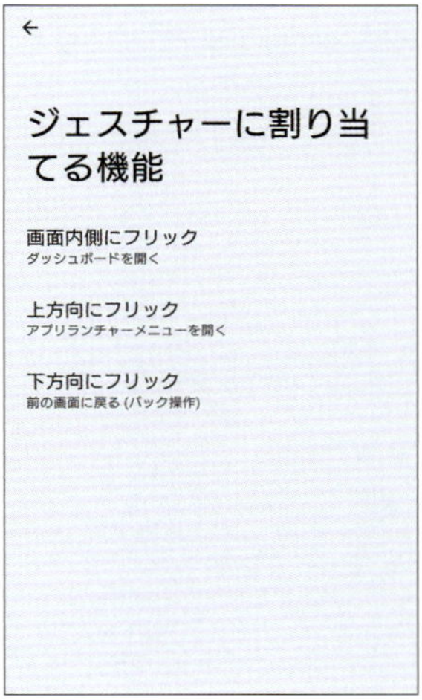

←
ジェスチャーに割り当てる機能
画面内側にフリック
ダッシュボードを開く
上方向にフリック
アプリランチャーメニューを開く
下方向にフリック
前の画面に戻る (バック操作)

Section 64

壁紙を変更する

ホーム画面やロック画面では、撮影した写真などXperia 1 VI内に保存されている画像を壁紙に設定することができます。「フォト」アプリでクラウドに保存された写真を選択することも可能です。

撮影した写真を壁紙に設定する

1 P.18を参考に「設定」アプリを起動し、[壁紙] をタップします。

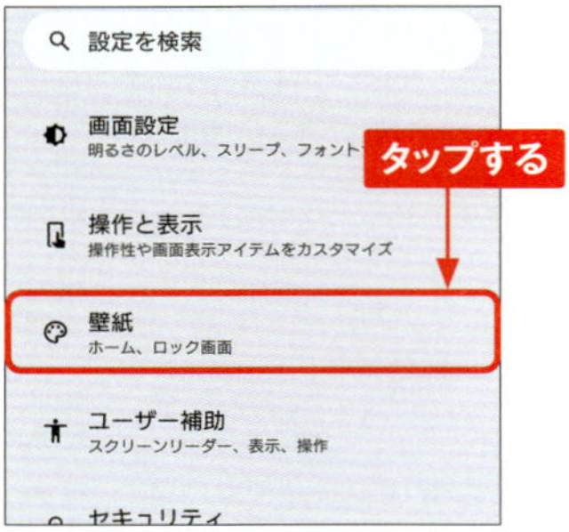

2 [壁紙とスタイル] をタップします。

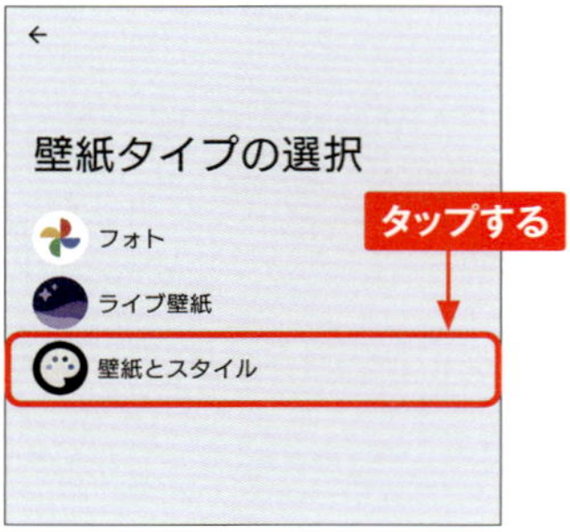

3 [壁紙の変更] → [マイフォト] をタップします。

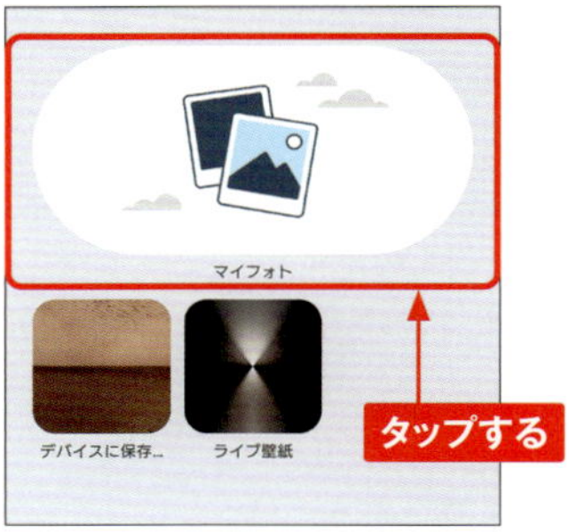

4 写真のあるフォルダをタップし、壁紙にしたい写真をタップして選択します。

5 ピンチアウト／ピンチインで拡大／縮小し、ドラッグで位置を調整します。

6 調整が完了したら、✓をタップします。

7 「壁紙の設定」画面が表示されるので、変更したい画面（ここでは［ホーム画面とロック画面］）をタップします。

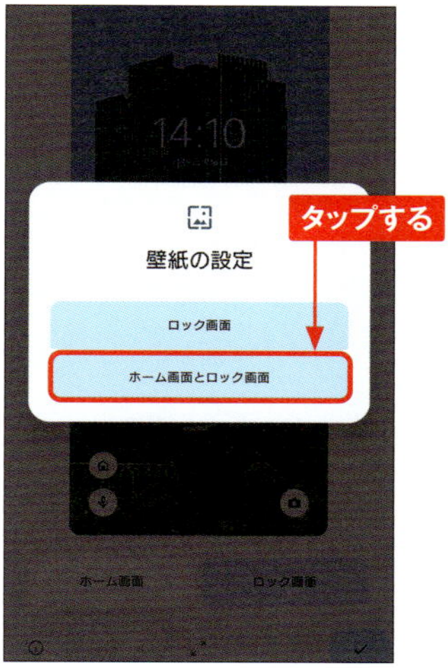

8 選択した写真が壁紙として表示されます。

Section 65

おサイフケータイを設定する

Xperia 1 VIはおサイフケータイ機能を搭載しています。2024年7月現在、電子マネーの楽天Edyをはじめ、さまざまなサービスに対応しています。

おサイフケータイの初期設定を行う

1 ホーム画面で［アプリ一覧ボタン］をタップし、［ツール］フォルダをタップして、［おサイフケータイ］をタップします。

2 初回起動時はアプリの案内や利用規約の同意画面が表示されるので、画面の指示に従って操作します。

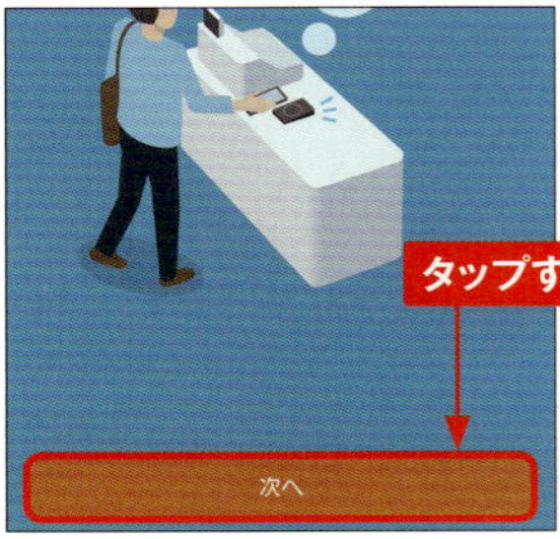

3 「初期設定」画面が表示されます。初期設定が完了したら［次へ］をタップし、画面の指示に従ってGoogleアカウント連携などの操作を行います。

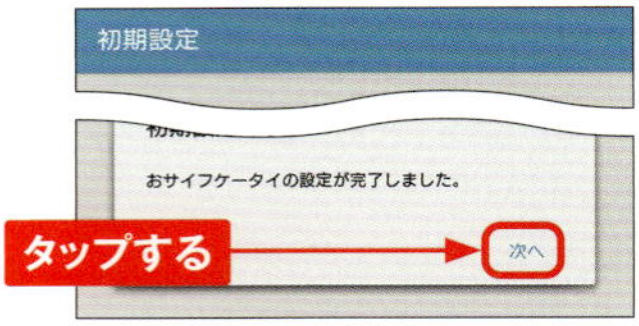

4 サービスの一覧が表示されます。説明が表示されたら画面をタップし、ここでは、［楽天Edy］をタップします。

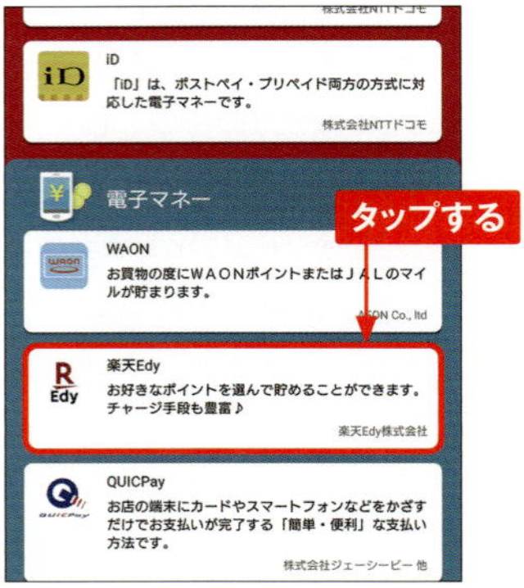

5 「おすすめ詳細」画面が表示されるので、[サイトへ接続]をタップします。

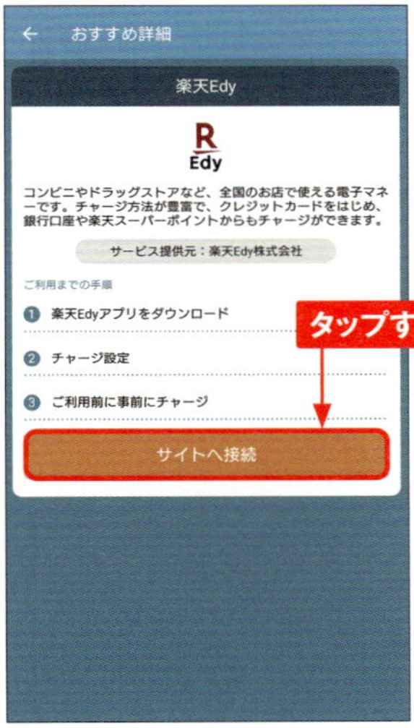

6 Google Playが表示されます。「楽天Edy」アプリをインストールする必要があるので、[インストール]をタップします。

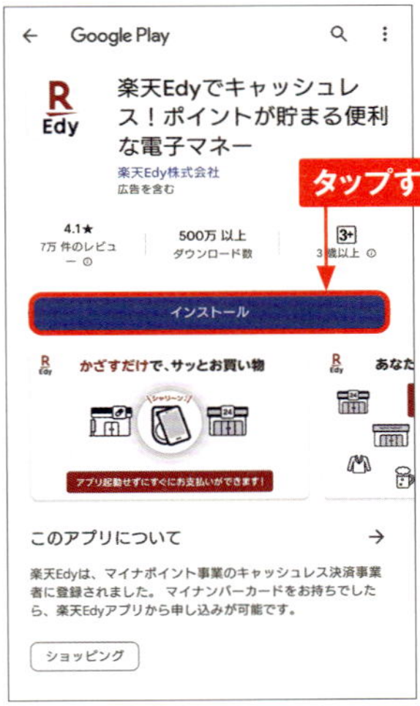

7 インストールが完了したら、[開く]をタップします。

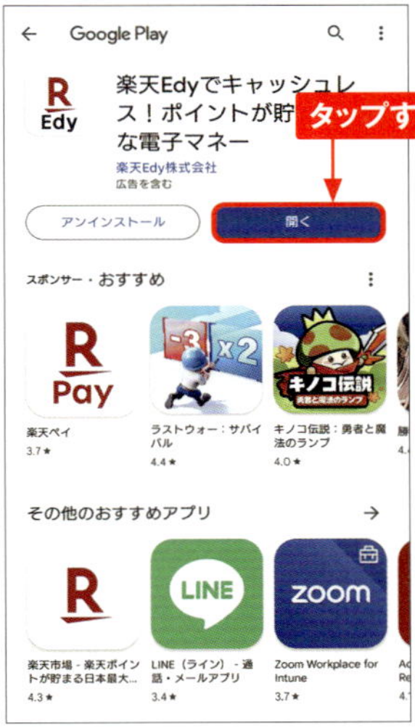

8 「楽天Edy」アプリの初期設定画面が表示されます。規約に同意して[次へ]をタップし、画面の指示に従って初期設定を行います。

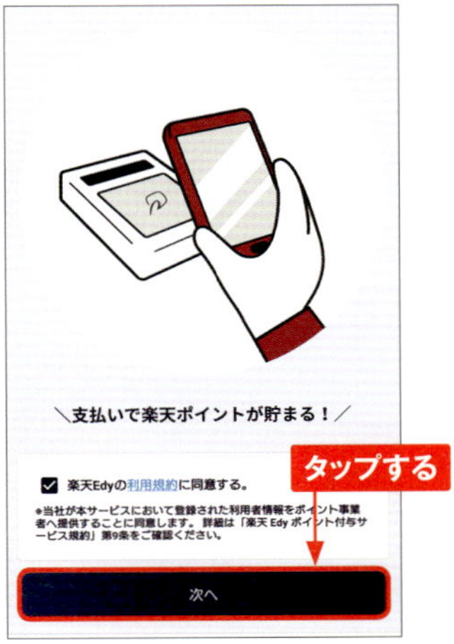

Wi-Fiを設定する

自宅のアクセスポイントや公衆無線LANなどのWi-Fiネットワークがあれば、モバイルネットワークを使わなくてもインターネットに接続できます。

Wi-Fiに接続する

1 P.18を参考に「設定」アプリを起動し、[ネットワークとインターネット]→[インターネット]の順にタップします。「Wi-Fi」が ⚪ の場合は、タップして 🔵 にします。[Wi-Fi]をタップします。

2 接続したいWi-Fiネットワークをタップします。

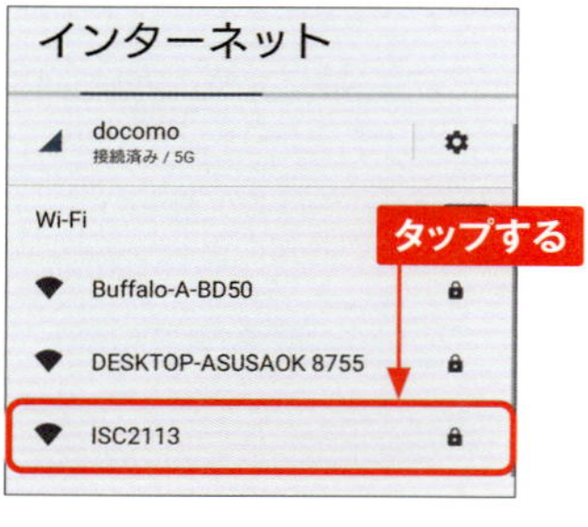

3 パスワードを入力し、[接続]をタップすると、Wi-Fiネットワークに接続できます。

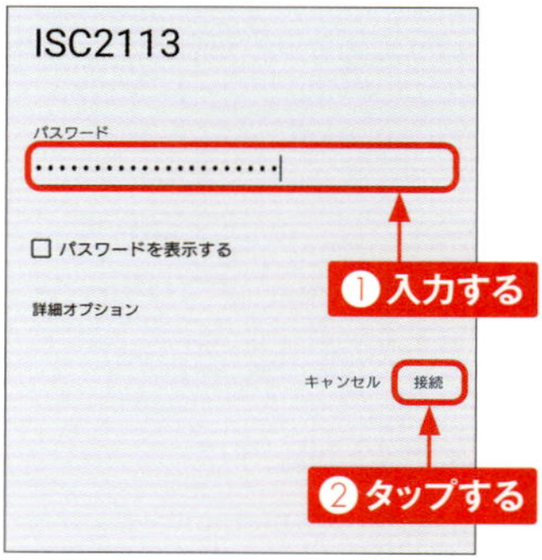

MEMO スマートコネクティビティとは

Xperia 1 VIに搭載されている「スマートコネクティビティ」は、Wi-Fiネットワークとモバイルネットワークの両方が利用可能なときに、よりよい方のネットワークに接続する機能です。移動中などでも通信が途切れないので快適な通信環境を維持できます。

Wi-Fiネットワークを追加する

① Wi-Fiネットワークに手動で接続する場合は、P.178手順②の画面を上方向にスライドし、画面下部にある［ネットワークを追加］をタップします。

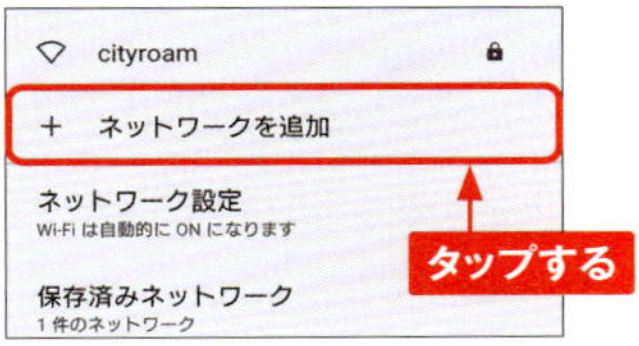

② 「ネットワーク名」にSSIDを入力し、「セキュリティ」の項目をタップします。

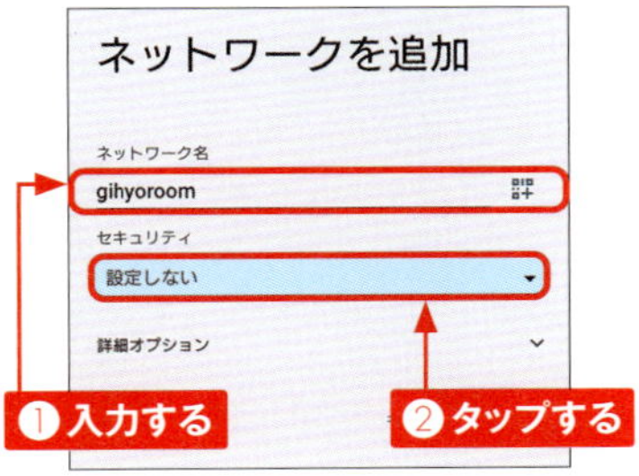

③ 適切なセキュリティの種類をタップして選択します。

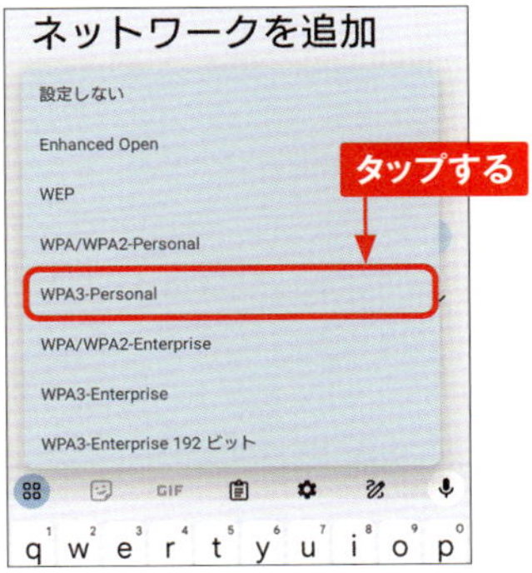

④ 「パスワード」を入力し、必要に応じてネットワークの接続設定を行い、［保存］をタップすると、Wi-Fiネットワークに接続できます。

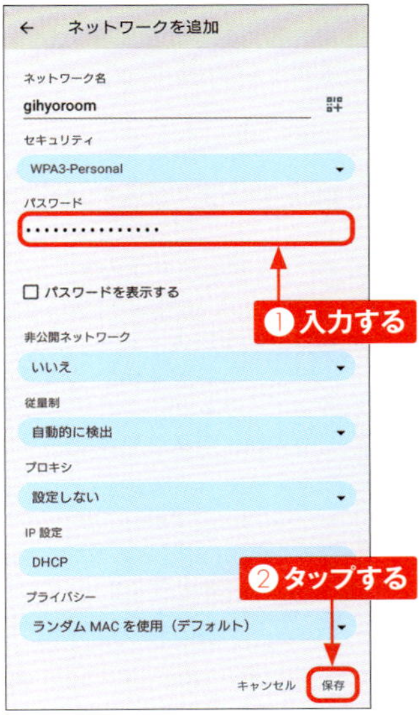

MEMO **d Wi-Fiとは**

「d Wi-Fi」は、ドコモが提供する公衆Wi-Fiサービスです。dポイントクラブ会員であれば無料で利用可能で、あらかじめ「dアカウント発行」「dポイントクラブ入会」「dポイントカード利用登録」が必要です。詳しくは、https://www.docomo.ne.jp/service/d_wifi/を参照してください。

Section 67

Wi-Fiテザリングを利用する

「Wi-Fiテザリング」は、Xperia 1 VIを経由して、同時に最大10台までのパソコンやゲーム機などをインターネットに接続できる機能です。ドコモでは申し込み不要で利用できます。

Wi-Fiテザリングを設定する

1 P.18を参考に「設定」アプリを起動し、[ネットワークとインターネット] をタップします。

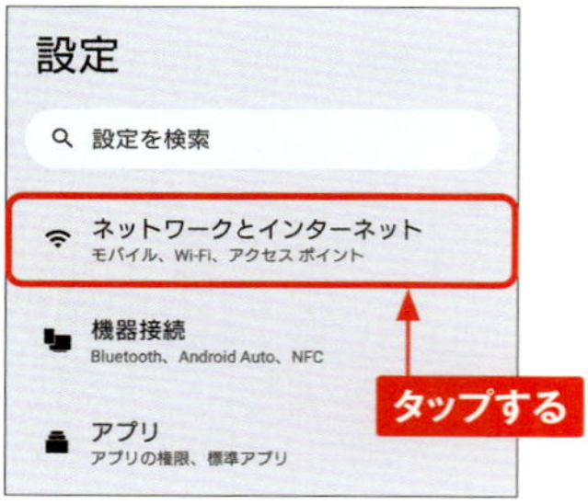

2 [テザリング] をタップします。

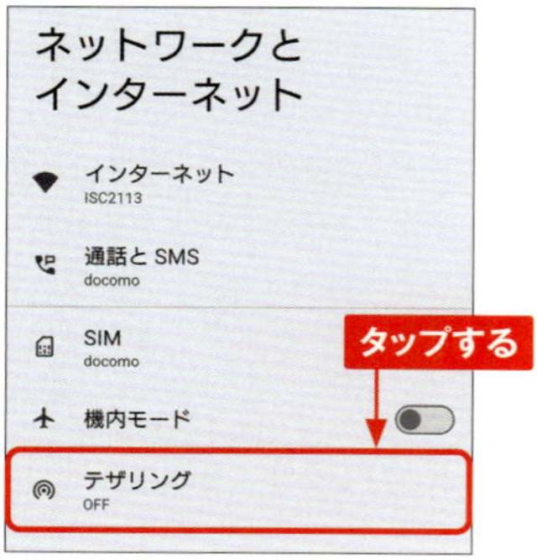

3 [Wi-Fiテザリング] をタップします。

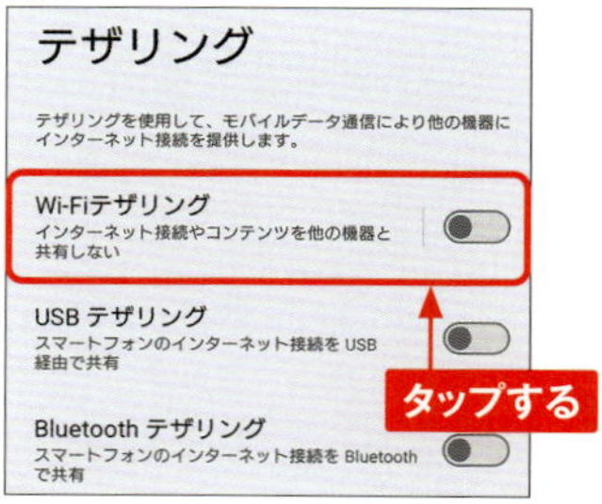

4 [アクセスポイント名] (SSID) と [Wi-Fiテザリングのパスワード] をそれぞれタップして入力します。

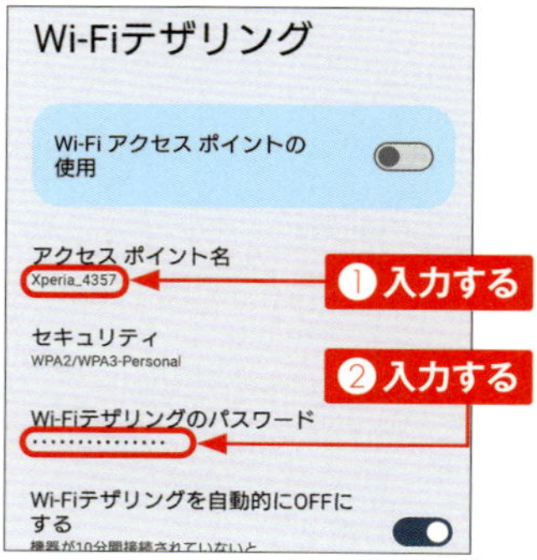

5 ［Wi-Fiアクセスポイントの使用］をタップします。

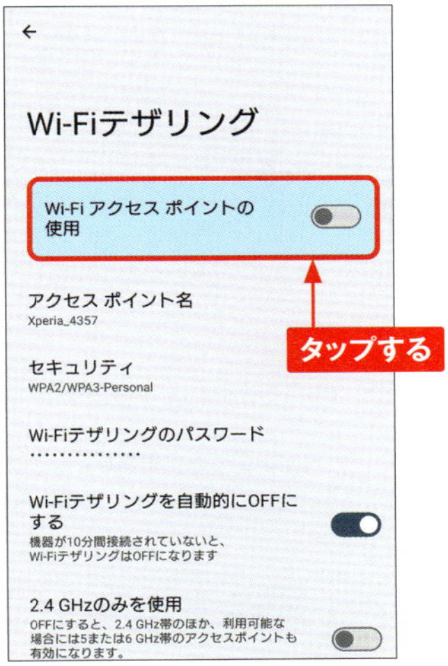

6 がに切り替わり、Wi-Fiテザリングがオンになります。ステータスバーに、Wi-Fiテザリング中を示すアイコンが表示されます。

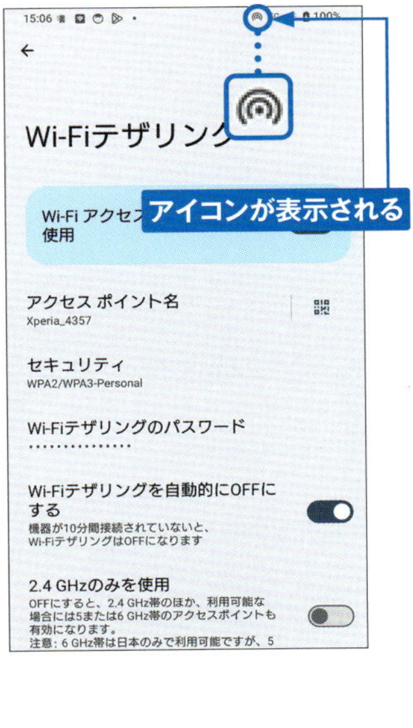

7 Wi-Fiテザリング中は、ほかの機器からXperia 1 VIのSSIDが見えます。SSIDをタップして、P.180手順④で設定したパスワードを入力して接続すれば、Xperia 1 VI経由でインターネットに接続することができます。

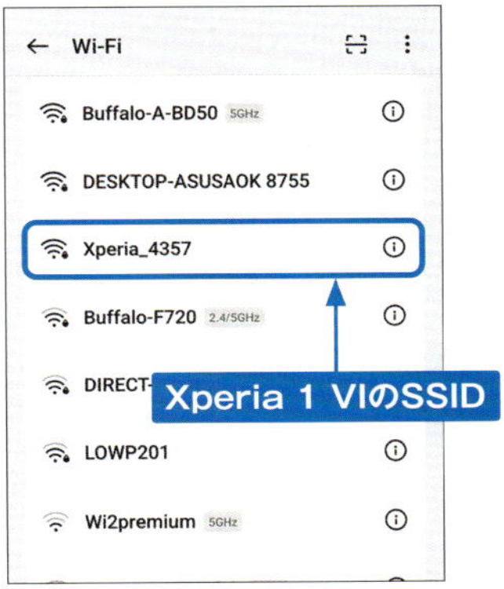

MEMO Wi-Fiテザリングをオフにするには

Wi-Fiテザリングを利用中、ステータスバーを2本指で下方向にドラッグし、［テザリング ON］をタップすると、Wi-Fiテザリングがオフになります。

7

Section 68

Bluetooth機器を利用する

Xperia 1 VIはBluetoothとNFCに対応しています。ヘッドセットやスピーカーなどのBluetoothやNFCに対応している機器と接続すると、Xperia 1 VIを便利に活用できます。

Bluetooth機器とペアリングする

1 あらかじめ接続したいBluetooth機器をペアリングモードにしておきます。続いて、P.18を参考に「設定」アプリを起動し、[機器接続]をタップします。

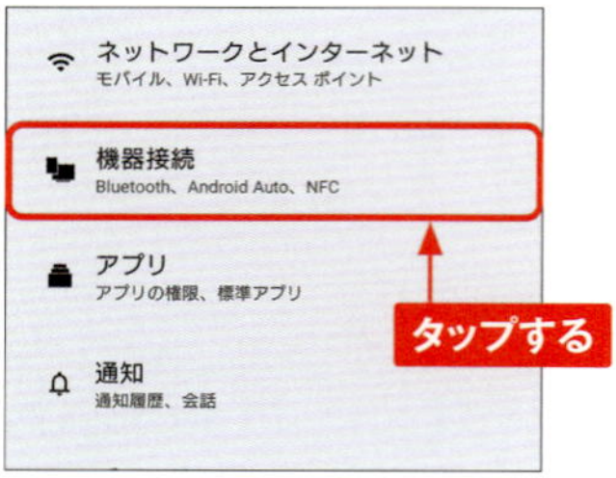

2 [新しい機器とペア設定する]をタップします。Bluetoothがオフの場合は、自動的にオンになります。

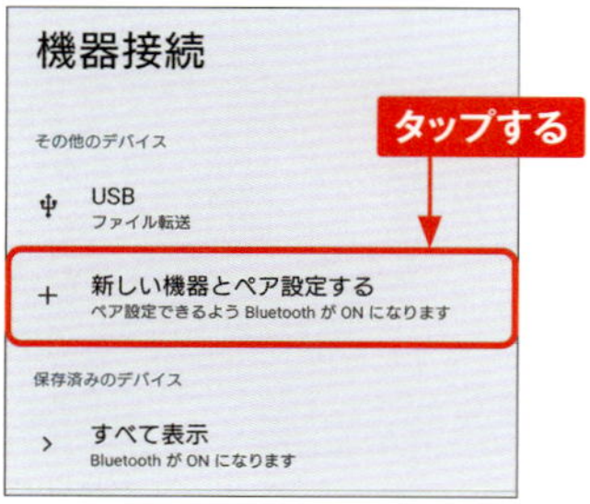

3 ペアリングしたい機器をタップします。

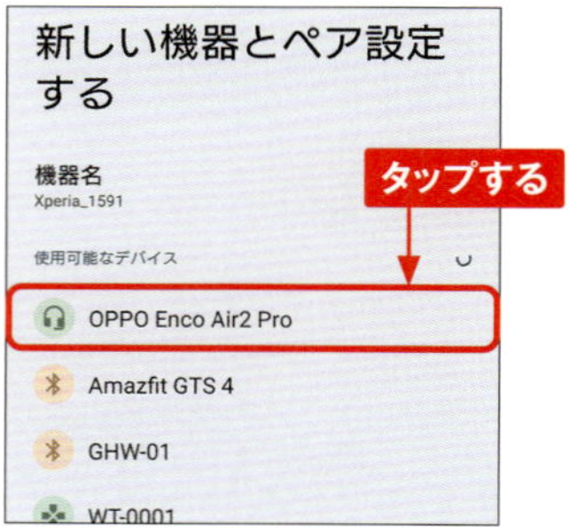

4 [ペア設定する]をタップします。

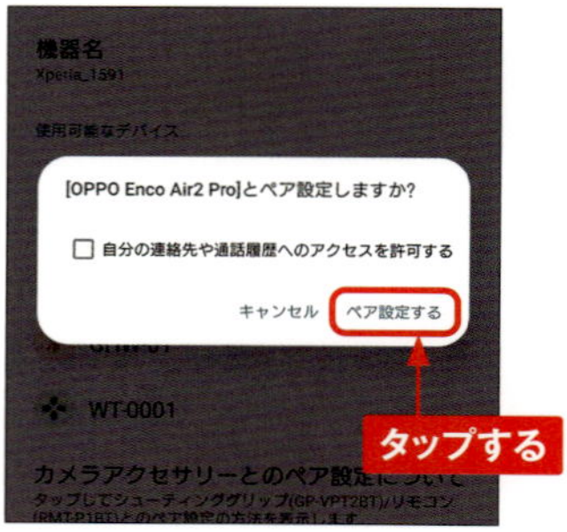

⑤ 機器との接続が完了します。⚙をタップします。

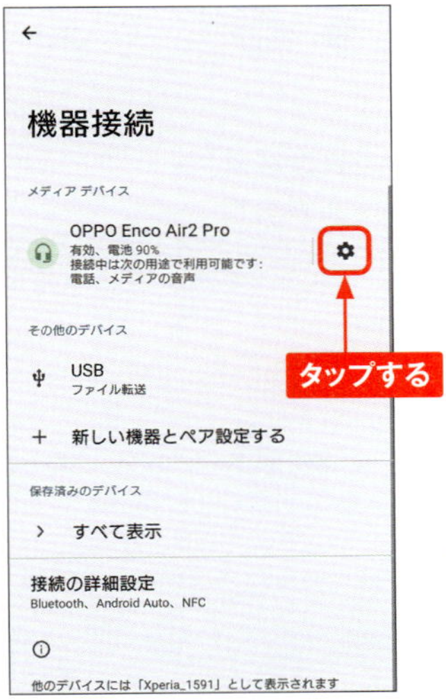

⑥ 利用可能な機能を確認できます。なお、［接続を解除］をタップすると、ペアリングを解除できます。

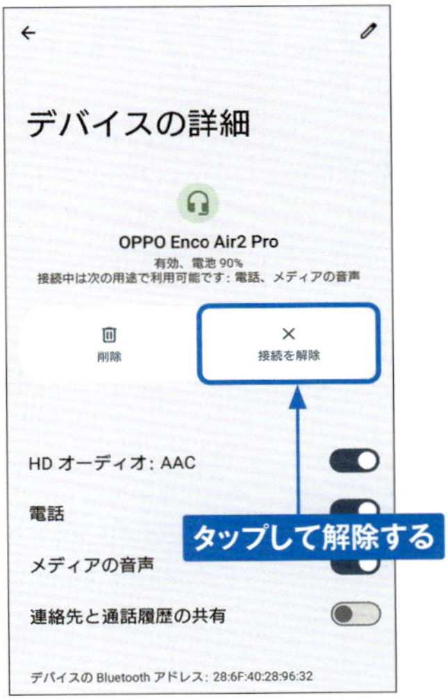

MEMO

NFC対応のBluetooth機器の利用方法

Xperia 1 VIに搭載されているNFC（近距離無線通信）機能を利用すれば、NFC対応のBluetooth機器とのペアリングや接続がかんたんに行えます。NFCをオンにするには、P.182手順②の画面で［接続の詳細設定］→［NFC/おサイフケータイ］をタップし、「NFC/おサイフケータイ」がオフがになっている場合はタップしてオンにします。Xperia 1 VIの背面のNマークを対応機器のNFCマークにタッチすると、ペアリングの確認通知が表示されるので、画面の指示に従って接続を完了します。あとは、NFC対応機器にタッチするだけで、接続／切断を自動で行ってくれます。

Application

いたわり充電を設定する

「いたわり充電」とは、Xperia 1 VIが充電の習慣を学習して電池の状態をより良い状態で保ち、電池の寿命を延ばすための機能です。設定しておくとXperia 1 VIを長く使うことができます。

いたわり充電を設定する

1 P.18を参考に［設定］アプリを起動し、［バッテリー］→［いたわり充電］の順にタップします。

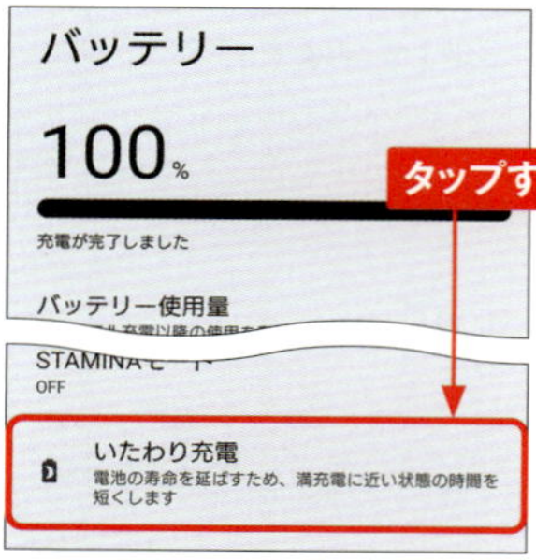
バッテリー
100%
充電が完了しました
バッテリー使用量
STAMINAモード
OFF
いたわり充電
電池の寿命を延ばすため、満充電に近い状態の時間を短くします
タップする

2 「いたわり充電」画面が表示されます。画面上部の［いたわり充電の使用］がになっている場合はタップします。

いたわり充電
いたわり充電の使用
タップする

3 がになり、いたわり充電機能がオンになります。

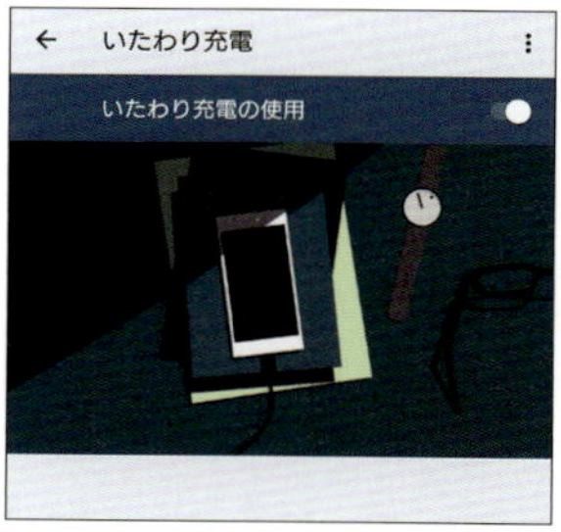
いたわり充電
いたわり充電の使用

4 ［手動］をタップすると、いたわり充電の開始時刻と満充電目標時刻を設定できます。

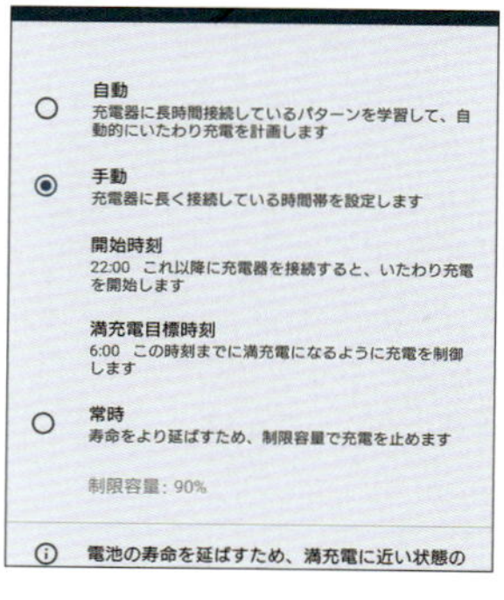
自動
充電器に長時間接続しているパターンを学習して、自動的にいたわり充電を計画します
手動
充電器に長く接続している時間帯を設定します
開始時刻
22:00 これ以降に充電器を接続すると、いたわり充電を開始します
満充電目標時刻
6:00 この時刻までに満充電になるように充電を制御します
常時
寿命をより延ばすため、制限容量で充電を止めます
制限容量：90%
電池の寿命を延ばすため、満充電に近い状態の

Section 70

おすそわけ充電を利用する

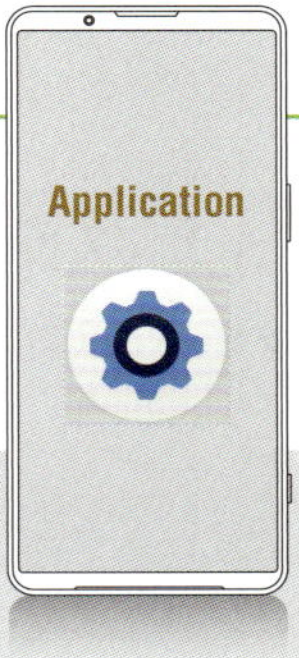
Application

Xperia 1 VIには、スマートフォン同士を重ね合わせて相手のスマートフォンを充電する「おすそわけ充電」機能があります。Qi規格のワイヤレス充電に対応した機器であれば充電可能です。

おすそわけ充電を利用する

① P.18を参考に「設定」アプリを起動し、［バッテリー］→［おすそわけ充電］の順にタップします。

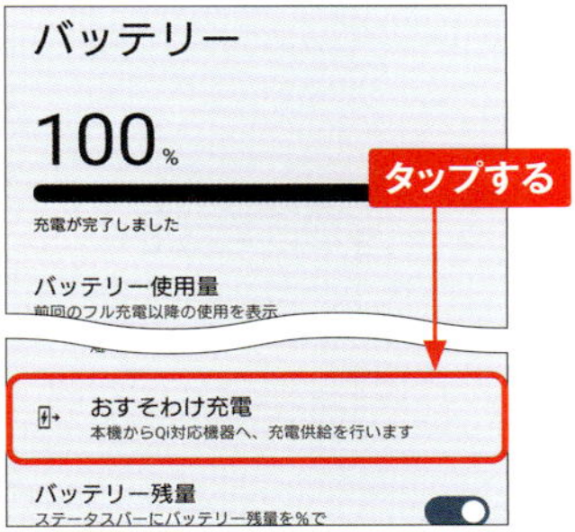
バッテリー
100%
充電が完了しました
バッテリー使用量
おすそわけ充電
本機からQi対応機器へ、充電供給を行います
バッテリー残量
タップする

② ［おすそわけ充電の使用］をタップします。

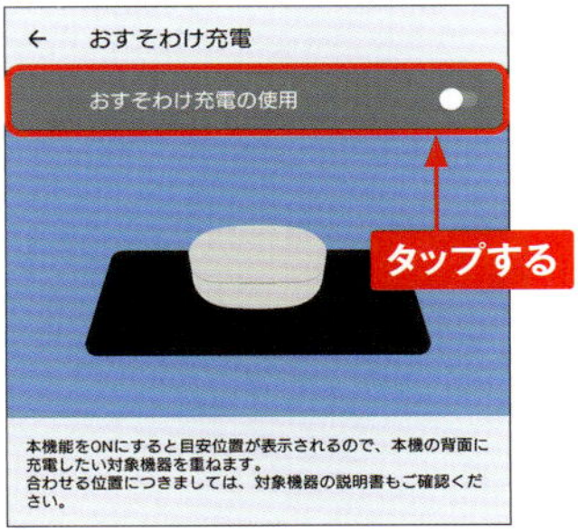
おすそわけ充電
おすそわけ充電の使用
タップする
本機能をONにすると目安位置が表示されるので、本機の背面に充電したい対象機器を重ねます。
合わせる位置につきましては、対象機器の説明書もご確認ください。

③ おすそわけ充電が有効になり、充電の目安位置が表示されます。相手の機器の充電可能位置を目安位置の背面に重ねると、充電が行われます。

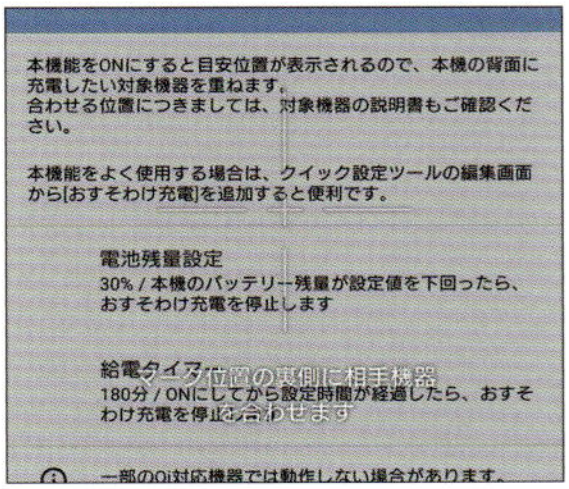
本機能をONにすると目安位置が表示されるので、本機の背面に充電したい対象機器を重ねます。
合わせる位置につきましては、対象機器の説明書もご確認ください。
本機能をよく使用する場合は、クイック設定ツールの編集画面から[おすそわけ充電]を追加すると便利です。
電池残量設定
30% / 本機のバッテリー残量が設定値を下回ったら、おすそわけ充電を停止します
180分 / ONにしてから設定時間が経過したら、おすそ
一部のQi対応機器では動作しない場合があります。

④ 手順③の画面で［電池残量設定］をタップすると、Xperia 1 VIに残しておくバッテリー残量を設定できます。この値を下回るとおすそわけ充電は停止します。

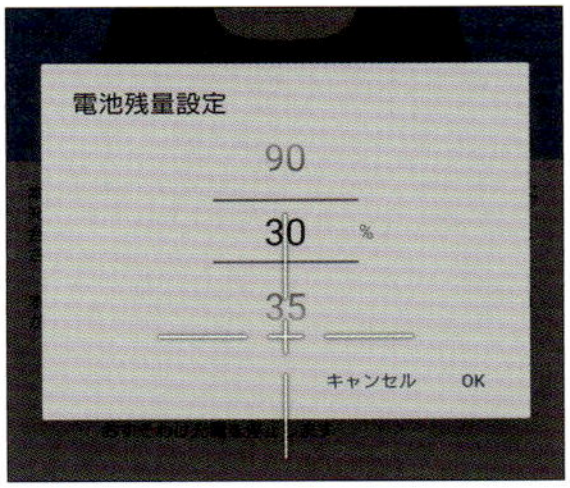
電池残量設定
90
30 %
35
キャンセル
OK

7

STAMINAモードでバッテリーを長持ちさせる

「STAMINAモード」を使用すると、特定のアプリの通信やスリープ時の動作を制限して節電します。バッテリーの残量に応じて自動的にSTAMINAモードにすることも可能です。

STAMINAモードを自動的に有効にする

1 P.18を参考に「設定」アプリを起動し、[バッテリー] → [STAMINAモード] の順にタップします。

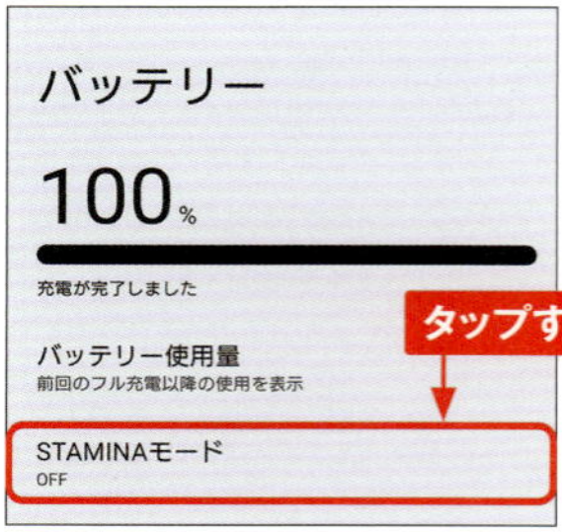

2 「STAMINAモード」画面が表示されたら、[STAMINAモードの使用] をタップし、[ONにする] をタップします。

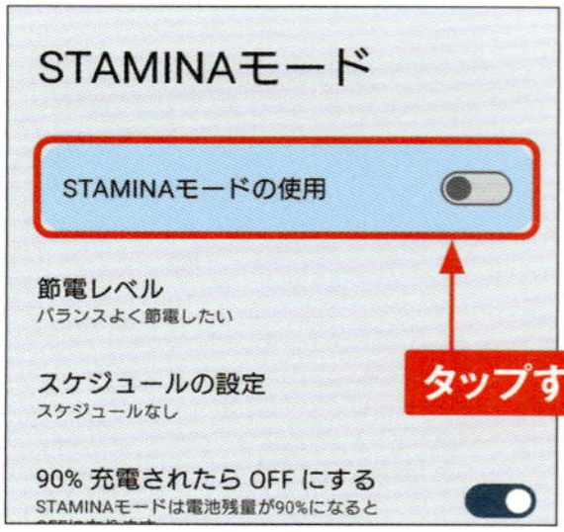

3 画面が暗くなり、STAMINAモードが有効になったら、[スケジュールの設定] をタップします。

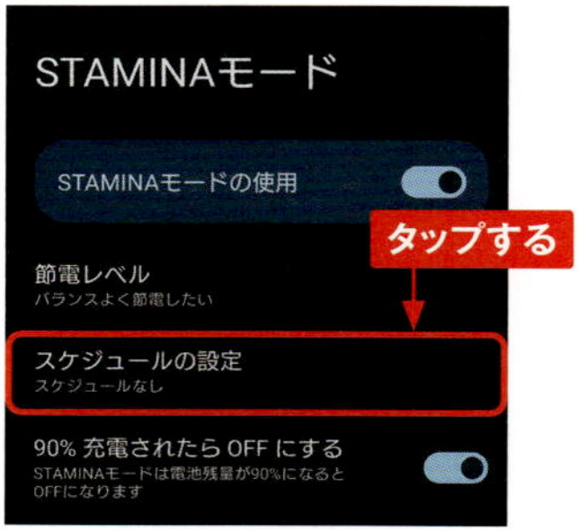

4 [残量に応じて自動でON] をタップし、スライダーを左右にドラッグすると、STAMINAモードが有効になるバッテリーの残量を変更できます。

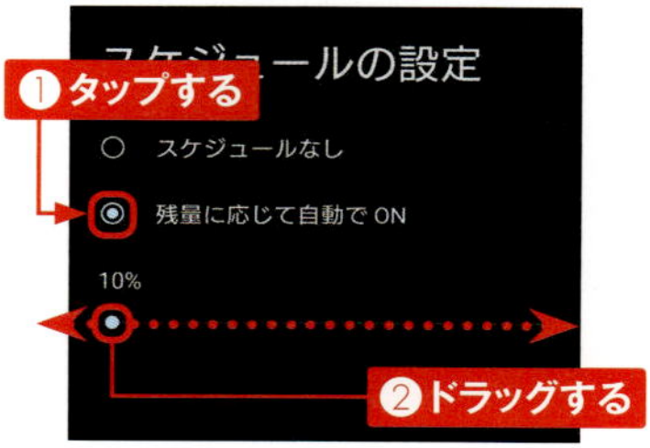

Section **72**

本体ソフトウェアをアップデートする

本体のソフトウェアはアップデートが提供される場合があります。ソフトウェアアップデートを行う際は、事前にmicroSDカード、パソコン、クラウドなどにデータのバックアップを行っておきましょう。

ソフトウェアアップデートを確認する

1 P.18を参考に「設定」アプリを起動し、[システム]をタップします。

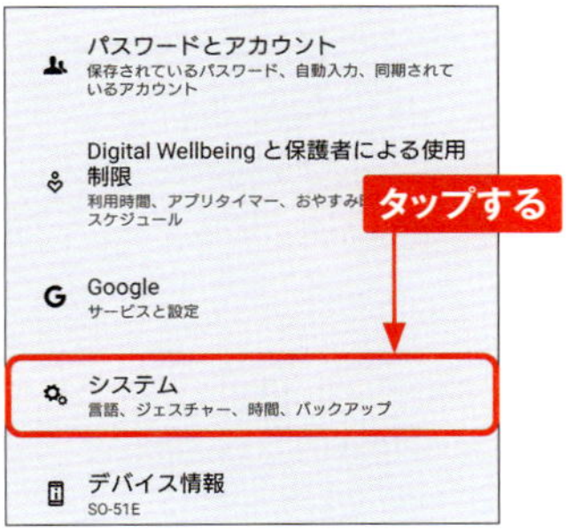

2 [システムアップデート]をタップします。

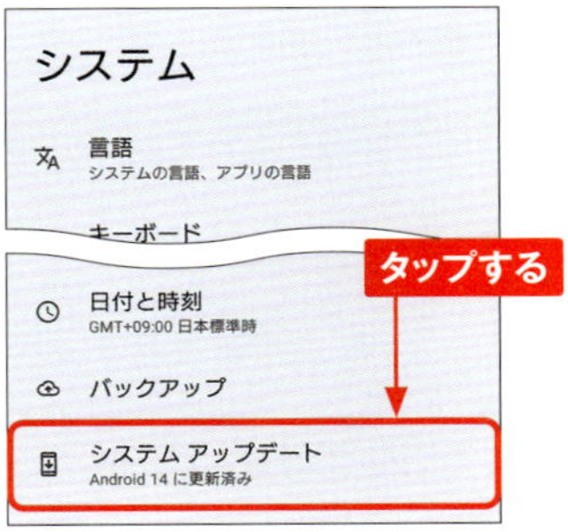

3 [アップデートをチェック]をタップすると、アップデートがあるかどうかの確認が行われます。アップデートがある場合は、[再開]をタップするとダウンロードとインストールが行われます。

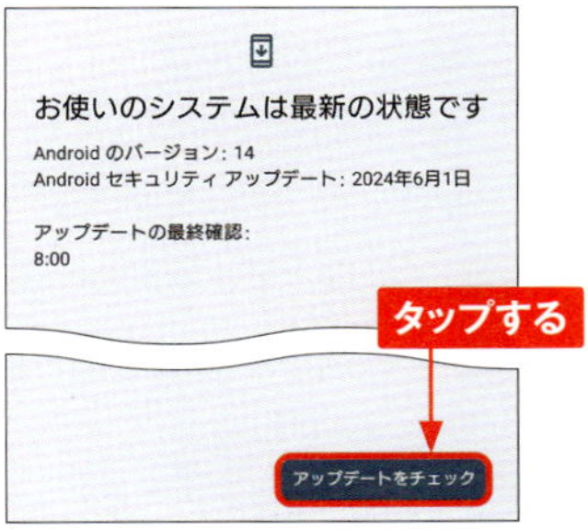

MEMO ソニー製アプリの更新

一部のソニー製アプリは、Google Playでは更新できない場合があります。手順②の画面で[アプリケーション更新]をタップすると更新可能なアプリが表示されるので、[インストール]→[OK]の順にタップして更新します。

Section 73

本体を再起動する

Xperia 1 VIの動作が不安定な場合は、再起動すると改善することがあります。何か動作がおかしいと感じた場合、まずは再起動を試してみましょう。

本体を再起動する

① 電源キー／指紋センサーと音量キーの上を同時に押します。

② ［再起動］をタップします。電源がオフになり、しばらくして自動的に電源が入ります。

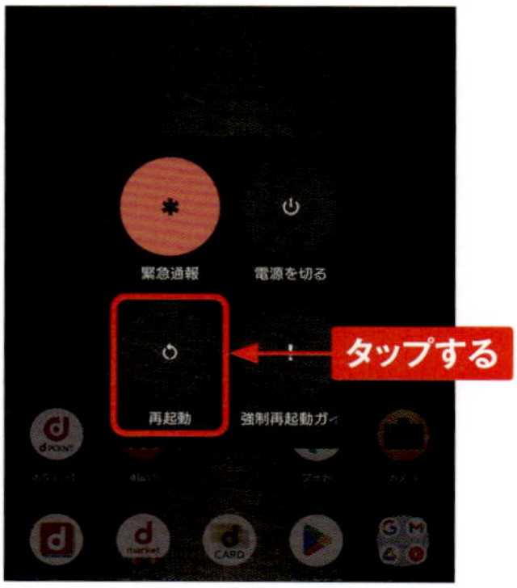

MEMO 強制再起動とは

画面の操作やボタン操作が一切不可能で再起動が行えない場合は、強制的に再起動することができます。電源キー／指紋センサーと音量キーの上を同時に押したままにし、Xperia 1 VIが振動したら指を離すことで強制再起動が始まります。この方法は、手順②の画面の右下に表示される［強制再起動ガイド］をタップすると表示されます。

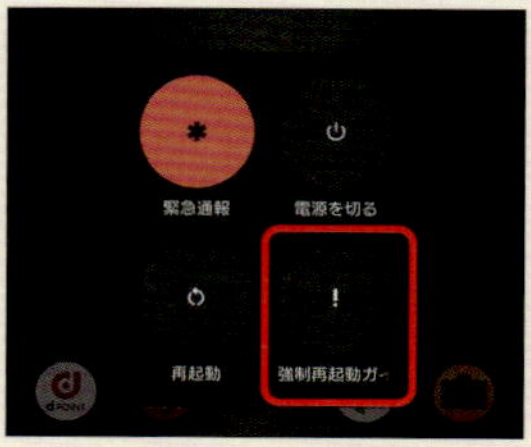

7

Section 74

本体を初期化する

再起動を行っても動作が不安定なときは、初期化すると改善する場合があります。なお、重要なデータはmicroSDカード、パソコン、クラウドなどに事前にバックアップを行っておきましょう。

本体を初期化する

① P.18を参考に「設定」アプリを起動し、［システム］→［リセット オプション］の順にタップします。

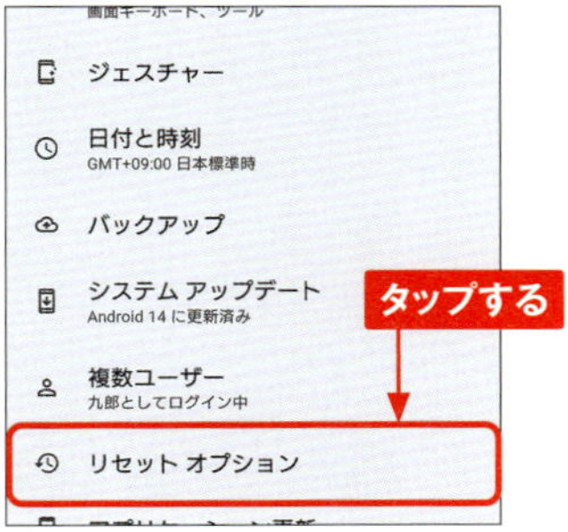

② ［全データを消去］をタップします。

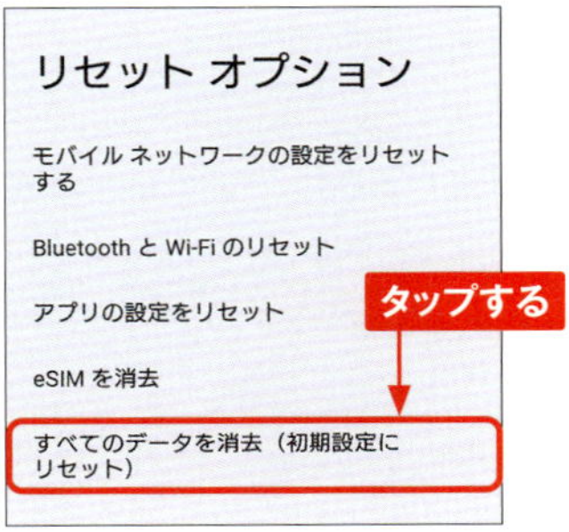

③ eSIMのデータを削除しない場合は、［eSIMを消去］のチェックを外しておきます。メッセージを確認して、［すべてのデータを消去］をタップします。

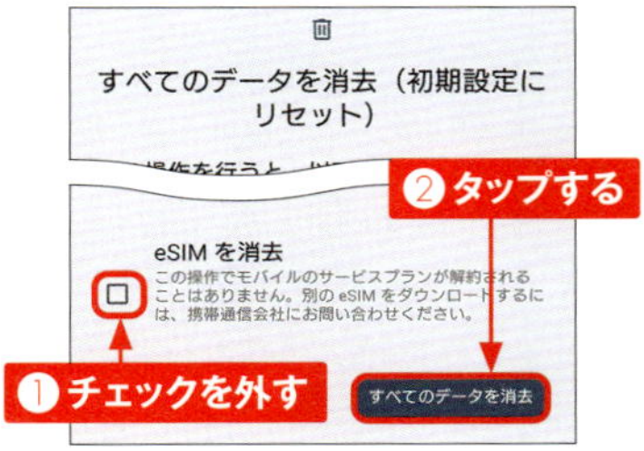

④ ［すべてのデータを消去］をタップすると、初期化されます。

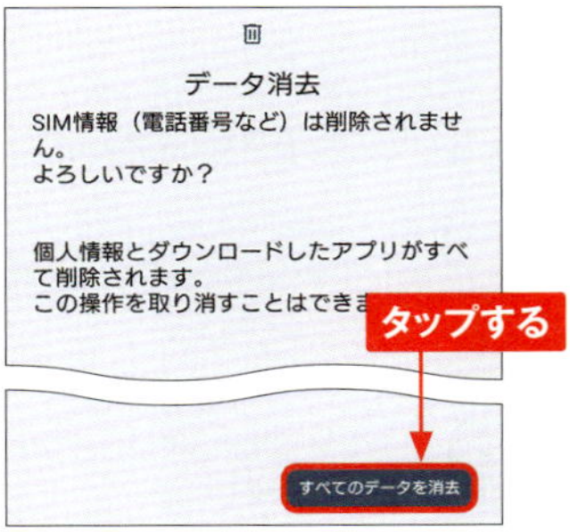

索引

記号・数字・アルファベット

+メッセージ …… 84
12キー …… 26
Bluetooth …… 182
Chrome …… 62
DSEE Ultimate …… 131
dアカウント …… 38
d払い …… 120
dメニュー …… 112
Gmail …… 88
Google Meet …… 110
Google Play …… 94
Googleアカウント …… 34
Googleアシスタント …… 104
Googleカレンダー …… 110
Google検索 …… 63
Googleドライブ …… 110
Google翻訳 …… 110
Googleマップ …… 100
Googleレンズ …… 149
microSDカード …… 126
my daiz …… 114
My docomo …… 116
PCメール …… 90
QWERTY …… 26
SmartNews for docomo …… 14, 122
spモードパスワード …… 38, 42
STAMINAモード …… 186
Video Creator …… 144
Wi-Fi …… 178
Wi-Fiテザリング …… 180
YouTube …… 108

あ行

アクセス許可 …… 18
アップデート …… 97, 124
アプリ …… 18
アプリアイコン …… 14, 154
アンインストール …… 96
暗証番号 …… 162
位置情報の精度 …… 100
インジケーター …… 14
インストール …… 96
ウィジェット …… 24
絵文字 …… 31
おサイフケータイ …… 176
音楽 …… 126, 128
音量 …… 59

か行

顔文字 …… 31
画質 …… 146
片手モード …… 170
壁紙 …… 174
カメラアプリ …… 9, 132
画面ロック …… 162, 164
かんたんホーム …… 157
キーアイコン …… 12
キーボード …… 27
クイック設定ツール …… 158
クラウド …… 39, 50
クリエイティブルック …… 143
グループ化 …… 67
経路 …… 103
コピー …… 32

さ行

最近使用したアプリ …… 12, 19
サイドセンス …… 23, 172
ジオタグ …… 133
自動振分け …… 80
指紋認証 …… 164
写真 …… 134, 138
写真のファイル形式 …… 142
写真モード …… 133
住所 …… 53
受信したメール …… 78
ショートカット（Webページ） …… 68
ショート動画 …… 144
初期化 …… 189
新規連絡先 …… 51
スクリーンショット …… 171

ステータスアイコン …… 16
ステータスバー …… 16
スマートバックライト …… 166
スライド …… 13
スリープモード …… 10, 167
スロー …… 136
スワイプ …… 13
操作音 …… 58

た行

ダークモード …… 169
タップ …… 13
タブ …… 64
ダブルタップ …… 13
着信音 …… 58
着信拒否 …… 56
通知 …… 16
通知アイコン …… 16
通知音 …… 58
デバイスを探す …… 106
テレマクロ …… 135
電源を切る …… 11
伝言メモ …… 48
電話 …… 44
電話帳 …… 50
動画 …… 137, 138
動画モード …… 136
トグル入力 …… 28
ドコモのアプリ …… 124
ドコモメール …… 72
ドック …… 14
ドライブモード …… 142
ドラッグ …… 13
トリプルレンズカメラ …… 9

な・は行

ナイトライト …… 168
ナビ …… 103
ネットワーク暗証番号 …… 38
ハイレゾ音源 …… 130
パソコン …… 126
ピンチ …… 13
ファンクションメニュー …… 141
フォーカスモード …… 142
フォト …… 146
フォルダ …… 156
ふせるだけでサイレントモード …… 45
ブックマーク …… 68
フリック入力 …… 28
プロモード …… 138
ペースト …… 33
ホーム（キーアイコン） …… 12
ホームアプリ …… 157
ホーム画面 …… 14
ぼけ動画 …… 135
ぼけモード …… 135
ポップアップウィンドウ …… 22
ホワイトバランス …… 141, 143
本体ソフトウェア …… 187

ま・や行

マイプロフィール …… 53
マチキャラ …… 14, 115
マナーモード …… 60
マルチウィンドウ …… 20
ミュージック …… 128
迷惑メール …… 82
目的の施設 …… 102
文字種 …… 30
文字入力 …… 26
戻る（キーアイコン） …… 12
有料アプリ …… 98

ら行

履歴（キーアイコン） …… 12
履歴（「電話」アプリ） …… 46
ロック画面 …… 10, 160
ロック時間の変更 …… 167
ロックを解除 …… 10
ロングタッチ …… 13

お問い合わせについて

本書に関するご質問については、本書に記載されている内容に関するもののみとさせていただきます。本書の内容と関係のないご質問につきましては、一切お答えできませんので、あらかじめご了承ください。また、電話でのご質問は受け付けておりませんので、必ずFAX か書面にて下記までお送りください。
なお、ご質問の際には、必ず以下の項目を明記していただきますようお願いいたします。

1 お名前
2 返信先の住所または FAX 番号
3 書名
（ゼロからはじめる　Xperia 1 VI SO-51E スマートガイド［ドコモ完全対応版］）
4 本書の該当ページ
5 ご使用のソフトウェアのバージョン
6 ご質問内容

なお、お送りいただいたご質問には、できる限り迅速にお答えできるよう努力いたしておりますが、場合によってはお答えするまでに時間がかかることがあります。また、回答の期日をご指定なさっても、ご希望にお応えできるとは限りません。あらかじめご了承くださいますよう、お願いいたします。ご質問の際に記載いただきました個人情報は、回答後速やかに破棄させていただきます。

■ お問い合わせの例

FAX

1 お名前
技術　太郎
2 返信先の住所または FAX 番号
03-XXXX-XXXX
3 書名
ゼロからはじめる
Xperia 1 VI SO-51E
スマートガイド
［ドコモ完全対応版］
4 本書の該当ページ
41ページ
5 ご使用のソフトウェアのバージョン
Android 14
6 ご質問内容
手順３の画面が表示されない

お問い合わせ先

〒162-0846
東京都新宿区市谷左内町 21-13
株式会社技術評論社　書籍編集部
「ゼロからはじめる　Xperia 1 VI SO-51E スマートガイド［ドコモ完全対応版］」質問係
FAX 番号　03-3513-6167
URL：https://book.gihyo.jp/116

ゼロからはじめる　Xperia《エクスペリア》 1《ワン》 VI《マークシックス》 SO《エスオー》-51E《ゴイチイー》
スマートガイド［ドコモ完《かん》全《ぜん》対《たい》応《おう》版《ばん》］

2024 年 9 月 21 日　初版　第 1 刷発行

著者……技術評論社編集部《ぎじゅつひょうろんしゃへんしゅうぶ》
発行者……片岡　巌
発行所……株式会社　技術評論社
東京都新宿区市谷左内町 21-13
電話……03-3513-6150　販売促進部
03-3513-6160　書籍編集部
装丁……菊池　祐（ライラック）
本文デザイン・DTP……リンクアップ
編集……竹内仁志
製本／印刷……TOPPAN クロレ株式会社

定価はカバーに表示してあります。

ISBN978-4-297-14345-9 C3055

Printed in Japan